U0530845

中国环境规制的企业绿色行为影响

The Impact of China's Environmental Regulations on Enterprises' Green Behaviors

陈晨 ○ 著

中国社会科学出版社

图书在版编目（CIP）数据

中国环境规制的企业绿色行为影响 / 陈晨著.
北京：中国社会科学出版社，2025.3. -- ISBN 978-7-5227-4844-3

Ⅰ．X32

中国国家版本馆 CIP 数据核字第 2025HW7389 号

出 版 人	赵剑英
责任编辑	王 衡
责任校对	王 森
责任印制	郝美娜

出　　版	中国社会科学出版社
社　　址	北京鼓楼西大街甲 158 号
邮　　编	100720
网　　址	http：//www.csspw.cn
发 行 部	010-84083685
门 市 部	010-84029450
经　　销	新华书店及其他书店
印刷装订	北京市十月印刷有限公司
版　　次	2025 年 3 月第 1 版
印　　次	2025 年 3 月第 1 次印刷
开　　本	710×1000　1/16
印　　张	18.5
字　　数	285 千字
定　　价	108.00 元

凡购买中国社会科学出版社图书，如有质量问题请与本社营销中心联系调换
电话：010-84083683
版权所有　侵权必究

前　言

中国经济从高速增长向高质量增长阶段过渡，一方面是由于经济增长的动力机制转化需求，另一方面是中国资源环境承载压力的现实状况所迫。在以往经济高速增长阶段，主要以重工业经济发展为依托，不可避免地造成了严重的污染问题。由此说明，环境污染的源头为工业企业，尤其是污染行业企业。因此，若能有效整治污染行业企业的污染排放问题，必将使我国的环境治理状况上一个台阶。但鉴于环境污染问题的外部性，需要借助政府"看得见的手"加以调控，弥补单一市场作用的失灵，因此，研究政府主导下环境规制对企业环境治理行为的作用意义重大。我国环境制度处于逐步完善的进程当中，规制形式逐渐多元化，从最初的惩戒性规制措施过渡到命令型与市场型规制措施并举，现阶段逐渐赋予公众更多的环境治理主导权，稳步实现异质性环境规制形式对环境治理的多方位引导作用。而在生态改善过程中，环境规制的遵循将导致企业经营成本支出的增加，造成企业污染治理缺乏主动性，通过权衡规制遵循成本支出与遵循收益折现值的关系，制定最终的环境治理决策，被动污染减排，抑或是主动的绿色创新行为以根除环境问题。"波特假说"指出，环境规制作用下，企业通过技术的改进，提高资源利用效率，降低生产成本，借以"创新补偿效应"和"先动优势"促进企业竞争力提升。但绿色创新因其资源禀赋的公共物品特性，具有双重正外部性，环境规制是否能够促进企业主动的绿色创新行为，还是绩效表现的提升，最终对企业经济价值产出的影响如何，是环境治理中需要思考的重要问题。

本书以环境规制对企业环境治理价值链中各环节作用为思路，对以下问题进行深入探讨：不同环境规制形式（命令型、市场型和公众参与型环境规制）是否能够促进企业的绿色创新活动？即使制度压力下，企业缺乏根源环境治理——绿色创新动力，那么环境规制是否能够有效地促进企业环境绩效表现的改进？环境规制制度的遵循和污染问题的应对，最终对企业经济价值产生何种影响？其作用机理是什么？内外部不同的影响因素——寻租抑或媒体关注，对企业环境和经济绩效产生什么样的影响？

为回答上述问题，本书选取了中国 A 股上市公司中的污染行业企业 2008—2017 年数据为样本，经过实证论证，得到以下几点结论。第一，命令型与市场型环境规制能有效地促进企业的绿色创新行为，其中命令型环境规制存在阈值效应，在适度强度内达到绿色创新效果最大化，否则将抑制其产出；而公众参与型环境规制作用不显著。第二，命令型、市场型和公众参与型环境规制均可有效促进企业环境绩效提升，但前期良好的环境绩效表现对当期值产生抑制作用。第三，不同形式的环境规制工具对企业短期和长期价值均具有显著的促进作用，但对长期价值的作用效果大于短期利润，主要通过环境规制作用下企业绿色创新的"创新补偿"和"先动优势"与环境绩效的"声誉效应"发挥作用。第四，在环境规制下，企业的规制寻租行为有利于企业短期环境绩效和经济利润的增加，但在长期中，抑制了企业的绿色创新行为和长期价值增长。第五，借以媒体关注的信息传递功能，环境规制对企业绿色创新产出、环境绩效提升和长期价值增长均具有显著的促进作用，但存在导致企业短期利润下滑的趋势。

本书可能的创新之处有以下几个方面。第一，揭示宏观环境规制手段对微观企业环境治理效果与经济价值的作用机理，验证宏观经济政策的微观企业行为效果。现有研究主要以宏观角度研究环境规制对绿色创新和经济增长的作用，本书以微观企业角度展开研究，采用客观可量化的指标，研究环境规制工具对企业环境治理价值链的作用关系。第二，考虑环境规制形式的异质性，丰富和完善环境规制制度理论基础。研究不同环境规制措施对企业环境治理表现和经济价值的作用效果，并以企业绿色创新和环境绩效提升为经济价值的增长效应，揭示环境规制与企业价值间的作用路径。第三，探寻环境治理效果偏差的影响因素。从企业内部规制寻租和外部媒体信息传递角度，研究环境规制对企业环境治理行为和经济效益的影响，企图规避造成环境规制目的偏离的作用因素。

本书研究的管理启示和政策建议：第一，在企业管理方面，为提升企业环境治理中的竞争力，应以积极主动的绿色创新行为为主，摒弃被动的减排行为；并尽力避免规制下的企业寻租对企业家精神和企业最终价值的侵蚀。第二，在政府治理方面，应制定适度的命令型环境规制，并逐步完善市场型和公众参与型环境规制制度，发挥环境规制对企业环境治理和价值产出的激励作用；强化环境治理中媒体的信息传导功能，实现多主体参与的协同治理模式。

Preface

China's economy has transitioned from high-speed growth to high-quality growth. On the one hand, it is due to the transformation of the dynamic mechanism of economic growth, and on the other hand, the reality of China's resource and environment carrying pressure. In the past period of rapid economic growth, mainly relying on the development of heavy industry economy, it inevitably caused serious pollution problems. This shows that the source of environmental pollution is industrial enterprises, especially for heavily polluting industries. Therefore, if we can effectively improve the pollution discharge of enterprises in heavy polluting industries, it will definitely bring China's environmental governance to a higher level. However, in view of the externalities of environmental pollution problems, it is necessary to use the government's "visible hand" to regulate and compensate for the failure of the single market. Therefore, it is of great significance to study the role of environmental regulation under the government-led environmental governance behavior. China's environmental system is in the process of gradual improvement, and the form of regulation is gradually diversified. From the initial disciplinary regulation measures to the order-type and market-type regulation measures, the public has gradually given more public environmental governance leadership and steadily realized. The heterogeneous environmental regulation form has a multi-faceted guiding effect on environmental governance. In the process of ecological improvement, the compliance of environmental regulations will lead to an increase in the cost of operating costs of enterprises, resulting in a lack of initiative in corporate pollution control. By weighing the regulation follows the relationship between cost expenditure and the discounted value of income, the final environmental governance decision is formulated, passive pollution reduction, or active green innovation to eradicate environmental problems. The "Porter Hypothesis" pointed out that under the use of environmental regulations, enterprises can improve the competitiveness of enterprises through the improvement of technology, improve the efficiency of resource utilization, reduce production costs, and promote the competitiveness of enterprises through "innovation compensation effect" and "first move advantage". However, because of its resource-industrial public goods characteristics, green innovation has dual positive externalities. Can environmental regulation promote the initiative of green innovation behavior, or the improvement of performance, and ultimately the impact on the economic output of enterprises? It is an important issue that needs to be considered in environmental governance.

To this end, this book takes the role of environmental regulation in all aspects of the corporate environmental governance value chain as an idea, and discusses the following issues: Can different environmental regulation forms (command, market and public participation environmental regulation) promote the green innovation activities of enterprises? Even under the pressure of the system, enterprises lack the root cause of environmental governance-green innovation, then it can environmental regulation effectively promote the improvement of corporate environmental performance? How does the compliance of the environmental regulation system and the response to pollution problems ultimately affect the economic value of the enterprise? What is its mechanism of action? What are the different internal and external factors-rent-seeking or media attention, and what impact on corporate environment and economic performance?

In order to answer the above questions, this book selects the 2008 – 2017 data of heavy polluting industry enterprises in China's A-share listed companies as a sample. After empirical demonstration, the following conclusions are obtained:

First, command-type and market-based environmental regulation can effectively promote the green innovation behavior of enterprises, in which command-based environmental regulation has a threshold effect, maximizes the effect of green innovation within moderate intensity, otherwise it will suppress its output; and the public participation environmental regulations are not significant. Second, command-based, market-based and public-participating environmental regulations can effectively promote the improvement of corporate environmental performance, but the early realization of good environmental performance has a depressing effect on the current value. Third, different forms of environmental regulation tools have a significant role in promoting the short-term and long-term value of enterprises, but the effect on long-term value is greater than short-term profits, mainly through the "innovation compensation" and "first" of the green innovation of enterprises under the environmental regulations. Dynamic advantage and the "reputation effect" of environmental performance play a role. Fourth, under environmental regulation, the regulation of rent-seeking behavior of enterprises is conducive to the increase of short-term environmental performance and economic profits, but in the long run, it inhibits the green innovation behavior and long-term value growth of enterprises. Fifth, with the information transfer function that the media pays attention to, environmental regulation has a significant role in promoting green innovation output, environmental performance improvement and long-term value growth, but it has led to a downward trend in short-term profits.

The possible innovations of this book: First, attempt to reveal the mechanism of the macro environmental regulation means on the micro-enterprise environmental governance effect and economic value, and verify the micro-enterprise behavior effect of macroeconomic policy. The existing research mainly studies the role of environmental regulation on green innovation and economic growth from a macro perspective. This book conducts research from the perspective of micro-enterprise, and uses objective and quantifiable indicators to study the relationship between environmental regulation tools and corporate environmental governance value chain. Second, consider the heterogeneity of environmental regulation forms, and enrich and improve the theoretical basis of environmental regulation systems. Study the effects of different environmental regulation measures on corporate environmental governance performance and economic value, and use corporate green innovation and environmental performance as the growth effect of economic value to reveal the role of environmental regulation and corporate value. Third, explore the influencing factors of environmental governance effect bias. From the perspective of internal rent regulation and external media information transmission, the book studies the impact of environmental regulation on corporate environmental governance behavior and economic benefits, and attempts to avoid the factors that cause the deviation of environmental regulation objectives.

Practical implications and policy recommendations in this book: In terms of enterprise management, in order to enhance the competitiveness of corporate environmental governance, we should focus on active green innovation behaviors, abandon passive emission reduction behaviors, and try our best to avoid enterprises under regulation. Renting erodes entrepreneurship and the ultimate value of the business. In terms of government governance, appropriate order-based environmental regulations should be established, and market-oriented and public-participating environmental regulation systems should be gradually improved to motivate environmental regulations to control corporate environmental governance and value output; and strengthen the information transmission function of media in environmental governance, and realize the collaborative governance mode of multi-agent participation.

目　　录

第一章　绪论 …………………………………………………… （1）
　第一节　研究背景与研究意义 ……………………………… （1）
　第二节　研究目标与内容 …………………………………… （9）
　第三节　研究方法及思路框架 ……………………………… （11）
　第四节　创新点 ……………………………………………… （13）

第二章　理论基础与文献综述 ………………………………… （15）
　第一节　相关概念界定 ……………………………………… （15）
　第二节　理论基础 …………………………………………… （18）
　第三节　国内外研究综述 …………………………………… （26）
　第四节　研究述评 …………………………………………… （51）
　第五节　本章小结 …………………………………………… （52）

第三章　理论分析及研究假设 ………………………………… （53）
　第一节　环境规制对企业绿色创新的影响 ………………… （54）
　第二节　环境规制对企业环境绩效的影响 ………………… （66）
　第三节　环境规制对企业经济绩效的影响 ………………… （75）

第四章　环境规制对企业绿色创新的实证分析 ……………… （91）
　第一节　研究设计 …………………………………………… （91）
　第二节　实证过程及结果分析 ……………………………… （102）

第三节　各因素调节效应检验 …………………………………… (121)
第四节　稳健性检验 ……………………………………………… (139)
第五节　本章小结 ………………………………………………… (147)

第五章　环境规制对企业环境绩效的实证分析 …………………… (150)
第一节　研究设计 ………………………………………………… (150)
第二节　实证过程及结果分析 …………………………………… (159)
第三节　各因素调节效应检验 …………………………………… (170)
第四节　稳健性检验 ……………………………………………… (185)
第五节　本章小结 ………………………………………………… (194)

第六章　环境规制对企业经济绩效的实证分析 …………………… (197)
第一节　研究设计 ………………………………………………… (197)
第二节　实证过程及结果分析 …………………………………… (206)
第三节　环境规制对企业经济绩效的作用机制检验 …………… (217)
第四节　各因素调节效应检验 …………………………………… (231)
第五节　稳健性检验 ……………………………………………… (242)
第六节　本章小结 ………………………………………………… (250)

第七章　研究结论与展望 …………………………………………… (253)
第一节　研究结论 ………………………………………………… (253)
第二节　启示与建议 ……………………………………………… (256)
第三节　研究不足与展望 ………………………………………… (258)

参考文献 ……………………………………………………………… (261)

第一章 绪论

第一节 研究背景与研究意义

一 研究背景

20世纪60年代开始,一些先期工业经济发展较快的欧洲国家开始出现了严重的酸雨问题,以此为开端开启了国际环境治理问题的探讨。1972年6月5日,联合国、各国政府代表及国际组织代表在瑞典首都——斯德哥尔摩召开了第一次环境国际会议,开启了世界范围内共同治理环境的时代,呼吁各国政府和人民共同努力保护和治理环境。为纪念此次会议召开推动环境治理进程的重大意义,于是将这一天定为世界环境日。此后,1992年召开了第二次国际环境大会,通过了《里约环境与发展宣言》,将"可持续发展"确立为未来全球发展的基本准则。① 其参与国队伍逐渐扩大,对环境治理内容的探讨逐步深入,渗透的范围更为广泛,不仅说明人类环保意识的觉醒,也说明环境治理问题刻不容缓。但生态环境并未得到有效改善,因重工业经济的蓬勃发展,污染问题反而日趋严重。因此,环境污染源头为工业企业。2015年在巴黎召开联合国气候大会,缔约方达到196个,达成《联合国气候变化框架公约》,对2020年后各国减排计划做出安排,避免生存环境持续恶化。

中国对环境治理问题的关注与国际同步,斯德哥尔摩的第一次联合国

---

① 王宏禹、王丹彤:《动力与目的:中国在全球气候治理中身份转变的成因》,《东北亚论坛》2019年第4期。

人类环境大会，中国派代表参与了会议的探讨并发言，表明中国未来将积极参与国际环境治理议程，努力为维护和改善人类赖以生存的生态环境作出贡献。1973年，借由召开的全国第一次环境保护会议，党中央颁布《关于保护和改善环境的若干规定》（试行草案），提出应在各地区建立环境监督保护机构。随后，确立了《工业"三废"排放施行标准》，将"三同时"标准逐步融入企业环境管理体系。[1] 为了规范环境治理的法治化建设，1989年党中央颁布《中华人民共和国环境保护法》，该法一直沿用到2014年。因技术的高速发展，企业生产经营方式更加多元化，环境治理问题层出不穷，仅依靠原有的强制性规制治理环境已经不能满足现阶段的治理需求，因此，2015年1月1日新的《中华人民共和国环境保护法》开始施行，说明中国对于解决环境治理问题的决心，并为彻底解决环境污染问题，逐步推进中国的环境规制的规范化进程。党的十八报告强调，生态文明建设是中国"五位一体"战略布局中的重要组成部分。党的十九大报告指出，中国经济处于由高速增长向高质量增长过渡阶段，其需要满足五大基本理念——"创新、协调、绿色、开放、共享"，其中又将"绿色"理念根植于中国经济发展要求当中，指明了生态环境建设的重要性。党的二十大报告指出，中国式现代化是人与自然和谐共生的现代化，尊重自然、顺应自然、保护自然是全面建设社会主义现代化国家的内在要求。良好的生态环境是最普惠的民生福祉。

若想从根源上治理环境污染，就需要逐步规范企业的环境治理行动，尤其是环境污染重点对象的污染行业企业。但鉴于环境资源的公共物品特性、污染问题的负外部性和企业主体的经济人理性的作用叠加，造成了"市场失灵"，单纯依靠市场功能难以完成节能减排和污染治理的环境目标[2]，从而需要环境规制手段的引导和推动。环境规制干预对环境资源利用的必要性和合理性是显而易见的，但规制方式、规制范围、规制强度的差异对企业环境治理行为及竞争力的作用效果如何，在理论界和实务界还

---

[1] 刘研华：《中国环境规制改革研究》，博士学位论文，辽宁大学，2007年。
[2] 黄清煌、高明：《环境规制的节能减排效应研究——基于面板分位数的经验分析》，《科学学与科学技术管理》2017年第1期。

存在很大争议。其中，环境治理领域中最经典的"波特假说"指出，适度的环境规制强度可激发企业技术创新的积极性，借以创新收益弥补环境规制的遵循成本，实现环境责任履行与企业价值增长的"双赢"。因为，企业竞争力的提升是在动态环境中有限约束条件下实现企业持续不断地创新和行为的不断优化，而非静态环境下的价值最大化。① 但环境污染治理如若真的能够实现社会利益和企业经济利益的"双赢"，就无须有环境规制的强制性敦促，市场手段就可自行消化此问题，因为，环境规制需要企业内化支出相应的规制遵循成本，是对企业经济利益的损耗，导致环境规制推动的技术创新可能对于经济利益产出来说是无效率的。② 因此，环境规制对企业治理行为选择和经济绩效的作用效果如何，是"倒逼效应"还是"倒退效应"，取决于规制的"遵循成本效应"与"创新补偿效应"间的主导关系作用。③

治理环境污染最彻底、最根本的解决方式是绿色技术创新。随着环境污染问题日趋严重，中国的绿色技术创新也呈现不断上升的态势，但因起步较晚，基数较小，绿色创新存在明显不足。且从创新标准角度出发，绿色创新被描述为"特殊创新"④，因此，对其的理解和研究需要给予更为特别的关注。绿色创新与传统创新有必然的联系和相似之处，但也存在着显著不同，不能以创新的驱动因素来推动绿色创新技术的发展。聂爱云等指出，绿色创新除基本的经济效益目标外，还需要实现环境效益和社会效益，单一的创新政策已经不足以激发企业绿色创新的积极性，还需要科学

---

① Porter M. E. and C. Linde, "Toward a New Conception of the Environment Competitiveness Relationship", *Journal of Economic Perspectives*, Vol. 9, 1995, pp. 97 – 118.

② Chintrakarn P., "Environmental Regulation and U. S. States' Technical Inefficiency", *Economics Letters*, Vol. 100, No. 3, 2008, pp. 363 – 365.

③ 蒋伏心、王竹君、白俊红：《环境规制对技术创新影响的双重效应——基于江苏制造业动态面板数据的实证研究》，《中国工业经济》2013 年第 7 期；张先锋、韩雪、吴椒军：《环境规制与碳排放："倒逼效应"还是"倒退效应"——基于 2000—2010 年中国省际面板数据分析》，《软科学》2014 年第 7 期。

④ Frondel M., Horbach J. and K. Rennings, "End-of-Pipe or Cleaner Production? An Empirical Comparison of Environmental Innovation Decisions across OECD Countries", *Business Strategy and the Environment*, Vol. 16, No. 8, 2007, pp. 571 – 584.

合理的环境规制策略的引导和推动。① 但现阶段中国的环境规制仍在探索阶段,仍以被动型和防御型手段为主,造成企业负担较重,使得企业面对环境问题更多的是消极抵抗心理,未达成驱动绿色创新的根本目的。但企业也可能由于资源稀缺性导致环境成本过高,而主动开展绿色创新行为以保持长期的竞争优势。② 为此,需要了解并验证环境规制是否能够推动绿色创新水平提升?不同的环境规制手段作用效果又如何?环境规制强度的变化又将对绿色创新结果产生何种影响?

面对市场失灵下的政府干预手段——环境规制措施实行,根源主体企业可以通过不同的治理方式选择,一方面实现社会责任的履行,另一方面保证企业的价值利益最大化。为保证环境规制作用下企业的合法性存续,企业可供选择的环境治理方式有以下两种:其一,开展绿色创新行为,从根源消除或降低环境污染;其二,末端环境污染治理的减排行为。但现阶段规制手段主要以被动型和防御型为主,企业规制遵循成本较大,缺乏绿色创新主动性,更倾向选择事后治理行为。但即便面对强制性的规制作用,企业可能会采取"隐性经济手段"逃避治理责任,而削弱环境规制作用。③ 因此,亟须探究环境规制对企业环境责任履行的作用,不同的环境规制手段对环境绩效的提升产生何种差异性效果?针对不同特征企业是否存在治理方式的差异性,导致最终环境绩效效果的异质性?

企业的终极目标是企业价值的最大化,因此,基于理性经济人和微观主体的机会主义假设,即使面对政府和公众的环境规制压力,企业仍需权衡最终经济效益的影响,以制定最佳的环境治理策略。迫于环境规制压力,企业必然需要强化环境责任履行和信息披露,导致直接经济利益的流出,短期内财务绩效损失。但环境规制趋紧,末端环境治理支出攀升,促

---

① 聂爱云、何小钢:《企业绿色技术创新发凡:环境规制与政策组合》,《改革》2012 年第 4 期。

② 王班班、齐绍洲:《市场型和命令型政策工具的节能减排技术创新效应——基于中国工业行业专利数据的实证》,《中国工业经济》2016 年第 6 期。

③ 张博、韩复龄:《环境规制、隐性经济与环境污染》,《财经问题研究》2017 年第 6 期。

进企业环境技术创新溢价，以此有利于长期核心竞争优势的培育。① 但不同的环境规制手段对企业的短期财务绩效和长期市场价值影响是否存在异质性影响？规制措施影响企业经济效益的作用机制是什么？是否是环境责任履行的创新行为还是环境表现的提升？均值得深入探究。

环境规制的主体为政府，客体为企业污染行为，由此形成了企业环境污染治理与政府环境监管间的博弈关系，一种情况为，各方均认真履行自身职责，环境治理目标实现；但还可能出现另一种情况为，企业与地方政府通过合谋的方式，"各司其职"，以愚弄"信息闭塞"的其他利益相关者。② 因此，博弈关系下企业内部寻租方式的选择，最终是将导致企业环境责任的规避效应，抑或资源配置方式转变推动了污染治理效率的提升？此外，对企业主动环境创新和被动环境减排产生何种影响效果？最终的博弈结果是"囚徒困境""单边利益"最大化，抑或"双赢"？信息技术迅速发展的今天，企业内部选择会影响治理效果，那外部媒体的信息传递是否也将对企业环境治理效果产生影响？将会产生何种影响？最终是否会作用于企业价值产出上？是正面的"声誉效应"还是负向的"价值侵蚀"？

针对上述问题展开深入探讨，厘清环境规制对企业环境治理行为和企业价值产出的作用效果，以期为企业面对不同环境规制时选择最合理的治理方式。此外，也可指导中国的环境规制的建设进程，通过不同环境规制手段对企业环境和经济绩效的作用效果，以期谋取社会生态效应和经济效益的"双赢"，制定出最合理、最有效的环境规制，以指导现实生活，提升中国企业的环境责任感和国际竞争力。

二 问题提出

当今全球环境问题持续恶化，如从气候变暖问题上就可深切地感受

---

① 余东华、孙婷：《环境规制、技能溢价与制造业国际竞争力》，《中国工业经济》2017年第5期。
② 王斌：《环境污染治理与规制博弈研究》，博士学位论文，首都经济贸易大学，2013年；游达明、邓亚玲、夏赛莲：《基于竞争视角下央地政府环境规制行为策略研究》，《中国人口·资源与环境》2018年第11期。

到，因此，国际性的环境会议、公约和协定等日益增多，但并没有彻底解决环境污染问题。面对环境资源越来越稀缺，中国经济又处于从高速增长向高质量增长的过渡阶段，生态环境治理成为经济可持续发展中的重要议题，但中国企业的环境保护责任意识欠缺，从上市公司的环境责任信息披露中可以体现出。自 2006 年开始，国家电网披露了中国第一份企业社会责任报告，包含环境责任的披露，但现阶段也并非所有企业都披露社会责任，对环境责任披露的情况则更少。由此，可以看出企业环境责任的承担缺乏主动意识，只能够依靠政府的推动力作为保障，但政府的干预具有强制性，需要将环境污染成本内化到企业，造成利润的下降，使企业产生明显的消极、懈怠心理。环境污染治理的最根本、最有效的方式就是绿色创新，环境规制是否能够消除企业的消极心理，变被动治理为主动治理？环境规制是否真正实现了企业环境绩效的提升？规制作用下企业的经济效益又如何？上述问题都是现实中企业和政府急需了解的问题。因此，本书从微观企业视角出发，通过理论假设梳理和实证验证上述问题，并梳厘清各个问题间的彼此逻辑关系，本书研究的逻辑框架如图 1 – 1 所示。

本书拟通过理论梳理和实证验证解决以下四个问题。

问题一：不同形式的环境规制手段对企业绿色创新的作用效果如何？环境规制强度的变动是否对绿色创新产出造成影响？对管理层不同的激励方式选择是否能够促进绿色创新产出？

问题二：不同形式的环境规制手段对企业环境绩效表现产生何种影响？环境规制和绩效表现的动态关系？企业异质性特征的差异性是否导致环境绩效表现存在异质性？

问题三：不同形式的环境规制手段对企业短期和长期经济绩效产生何种影响？企业绿色创新产出和环境绩效的提升是否在企业价值增长中发挥了中介作用？

问题四：企业内部的寻租方式与外部的媒体关注在环境规制与企业绿色创新产出、环境绩效表现和经济效益提升中是否发挥着调节作用？调节的方向是什么？

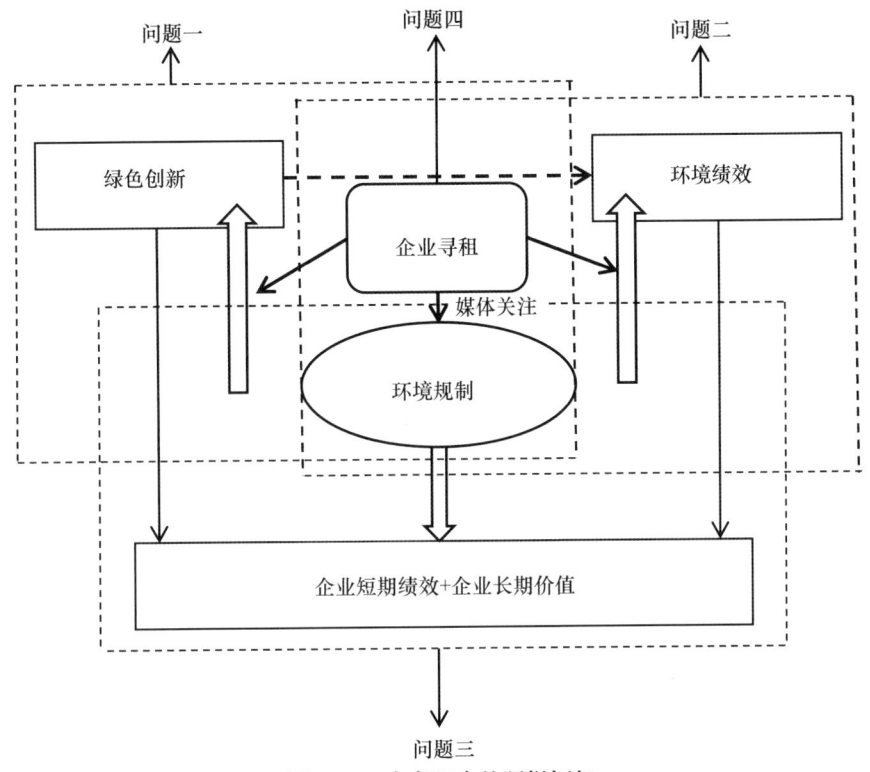

```
问题一          问题四          问题二
  ↑             ↑              ↑
┌─────────┐  ┌──────────┐  ┌─────────┐
│ 绿色创新 │←─│ 企业寻租 │─→│ 环境绩效 │
└─────────┘  └──────────┘  └─────────┘
              媒体关注
             ┌────────┐
             │ 环境规制│
             └────────┘
                 ↓
        ┌──────────────────────┐
        │ 企业短期绩效+企业长期价值 │
        └──────────────────────┘
                 ↓
               问题三
```

图 1-1 本书研究的逻辑框架

资料来源：笔者总结整理获得。

三 研究意义

环境资源的稀缺性特点导致了经济增长与环境保护间的博弈关系长期存在，除稀缺性特点外，环境还具有公共物品属性，导致了生态环境保护治理的"市场失灵"，仅能依靠政府的规制手段予以弥补。[①] 而环境污染的根源是企业，环境规制的最终客体是企业的污染现象，因此，研究环境规制对企业污染治理行为选择、环境表现和经济效果的影响具有重要的理论意义和现实意义。

---

① 张倩：《环境规制对企业技术创新的影响机理及实证研究》，博士学位论文，哈尔滨工业大学，2016年。

本书的理论意义在于：第一，通过对"波特假说"的研究、探讨和验证，进一步深化和丰富了环境规制对绿色创新、环境治理效果和竞争力的相关研究。现有研究中不乏环境规制的绿色创新和竞争力的相关研究，随着环境问题频现，环境规制手段日趋多元化，因此，本书从环境规制形式异质性视角出发，研究不同环境规制手段对绿色创新和企业经济价值的作用效果，以扩展环境规制的相关研究。第二，从微观企业视角出发，通过企业内部责任履行方式选择对环境治理效果和企业价值作用机理的梳理，分析指明地方政府和微观企业环境规制下博弈关系的可能作用结果。第三，丰富了外部媒体关注对环境治理效果的理论研究。信息时代，媒体借由其信息传递功能和舆论导向作用，能够降低利益相关者与企业环境责任履行的信息不对称，扩展了媒体治理的环境治理理论研究。

本书的现实意义在于：第一，面对环境规制压力，指导企业环境污染治理行为选择，尤其是污染行业企业。环境规制将耗费企业大量的规制遵循成本，因此，企业出于自身利益最大化考虑，选择不作为、末端污染治理、规制俘获的寻租及根源的绿色创新行为等，但环境规制最终并未造成企业价值的损失，不仅在短期内并未减少企业利润，而且更有利于长期价值的提升，主要依靠环境表现和绿色创新的作用。此外，企业的寻租短期改善环境绩效，但因对企业家精神的侵蚀，不利于绿色创新，造成企业核心竞争力下降。因此，面临环境规制手段，企业积极的环境治理行为是最优选择。第二，为政府的环境规制的逐步完善提供政策指导建议。中国的环境规制虽借鉴了国外的做法，呈现出不同的规制形式，但仍以命令型规制手段为主导，不同的规制手段和作用强度对企业环境治理行为的约束效果存在差异性，通过不同环境规制方式对企业环境治理行为差异的对比，可指明何种规制手段最有效，何种规制手段有待改进，从而推动中国环境规制建设进程，并有利于环境治理效果的最优化。

第二节 研究目标与内容

一 研究目标

自党的十八大将生态文明建设纳入中国特色社会主义事业"五位一体"总体布局以来，延续至党的二十大报告，生态环境建设成为党中央经济建设中的重要战略部署。2015年，中国开始实施新环境法，到2020年"双碳"目标提出，时至2024年《中华人民共和国海洋环境保护法》的事实，中国政府在过去十年里实施了一系列环境规制举措，并取得了历史性的重要成果，足以证明中国环境治理的决心。由于环境污染存在显著的负外部性，市场手段失灵，政府的监管干预才可以发挥污染防治的重要作用。而现有研究中主要是针对环境规制的宏观治理效果研究，微观企业治理效果和行为表现的研究相对匮乏。此外，公众环保意识的觉醒，公众逐渐参与环境治理，但对公众参与环境治理效果的评估研究较少。因此，本书以波特假说为理论基础，试图分析不同环境规制形式对企业环境治理效果和经济价值的影响作用，本书研究的目标具体如下。

第一，以微观企业视角研究不同形式环境规制工具对企业绿色创新效果的差异化影响，并检验是否存在规制强度适度性。此外，企图通过研究内部高管激励方式的差异对环境治理效果的影响。

第二，以微观企业视角研究不同形式环境规制工具对企业环境绩效表现的影响，并分析环境规制和企业治理动态博弈过程，最终验证分析企业特征异质性的差异化影响。

第三，以微观企业视角研究不同形式环境规制工具对企业经济绩效产出的差异化作用，并指明其作用机理。此外，研究内外部不同治理方式对企业价值的影响效果。

二 研究内容

根据问题导向的原则出发，本书依据提出问题—分析问题—解决问题的具体思路，共分为七章，具体内容如下。

第一章，绪论。基于环境治理的理论背景和现实需求，指明本书研究的重要意义，据此提出研究问题，概述了本书的研究内容、研究方法及技术路线等。

第二章，理论基础与文献综述。首先，对本书涉及的相关概念进行界定；其次，指出本书运用相关理论基础；最后，通过对国内外相关文献的收集、整理，采用文献计量分析方法，总结得出本书涉及领域的研究脉络、方向分布及未来趋势等，从而梳理得到环境规制领域的研究现状，并找出现有研究的缺陷。以此为基础，为本书研究指明研究视角、方向和价值意义。

第三章，理论分析及研究假设。基于第二章的理论和文献基础，运用制度理论和"波特假说"的理论框架，分析得出环境规制对企业绿色创新、环境绩效和经济绩效作用机理，并提出相关假说。以此为基础，结合媒体治理理论、声誉理论和寻租理论应用，分别从内外部治理的影响因素出发，分析了媒体关注和企业寻租对环境规制与企业环境治理效益的作用关系，提出相关假说。为实证分析验证奠定了良好的理论基础。

第四章，环境规制对企业绿色创新的实证分析。首先，本章采用中国A股污染行业上市公司2008—2017年样本为研究对象，采用最小二乘回归法分析验证了不同环境规制形式对企业绿色创新的促进作用，并检验不同规制强度的作用效果差异。其次，在进一步分析中，外部从媒体关注视角，内部从企业寻租、高管激励方式视角，检验了上述因素对环境规制与企业绿色创新的调节作用。最后，为保证结果的稳健性，分别采用替换变量、替换回归方法等方式，对上述结果进行了稳健性检验。

第五章，环境规制对企业环境绩效的实证分析。首先，本章采用中国A股污染行业上市公司2010—2017年样本数据为研究对象，检验分析不同环境规制手段对企业环境责任履行的影响，并分析规制形式和环境表现的动态作用影响。其次，同样分别从内外视角分析了媒体和寻租对上述作用关系的影响效果。最后，分析不同特征企业导致的环境规制对企业环境绩效表现的作用效果的差异性。为保证本章研究结论的稳健性，采用替换指标、替换模型等方法对结论进行了稳健性检验。

第六章，环境规制对企业经济绩效的实证分析。首先，本章采用中国 A 股污染上市公司 2010—2017 年财务数据样本，检验分析不同环境规制方式对企业短期财务绩效和长期市场价值的作用影响，并验证绿色创新和环境绩效提升的中介作用。其次，实证验证媒体关注和企业寻租在环境规制与企业长短期经济绩效间的调节作用。最后，为保证结果的真实性、可信性，对上述实证结论重新回归分析，进行了稳健性测试检验。

第七章，研究结论与展望。本章通过对前述各个章节的研究理论和实证进行归纳总结，得出本书的主要研究结论，并结合中国环境规制体系不健全、企业环境保护意识欠缺和治理形式被动的现实情况，得出本书的政策和实践起始。最后，通过分析指出本书研究的不足，指明未来的研究方向。

第三节　研究方法及思路框架

一　研究方法

（一）文献研究法

通过文献分析法的运用，能够厘清具体的概念定义、现有的研究热点、研究动态及未来可能的研究方向。因此，本书通过对国内外文献的检索、阅读及数据收集，梳理得到不同环境规制形式、绿色创新、环境绩效及经济绩效具体的概念定义；运用文献计量分析软件 Citespace，系统梳理得到环境规制的研究脉络、研究动态及未来研究趋势，为本书理论基础、假说提出和实证角度选择做出了重要贡献。

（二）规范分析法

本书主要基于制度理论、波特假说、声誉理论、媒体治理理论和寻租理论等作为基础，通过规范分析法下的归纳、推演，最终总结得出本书后续的一系列研究假说。

（三）实证分析法

本书通过污染行业上市公司样本数据，采用实证研究的方法验证研究假说的真实性与合理性。具体细分的实证分析方法为描述性统计分析法、相关性分析法、最小二乘回归分析法、动态面板回归分析法、邹氏分组检验法和固定效应回归分析法，验证环境规制对企业绿色创新、环境绩效及经济绩效的作用效果。

二 思路框架

本书的研究思路主要基于以下步骤展开：第一阶段，提出问题。基于中国经济高质量发展的需求和生态环境治理的市场失灵的现实，提出本书研究的问题角度。第二阶段，分析问题。依据问题导向原则，梳理现有的相关文献，结合既有的理论基础，对具体问题进行详细分析探讨，提出本书的一系列具体假说。第三阶段，解决问题。基于具体的理论推演假说，通过收集样本数据，采用实证的分析方法对问题进行实证验证，根据实证结论，指出现有研究不足及未来研究展望。

具体的问题分析思路是：以环境治理与经济发展共建为目标，探究政府环境规制手段对微观主体企业环境治理表现和经济行为后果的影响关系。因此，首先，分析环境规制对企业根源环境治理方式——绿色创新的作用效果；其次，分析环境规制对企业一般环境治理效果——环境绩效表现的影响作用；最后，分析环境规制手段对企业最终目标——经济绩效的影响关系。在上述三条主体框架结构下，以创新的激励效应为视角出发，分析不同高管激励手段在环境规制与绿色创新间的作用关系；从企业基础资源禀赋条件角度出发，分析异质性企业特征对环境规制与企业环境绩效的影响作用；分析环境规制对企业经济效益的作用路径。此外，企业内部不同治理方式选择——企业寻租与媒体关注，对企业环境治理表现和经济效果的影响。

本书研究的技术路线，如图1-2所示。

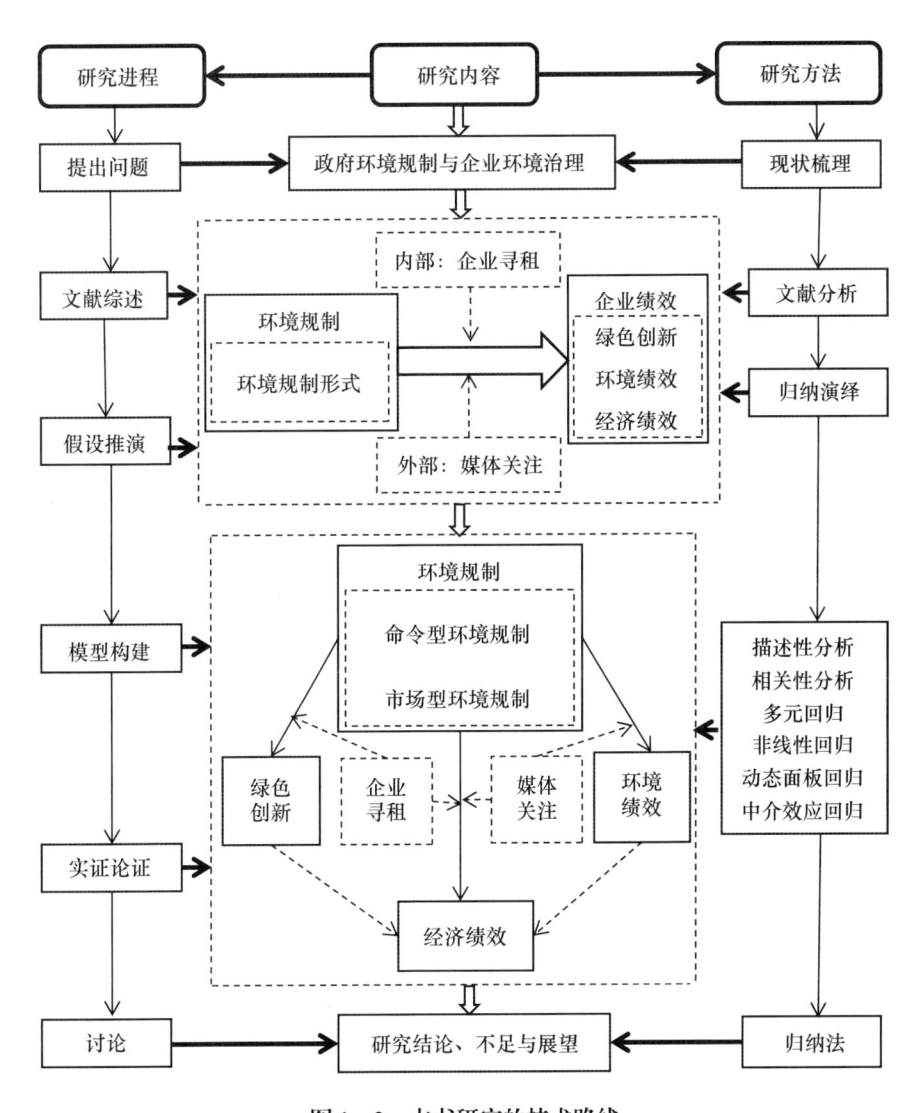

图 1-2 本书研究的技术路线

资料来源：笔者总结整理获得。

第四节 创新点

第一，以宏观政策对微观企业行为影响为视角，揭示了环境规制对企业环境治理行为与经济效果的作用机理。现有环境治理和环境规制效果研究主要从宏观区域角度出发，仅有的部分企业环境治理问题研究中主要采用问卷调查等数据，客观的企业污染治理数据获取性较难，更多的研究则采用一般创新、单一指标的污染排放或信息披露予以替代。但环境问题产生源头为企业，企业环境责任意识的提升才是解决问题的关键所在，所以以企业视角展开研究是十分必要的。另外，企业一般创新的范围更广，单一环境指标数据标准更易达到，以此替代影响了研究结论的稳健性，容易高估企业的环境治理责任意识。因此，本书从微观企业视角对环境规制手段效果展开研究，分析论证环境规制对企业环境根源治理方式—绿色创新、环境治理责任表现—环境绩效和竞争力—经济绩效的作用关系。

第二，考虑环境规制形式的异质性，探索命令型、市场型与公众参与型环境规制的微观行为作用，对中国环境规制完善有重要的指导作用。中国的环境制度还不够完善，主要以法律法规性的强制性措施为主，逐步完善市场引导型规范，企图构建多主体参与的环境共治型制度。在学术研究领域中，以命令型环境规制手段效果的研究为主，市场型环境规制对企业治理效果的研究逐渐增加，而公众参与型环境规制对企业环境治理的影响研究很少，但"社会共治"正在成为生态建设的未来趋势。因此，本书从环境规制形式的异质性视角出发，分别研究探讨不同规制的工具对企业环境治理效果和经济价值的影响。

第三，选取企业制度寻租和外部媒体关注的环境规制与企业环境治理效果与经济效益影响因素，丰富了环境规制对企业绩效的作用机制研究。鉴于环境问题的外部性，需要政府的规制性手段予以约束，企业的经济活动及污染治理行为牵涉的主体众多，每一个因素的变动均可能对最终治理效果产生影响。而在现有环境规制效果研究中，鲜少考虑到媒体关注和企业环境腐败对最终污染治理的作用效果，因此，本书从内外各寻找了一项主要影响因素，从外部媒体信息传递和内部治理寻租视角，研究制度规范要求下，不同的治理作用路径对最终企业环境治理效果产生的偏差。

第二章　理论基础与文献综述

第一节　相关概念界定

一　环境规制

环境规制概念起源于规制理论的提出，其指一种过渡状态的社会管理方式，是极度自由的市场经济和严苛的政府监管间的合理平衡。1992 年，日本经济学家植草益在借鉴传统的规制经济学理论基础上，将其推及环境管理，认为规制是为约束特定经济主体和社会人行为，社会公共机构制定的制度规则。此后，规制领域中逐渐增加了"环境"和"生态"等标签。中国学者对环境规制的探讨紧跟国际研究的步伐，潘家华认为，环境规制更强调政府的作用，主要采用非市场手段干预环境资源的配置方向。[①] 进入 21 世纪后，学者拓展思路，认为环境规制是为将环境污染的负外部性内化到企业内部，相关主体采取的调控厂商经济行为的措施，包含相应的环境法律法规、政策制度等。[②]

根据环境规制进展，经合组织（OECD）依据环境规制工具目的特征将其分为以下三个类别。第一，命令型环境规制工具，其重点强调规制工具的强制性和惩戒性，同时兼顾了简便性和短期性，因此是被使用得最早的环境监管手段，从 20 世纪 50 年代开始被广泛使用，一直延续至今。主

[①] 潘家华：《持续发展途径的经济学分析》，社会科学文献出版社 1993 年版，第 101 页。
[②] 沈芳：《环境规制的工具选择：成本与收益的不确定性及诱发性技术革新的影响》，《当代财经》2004 年第 6 期；李旭颖：《企业创新与环境规制互动影响分析》，《科学学与科学技术管理》2008 年第 6 期；张红凤、张细松：《环境规制理论研究》，北京大学出版社 2012 年版，第 13 页。

要是政府考虑到环境建设的"公共物品"特性,严格的规范性干预可更有效地减少污染,提升环境质量。第二,市场型环境规制工具,其更为强调规制工具的激励性和灵活性,分为基于价格的规制工具(如污染税、环境治理投资、排污费等)和基于数量的规制工具(如交易许可证、排放标准等),此时企业可依据自身内部外特性,选取更适合的方式改善环境质量。第三,公众参与型环境规制工具,其主要强调规制工具的自愿性,以价值共创为视角,以社会福利最大化为目标,使得享受环境福利的政府、企业及社会公众等各方主体均参与环境建设。

二 绿色创新

自20世纪90年代起,各国开始探讨环境治理中的创新活动对经济发展的作用。1997年,James率先将绿色创新定义为"以降低环境影响为基础目标,同时实现企业价值增值的新产品或新工艺"。[1] 结合技术创新的基本特点,1999年,Klemmer等对绿色创新范围进行了扩展,认为绿色创新是在实现降低生态环境负担和以可持续发展为目标的前提下,环境的参与主体采取的一切"新"措施,包含生态环境相关的新理念、新产品及新工艺的创造、引进和改造等。[2] 21世纪,对绿色创新概念的界定具有推动意义的行动者是欧盟(EU)和经合组织(OECD)。"奥斯陆创新手册"指出,绿色创新不仅是新的环境技术,还包含任何新的或改进产品、生产过程或服务的创新,除此之外也包括导致环境改善的"无意识"的创新。[3] 因此,绿色创新可能对现有社会并不一定是新的方法或技术,但对于采用该技术方法的组织来说可能是新的,其也被称为或等价于"生态创新",

---

[1] James P., "The Sustainability Circle: A New Tool for Product Development and Design", *Journal of Sustainable Product Design*, Vol. 2, No. 2, 1997, pp. 52–57.

[2] Klemmer P., Lehr U. and K. Lobbe, "Environmental Innovation, Vol. 3 of Publications from a Joint Project on Innovation Impacts of Environmental Policy Instruments, Synthesis Report of a Project Commissioned by the German Ministry of Research and Technology (BMBF)", Berlin: Analytica-Verlag, 1999.

[3] OECD, "The Measurement of Scientific and Technological Activities, Proposed Guidelines for Collecting and Interpreting Technological Innovation", Data European Commission and Eurostat, 2005.

但区别于"环境创新"。绿色创新指在经济活动中的相关变化,使其改善了经济和环境绩效①,本书主要强调环境彻底改善效果的绿色技术创新。而环境创新指企业中新的产品、生产过程、管理或服务方法,其以减少环境风险、污染和资源使用的负面影响为目的,其在企业的整个生命周期中的各个阶段均可能发挥作用,主要强调对于环境而非经济绩效的改善作用。②

三 环境绩效

环境绩效涉及的环境主要是生态环境,因此,在理论研究中有学者也称其为绿色绩效或生态绩效。从经济资源量化角度定义,环境绩效主要指微观个体企业在实际生产经营过程中排放的污染物排放量标准。③ 若是从组织角度考量,环境绩效指企业或组织的环境治理表现、信誉指数和为改善环境而付出的努力程度等。④

从企业角度出发,孙金花和蔺琳指出,企业环境绩效应该对以上两个角度均予以考虑,一方面,强调企业作为经济行为主体对外部环境的结果,其环境绩效必然应该包含政府法律法规标准等要求的、企业环境治理

---

① Ekins P., *Eco-Innovation for Environmental Sustainability: Concepts, Progress and Policies*, IEEP 7, 2010, pp. 267 – 290; Huppes G., Kleijn R. and R. Huele, " Measuring Eco-Innovation: Framework and Typology of Indicators Based on Causal Chains Final Report of the ECODRIVE Project", CML, University of Leiden, 2008, pp. 201 – 205; Claudia G. and P. Federico, "Investigating Policy and R & D Effects on Environmental Innovation: A Meta-analysis", *Ecological Economics*, Vol. 118, No. 10, 2015, pp. 57 – 66.

② Kemp R. and P. Pearson, "Final Report MEI Project about Measuring Eco-Innovation", *European Environment*, 2007.

③ Hart S., "A Natural-Resource-Based View of the Firm", *Academy of Management Review*, Vol. 20, No. 4, 1995, pp. 986 – 1014; Kander A. and M. Lindmark, "Foreign Trade and Declining Pollution in Sweden: A Decomposition Analysis of Long-term Structural and Technological Effects", *Energy Policy*, Vol. 34, No. 13, 2006, pp. 1590 – 1599.

④ Govindarajulu N. and B. F. Daily, "Motivating Employees for Environmental Improvement", *Industrial Management & Data Systems*, Vol. 104, No. 4, 2004, pp. 364 – 372; Megan J., Bissing A. and S. Kelly, et al., "Relationships between Daily Affect and Pro-Environmental Behavior at Work: The Moderating Role of Pro-Environmental Attitude", *Journal of Organizational Behavior*, Vol. 34, No. 2, 2013, pp. 156 – 175; 龙文滨等:《环境政策与中小企业环境表现:行政强制抑或经济激励》,《南开经济研究》2018 年第 3 期。

行为对自然环境的影响；另一方面，强调企业环境治理的内部付出，环境治理努力程度、环境责任感等，是外在环境表现的内部驱动力。① 本书后续的研究主要借鉴此种方式定义环境绩效，包含内部努力和外在表现，但不包含对企业最终经济产出效果的影响。

四 经济绩效

企业作为经济行为主体，其以营利为目的，通过生产经营实现经营利润或市场价值的增长。现有研究中对企业经济绩效、企业财务绩效和企业绩效的研究众多，三者内容含义类似，易于混淆，但也存在明显的区别。企业绩效的范围最广，其不仅可以包含财务经营绩效、市场价值绩效，还可以包含企业社会责任、企业环境等，因此范围过大。企业财务绩效更多的是强调会计账务上的绩效表现，以生产经营活动后账务的利润表现为主，其范围最窄。企业经济绩效是企业绩效中的一种，但相较而言比企业财务绩效的范围更大，除企业账务的利润表现外，还包含企业的外在市场价值表现。

根据上述范围的界定，一方面体现为环境污染治理对企业成本支出的影响；另一方面体现为企业绿色创新和环境治理内在努力对企业竞争力的影响，因此，本书采用张兰的做法，将企业的经济绩效界定为包含企业财务绩效表现和长期经济绩效表现的集合。②

第二节 理论基础

一 制度理论

制度理论（Institutional Theory）以基础为制度规范，Scott 将制度定义

---

① 孙金花：《中小企业环境绩效评价体系研究》，博士学位论文，哈尔滨工业大学，2008年；蔺琳：《辱虐管理对企业环境绩效的影响机制研究》，博士学位论文，西南财经大学，2014年。

② 张兰：《公司治理、多元化战略与财务绩效的关系——基于我国创业板上市公司的研究》，博士学位论文，吉林大学，2013年。

为,"为社会行为提供稳定性和意义的规制性、规范性和认知性的结构和活动"①,其主要包含以下几种形式:法律、规定、习俗、社会和职业规范、文化、伦理等。鉴于制度形式的多样性,形成了制度的三大支柱(见表2-1)。制度形式存在异质性,但制度理论的主旨内容为"制度影响",重点关注制度对组织结构和实践的同质性影响。换言之,制度理论的核心以概念为组织并非始终严格履行基本使命和价值利益获取目标,跳脱基础预期的效果或效率为导向的行为准则,为保证社会整体利益最大化,遵从制度规范性,重塑组织架构和经营流程以维持自身状态稳定和意义价值感。而组织对制度的遵守,主要源于制度对于组织形成了约束性"同构",为保证经营的合法性、资源的获取性和持续的竞争性,组织不得不遵从制度压力重塑组织结构和社会行为。② 其同构性压力以下三种形式存在,其一为强制性同构(Coercive Isomorphism),主要指组织迫于资源禀赋缺失下的获取压力;其二为模拟性同构(Mimetic Isomorphism),其含义为组织行为方向不确定性条件下,通过对可类比性组织行为的参考、复制和模仿;其三为规范性同构(Normative Isomorphism),主要指各主体不断试错、探索形成的各参与组织默认遵循的知识技能方法、专业网络和自发性团体、协会确立的实践规范准则等。

表2-1　　　　　　　　　　制度的三大支柱

	管制元素	规范元素	文化认知元素
服从的基础	方便	社会责任	理所当然 一致的理解
秩序的基础	管制规则	绑定期望	制定模式
机制	强制的	规范的	模仿的
逻辑	工具性	合适	正统

---

① Scott W. R., "Institutions and Organizations", *Thousnd Oaks*, 1995.
② Oliver C., "Sustainable Competitive Advantage: Combing Institutional and Resource-Based Views", *Strategic Management Journal*, Vol. 18, 1997, pp. 697 – 713; Yang Y. and A. M. Konard, "Understanding Diversity Management Practices: Implications of Institutional Theory and Resource-Based Theory", *Group & Organization Management*, Vol. 36, No. 1, 2010, pp. 6 – 38.

续表

	管制元素	规范元素	文化认知元素
指标	规则 法律 制裁	证明 认证	共享的行为逻辑
合法性基础	合法制裁	道德约束	可理解的 可辨别的 文化支持的

资料来源：Scott Richard, *Institutions and Organizations*, Thousand Oaks, CA：Sage：2001, 2nd. ed., p. 52, Table 3.1; Ken G. Smith 等：《管理学中的伟大思想：经典理论的开发历程》, 2016 年, 表 22 – 1。

此外，制度理论认为，制度主要借由制度化的活动形成规范力，但因作用主体形式异质性，对其行为方式产生显著的差异性影响。对于个体层面行为模式，鉴于其力量的薄弱性，有意或无意地形成对制度、规范、习惯和传统的遵从；对于组织层面行为模式，彼此间共享政治、社会、文化信仰支撑起了统一的制度化习俗；对组织间互动行为模式，政治制度、社会期望和行业联盟指明了预期的、可接受的组织行为活动，从而导致组织结构和行为模式的同质化。① 但上述观点并不表明组织只能是被动的、任凭制度摆布的"木偶"，其自身会通过"制度创业"的方式，与制度环境间形成互动，创造性的、潜移默化地改变所被迫面对的环境约束，从而形成了以默从—妥协—逃避—反抗—操纵的反制度压力的行动路径。②

因而，对制度理论的研究不再限于研究组织对企业的盲目遵从，而是彼此互动下制度规范和组织行为的双向改进，Suddaby 基于此，指出十分具有研究前景的几大主要方向，分别为制度规范多样性、形式表述、作用机制及"艺术性"表现等。③ 也有批评者指出，对于制度理论更倾向于关

---

① DiMggio P. and W. Powell, "The Iron Cage Revisited：Institutional Isomorphism and Collective Rationality in Organizational Fields", *American Sociological Review*, Vol. 48, 1983, pp. 147 – 160.

② Oliver C., "Strategic Reponses to Institutional Process", *Academy of Management Review*, Vol. 16, 1991, pp. 145 – 179.

③ Suddaby R., "Challenges for Institutional Theory", *Journal of Management Inquiry*, Vol. 19, No. 1, 2010, pp. 14 – 20.

注制度规范的作用效果,而对履行制度操作的组织内部制度化进程视为"黑箱",此种忽略性研究可能造成制度规制效应的减弱。鉴于此,现有研究对制度理论研究存在以下争议:第一个争论为组织行为同质性动因,争论的焦点为是宏观制度同构压力还是组织不断地自我塑造导致的结构及行为轨迹的趋同;第二个争论的焦点为制度压力下的遵从和组织间的趋同行为对组织绩效的影响;第三个争论主要关注组织域内"黑箱"造成组织结构和行为模式在动态时间内的趋同速度和程度差异性。[1]

二 波特假说

经济学中存在着很多的观点争论,在环境治理的经济作用效果上同样存在。传统的新古典环境经济学认为,环境保护更多得体现为成本的支出特性,从而不利于经济增长。但20世纪90年代,经济学者波特提出环境管理对经济效益作用的不同观点,其认为适度的环境规制能够激发企业环境治理的主动性,通过开展绿色技术创新在市场为自己建立起竞争优势,后期逐步发展为环境规制中的经典理论"波特假说",为推动环境保护运动的发展提供了重要的理论推动力。其具体的理论观点为,环境规制压力下,企业将自觉提升资源利用效率,改进技术工艺以减少规制成本内化对企业经济绩效的产出影响,且创新存在"补偿效应",环境治理存在"先动优势"下的声誉效应,兼顾了企业的经济效益和社会的环境效益。[2]

林德深层次地对波特假说进行剖析、检验与论证,逐渐形成了环境规制与企业创新作用关系的"弱波特假说",其观点强调恰当适度的环境规制政策激发了企业的创新活力。[3] 创新可以通过公众干预得到支持,因为通过适当的手段,环境监管可以激发处于休眠状态的"普罗米修斯式"的企业家精神,而环境监管具体从以下五个渠道促进企业绿色创新。第一,

---

[1] Heugens P. and M. W. Lander, "Structure! Agency!: A Meta-analysis of Institutional Theories of Organizations", *Academy of Management Journal*, Vol. 52, No. 1, 2009, pp. 61–85.

[2] Porter, M. E., "Towards a Dynamic Theory of Strategy", *Strategic Management Journal*, Vol. 12, No. S2, 1991, pp. 95–117.

[3] Porter M. E. and C. Linde, "Toward a New Conception of the Environment Competitiveness Relationship", *Journal of Economic Perspectives*, Vol. 9, 1995, pp. 97–118.

环境规制传递了企业现有资源利用效率低下和存在潜在的技术改进机会的信号；第二，企业通过对环境规制信息的收集而意识到，通过环境技术的改进措施会为企业带来巨大的经济利益；第三，环境监管为绿色创新指明了方向，减少了环境创新投资的不确定性，进而产生价值；第四，环境规制将产生环境创新和技术改进的压力；第五，环境规制限定了污染治理过渡期的竞争环境，在基于创新以解决污染治理冲突的过渡期间，任何一家企业不可存在避免环境投资而获取竞争地位的侥幸心理。① 其后学者不断对"弱波特假说"进行理论的推演、辩证及实证论证，形成环境规制对企业绿色创新的"补偿效应"机制，强调生态环境问题最根本的解决办法为依靠环境规制压力下的绿色创新行为，从源头解决环境顽疾。另外，新熊比特主义理论也指出，科技创新是经济发展中"创造性破坏"的驱动力量，能够从源头解决经济发展过程中的众多障碍顽疾，如路径依赖、环境污染及"收入陷阱"等，② 而制度创新是科技创新的活力和秩序保障。③

除环境规制作用的"弱波特假说外"，鉴于环境规制最终对经济效益的影响，还存在"强波特假说"理论观点。其观点主要由 Jaffe 等于 1997 年提出，他们认为，一方面，环境规制作用下企业的生产方式发生变革，新的清洁生产方式的运用提高了资源的利用转化效率，降低了资源的利用成本，反而补偿了企业的研发管理支出，增加了经济效益产出④；另一方面，规制下的绿色创新行为具有"先动优势"⑤，公众环保意识的增强，消

---

① Porter M. E. and C. Linde, "Toward a New Conception of the Environment Competitiveness Relationship", *Journal of Economic Perspectives*, Vol. 9, 1995, pp. 97 – 118; Jan F., "Mobilizing Innovation for Sustainability Transitions: A Comment on Transformative Innovation Policy", *Research Policy*, Vol. 47, No. 6, 2018, pp. 1568 – 1576.

② Mansfield E., "The Economics of Technological Change", *American Scientist*, Vol. 214, 1966, pp. 25 – 31; Tornatzky L. G., Fleischer M. and A. K. Chakrabarti, "Processes of Technological Innovation", *Journal of Technology Transfer*, Vol. 16, No. 1, 1991, pp. 45 – 46.

③ Freeman C., "Technology Policy and Economic Performance: Lessons from Japan", *Cambridge Journal of Economics*, Vol. 18, 1987, pp. 139 – 149; Nelson R. R., *National Innovation Systems: A Comparative Study*, Oxford University Press, 1993.

④ Jaffe A. B. and A. K. Palmer, "Environmental Regulation and Innovation: A Panel Data Study", *Review of Economics and Statistics*, Vol. 79, No. 4, 1997, pp. 610 – 619.

⑤ 董敏杰：《环境规制对中国产业国际竞争力的影响》，博士学位论文，中国社会科学院研究生院，2011 年。

费者消费品位和需求发生显著变化，环境友好型产品必将成为未来的发展趋势，在国内甚至是国际竞争中取得先发竞争力。此外，随着环境规制形式的不断演进，"波特假说"在各国学者的逐步推演中，衍生出"狭义波特假说"，其观点指出，不同的环境规制工具对绿色创新的作用效果存在显著差异，更为灵活的市场型规制工具对绿色创新的激励作用效果相较于命令型规制工具作用更强。① 由于，命令型环境规制以惩戒性和约束性行为为主，方式相对单一，对企业具有更多的强迫性；市场型环境规制以许可性为主，方式更为多样化，为企业规制行为的履行提供了更大的选择空间，可选取更适合企业的、最为了解的、最节省资源的方式，提升资源配置效率，更有利于绿色创新产出。

上述不同版本的波特假说是环境规制对企业绿色创新产出和竞争优势理论上的理想状态的结果表述，但需要现实结论的检验支撑。② 中国经过四十多年改革开放的经济建设，对粗放型的经济发展模式有着严重的路径依赖，是否符合波特假说情境假设呢？因此，企业作为环境规制的最终作用主体，基于中国环境规制建设的现实国情出发，以企业为视角，验证分析波特假说的强、弱及狭义版本，以期指导企业的绿色创新、环境绩效表现和竞争力提升建设。

三 声誉理论

声誉理论是以信号传递理论为基础，演化发展而产生的，其更为强调作用主体对形象等外在表现的关注，也被称为声誉信息理论。其基础为声誉，强调过去行为和特征的信息表现。此外，声誉理论还需要借助声誉网络③，其是市场中的参与者组成的信息交换、传递和流动路径，能够有助

---

① Jaffe A. B. and A. K. Palmer, "Environmental Regulation and Innovation: A Panel Data Study", *Review of Economics and Statistics*, Vol. 79, No. 4, 1997, pp. 610 – 619; Lanoie P., Patry M. and R. Lajeunesse, "Environmental Regulation and Productivity: Testing the Porter Hypothesis", *Journal of Productivity Analysis*, Vol. 30, No. 4, 2008, pp. 121 – 128.

② 郭进：《环境规制对绿色技术创新的影响——"波特效应"的中国证据》，《财贸经济》2019年第3期。

③ 石晓峰：《媒体关注对上市公司债务融资的影响研究》，博士学位论文，大连理工大学，2017年。

于信息不对称程度和信息交易成本的降低。

对声誉理论的最早研究即企业声誉。Shapiro 和 Kerps 等通过对企业生产经营活动特征与消费者行为决策间的关系研究，构建了声誉机制模型，创建了声誉理论的基础。① 但企业声誉存在时滞效应，因为其是企业生产经营效果和组织特征信息的反映。Paul 等对上述观点进行扩展延伸指出，企业声誉是利益相关者对企业整体的认知价值判断，其指企业的历史行为文化沿革特征。② 21 世纪后，企业声誉的内涵进一步扩展，Dyck 认为，媒体报道在企业声誉信息传播中发挥着重要作用，在外部利益相关者与企业经营管理信息间架起了信息沟通的桥梁，有效减少了外部投资者对企业经营的无知，也迫使企业经理人更为敏锐地感知外部利益相关者对企业可能的价值判断。③ 因此，媒体关注强化声誉信息在企业与外部利益相关者间的传递效应。郑丽婷基于声誉的文献计量分析，认为企业声誉是以企业现有资源和未来发展潜力为基础的，是对企业过去整体行为和未来策略稳定、具体的感知判断。④

综上所述，声誉理论以企业声誉为核心，其强调利益相关者通过对企业信息的收集掌握，形成的整体判断和评价，影响消费者的购买和资金拥有者的投资决策行为，最终作用于企业的经济表现上。此外，因为媒体对信息的传递报道、关注程度和舆论导向，均影响企业的声誉，因此，媒体关注发挥着企业内外部声誉信息传递媒介作用。

---

① Shapiro C., "Consumer Information, Product Quality, and Seller Reputation", *Bell Journal of Economics*, Vol. 13, No. 1, 1982, pp. 20 – 35; Kerps D., "Corporate Culture and Economic Theory", in J. Alt and K. Shepsle (eds.), *Perspectives on Positive Political Economy*, Cambridge University Press, 1990.

② Paul A., Herbig J. M. and E. James, "Golden: The Do's and Don'ts of Sales Forecasting", *Industrial Marketing Management*, Vol. 22, No. 1, 1993, pp. 49 – 57.

③ Dyck A., Volchkova N. and L. Zingales, "The Corporate Governance Tole of the Media: Evidence from Tussia", *Journal of Finance*, Vol. 63, No. 3, 2008, pp. 1093 – 1135.

④ 郑丽婷：《嵌入在社会关系网络下管理者声誉的影响机制研究》，博士学位论文，浙江大学，2017 年。

四 寻租理论

寻租理论的基础是经济租，条件是政府对企业经济行为的宏观调控。经济租是指资源获取的经济收入超出其成本的部分。[①] 政府的宏观调控由亚当·斯密提出，是为保证社会目标的实现，通过政府"看不见的手"引导实现经济自由竞争。[②] 而现实中，更多的情况是对公共物品的寻租行为，如许可、配额、关税及特许权等，其主要是公共物品的自身属性特征，导致政府引导下的市场限制性措施，政府引导行为创造了"租"。其"租"存在两种形式的租金：其一为正常租金，主要指在完全竞争市场环境中，行为主体为获取资源而付出的合理成本，并无政府干预手段的参与；其二为非正常租金，即为前述的政府对市场中公共物品属性资源非合理竞争下的纠偏行为收取的租金。

寻租是组织或个人通过将财富转移给政府，但转移出的财富并未带来社会产品的增加，仅仅是资源的径直流出，在未带来价值增值的情况下退出此次资金循环，却损耗了流通成本。因此，寻租活动是行为人的非生产性活动。[③] 基于此，布坎南等将寻租描述为组织或个人借由政府的保护，通过财富转移，实现了资源的重新配置，但导致资源利用效率下降。[④] 因此，从社会整体性考量，所有试图通过寻租努力捕获资源的经济行为，最终都会造成资源的浪费，是资源配置的扭曲。寻租对设租者是有利的，借由公众赋予的监管权力，肆意干涉市场经济活动，为特定的组织和个体牟取非法利益，在利益驱动下，特权或特定利润的获取者会产生"寻租"行为。但"寻租"行为并非一定就对寻租者是有利的，其转移了企业家的精力，侵蚀了企业家精神，从而对企业生产经营的关注力下降，造成了边际生产率下降。[⑤] 而"寻租"行为对整个经济社会一定是有害的，因为"寻

[①] Buchanan J. M., Robert D. T. and T. Gordon, *Toward a Theory of the Rent-Seeking Society*, College Station: Texas A & M University Press, 1980.
[②] 刘启君：《寻租理论研究》，博士学位论文，华中科技大学，2005年。
[③] Tollison R. D., "Rent Seeking: A Survey", *Kyklos*, Vol. 35, No. 4, 1982, pp. 575–602.
[④] 洪必纲：《公共物品供给中的租及寻租博弈研究》，博士学位论文，湖南大学，2010年。
[⑤] 庄子银：《创新、企业家活动配置与长期经济增长》，《经济研究》2007年第8期；王闽：《政府科技补助对企业创新绩效的影响》，博士学位论文，中国矿业大学，2017年。

租"导致政府滥用职权，公众信服力下降，扭曲了资源配置方向，导致市场秩序紊乱，最终导致社会资源浪费，经济发展滞后。

第三节　国内外研究综述

一　环境规制研究状况梳理

鉴于环境污染的负外部性，环境规制研究成为环境治理研究中的核心内容。而企业以其社会生产的核心地位，成为环境污染的主要源头，而环境规制是否能够约束企业的环境治理，其微观环境的治理效果如何值得深入探讨。[①] 因此，需要对环境规制的研究趋势进行梳理研究，而文献计量和科学知识图谱方法的发展，为文献研究提供了更为客观和便捷的工具，成为文献脉络和研究热点分析的前沿方式。[②] 文献计量的方法已经在文献综述研究中得到广泛的应用，其能够通过图形可视化的形式，更为便捷地了解到现有领域的知识结构、分布概况、研究脉络、核心文献及研究前沿等。[③] 本书借鉴陈超美等做法，对环境规制相关的国内外文献进行收集整理，采用 Citespace V 软件，探索分析环境规制的研究基础理论、研究变化趋势、研究焦点及未来的研究方向[④]，主要的分析涉及文献的关键词共现分析、聚类分析及时间趋势分析。

本书通过收集整理国内外环境规制相关文献，建立了环境规制文献数据池，文献检索规制见表 2-2。其中，国外文献数据来自 Web of Science（WOS）核心合集数据库中 SSCI 期刊论文，检索的关键词为"Environmental regulation"或"Environmental policy"，时间选取 1998—2018 年，领域限定为"Economic""Business""Management"，具体检索步骤规则如图 2-1 所示，最终得到 2344 篇外文文献；国内文献数据主要来自中国知网

[①] 翟华云、刘亚伟：《环境司法专门化促进了企业环境治理吗？——来自专门环境法庭设置的准自然实验》，《中国人口·资源与环境》2019 年第 6 期。

[②] 陈悦等：《Citespace 知识图谱的方法论功能》，《科学学研究》2015 年第 2 期。

[③] 侯海燕、刘则渊、栾春娟：《基于知识图谱的国际科学计量学研究前沿计量分析》，《科研管理》2009 年第 1 期。

[④] 侯剑华、胡志刚：《Citespace 软件应用研究的回顾与展望》，《现代情报》2013 年第 4 期。

（CNKI）数据库中的 CSSCI 期刊论文，为防止文献选取偏差，检索的关键词与外文文献统一，采用"环境规制"或"环境政策"，时间同样为 1998—2018 年，学科领域限定为"经济与管理科学"，具体检索步骤如图 2-2 所示，最终得到中文文献 1027 篇。

表 2-2　　　　　　环境规制文献池检索构建规制

文献	数据库	来源	文献类型	条件	检索词	学科类别	结果
国外	Web of Science（WOS）	SSCI	Article	Topic	Environmental regulation/ Environmental policy	Economic/ Business/ Management	2344
国内	中国知网（CNKI）	CSSCI	期刊	主题	环境规制/ 环境政策	经济管理	1027

资料来源：笔者自行整理获得。

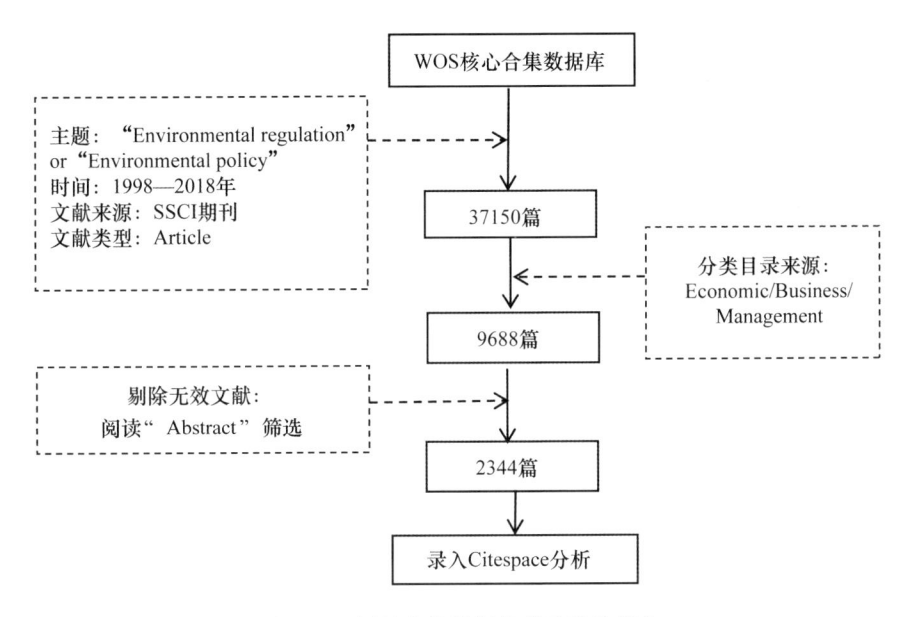

图 2-1　国外文献数据检索及筛选程序

资料来源：笔者自行整理获得。

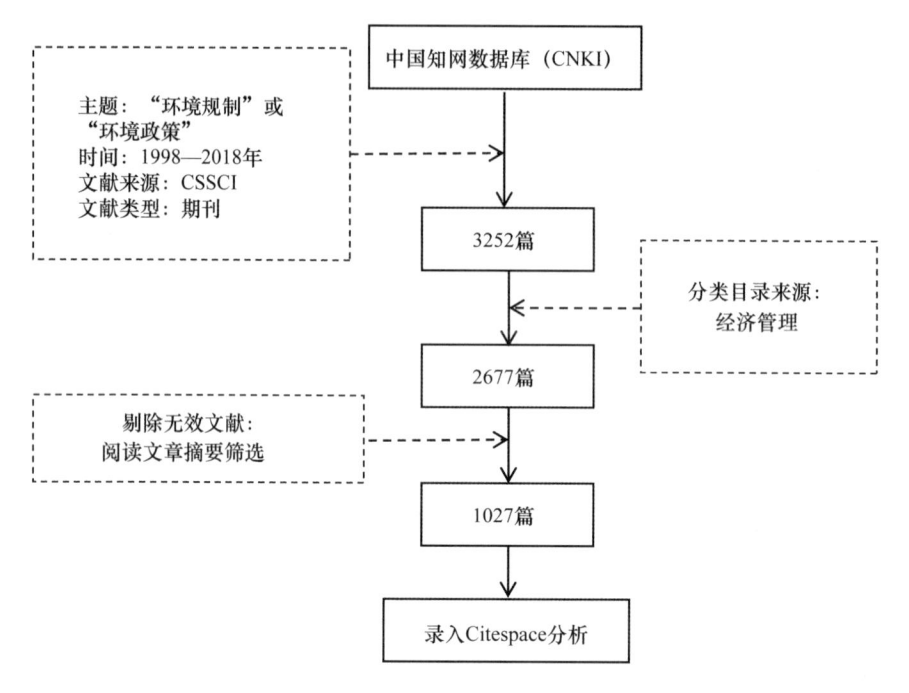

```
┌─────────────────────────┐         ┌──────────────────────────┐
│ 主题:"环境规制"或       │         │ 中国知网数据库 (CNKI)    │
│ "环境政策"              │         └──────────────────────────┘
│ 时间: 1998—2018年       │ ------>              │
│ 文献来源: CSSCI         │                      ▼
│ 文献类型: 期刊          │              ┌──────────────┐
└─────────────────────────┘              │   3252篇     │
                                         └──────────────┘
                                                │              ┌──────────────────┐
                                                │ <----------- │ 分类目录来源:    │
                                                ▼              │ 经济管理         │
                                         ┌──────────────┐      └──────────────────┘
                                         │   2677篇     │
┌─────────────────────────┐              └──────────────┘
│ 剔除无效文献:           │                      │
│ 阅读文章摘要筛选        │ ------>              ▼
└─────────────────────────┘              ┌──────────────┐
                                         │   1027篇     │
                                         └──────────────┘
                                                │
                                                ▼
                                         ┌──────────────────┐
                                         │ 录入Citespace分析│
                                         └──────────────────┘
```

图2-2　国内文献数据检索及筛选程序

资料来源:笔者自行整理获得。

将最终获取的2344篇外文文献和1027篇中文文献分别录入Citespace软件,进行了高被引文献、高被引作者、研究脉络、关键领域、研究时间趋势及研究热点等分析,后续将详述具体的分析内容。

(一)环境规制研究概况统计

1. 高被引文献分析

在学术研究中,高被引文献的详细研读十分必要,其是后续研究重要的理论基础和核心,犹如"巨人的肩膀",为本书研究奠定了重要的基础知识。通过对国外2344篇和国内1027篇文献的梳理,最终整理得到的国内外被引用频次最高的10篇文献,见表2-3和表2-4。

表2-3　　　　　　　国外文献前10篇高被引文献统计

序号	文章题目	期刊	作者	年份	被引频次
1	"A Tale of Two Market Failures: Technology and Environmental Policy"	Ecological Economics	Jaffe, A. B., Newell, R. G., Stavins, R. N.	2005	481
2	"The Roles of Supervisory Support Behaviors and Environmental Policy in Employee 'Ecoinitiatives' at Leading-Edge European Companies"	Academy of Management Journal	Ramus, C. A., Steger, U.	2000	368
3	"Multinational Companies and the Natural Environment: Determinants of Global Environmental Policy Standardization"	Academy of Management Journal	Christmann, P.	2004	320
4	"Incentives for Environmental Self-Regulation and Implications for Environmental Performance"	Journal of Environment Economics and Management	Anton, W. R. Q., Deltas, G., Khanna, M.	2004	266
5	"Corporate Strategies and Environmental Regulations: An Organizing Framework"	Strategic Management Journal	Rugman, A. M., Verbeke, A.	1998	261
6	"Determining the Trade-Environment Composition Effect: The Role of Capital, Labor and Environmental Regulations"	Journal of Enviromental Economics and Management	Cole, M. A., Elliott, R. J. R.	2003	241
7	"Covenants with Weak Swords: ISO 14001 and Facilities' Environmental Performance"	Journal of Policy Analysis and Management	Potoski, M., Prakash, A.	2005	227
8	"The Impacts of Environmental Regulations on Industrial Activity: Evidence from the 1970 and 1977 Clean Air Act Amendments and the Census of Manufactures"	Journal of Political Economy	Greenstone, M.	2002	224
9	"Motivation for Compliance with Environmental Regulations"	Journal of Policy Analysis and Management	Winter, S. C., May, P. J.	2001	221
10	"The Porter Hypothesis at 20: Can Environmental Regulation Enhance Innovation and Competitiveness?"	Review of Enviroment Economics and Policy	Ambec, S., Cohen, M. A., Elgie, S., et al.	2011	216

资料来源：笔者根据WOS计量可视化分析获得。

表2-4　　　　　　国内文献前10篇高被引文献统计

序号	文章题目	期刊	作者	年份	被引频次
1	《环境规制、要素禀赋与产业国际竞争力的实证研究——基于中国制造业的面板数据》	《管理世界》	傅京燕、李丽莎	2010	469
2	《环境规制与企业自主创新——基于波特假设的企业竞争优势构建》	《中国工业经济》	黄德春、刘志彪	2006	461
3	《FDI与环境规制：基于地方分权视角的实证研究》	《经济研究》	朱平芳、张征宇、姜国麟	2011	420
4	《中国制造业最优环境规制强度的选择——基于绿色全要素生产率的视角》	《中国工业经济》	李玲、陶锋	2012	419
5	《环境规制的产业结构调整效应研究——基于中国省际面板数据的实证检验》	《中国工业经济》	原毅军、谢荣辉	2014	357
6	《环境规制影响了污染密集型商品的贸易比较优势吗？》	《经济研究》	陆旸	2009	351
7	《外商直接投资、工业污染与环境规制——基于中国数据的计量经济学分析》	《财贸经济》	应瑞瑶、周力	2006	305
8	《环境规制对技术创新影响的双重效应——基于江苏制造业动态面板数据的实证研究》	《中国工业经济》	蒋伏心、王竹君、白俊红	2013	291
9	《环境规制、绿色全要素生产率与中国工业发展方式转变——基于36个工业行业数据的实证研究》	《中国工业经济》	李斌、彭星、欧阳铭珂	2013	287
10	《环境规制与企业全要素生产率——基于中国工业企业数据的经验分析》	《中国工业经济》	王杰、刘斌	2014	286

资料来源：笔者根据CNKI计量可视化分析获得。

在国外的研究中，Jaffe等提出环境污染治理和技术创新中市场作用的失灵，从而为环境公共政策的选择提供了有力的佐证。① Ramus 等从员工的环境治理举措视角出发，以求探讨确定何种环境政策能够有助于"学习型组织"中有效促进员工"生态倡议"行为的履行。② Christmann 以污染治理转移视角分析，研究环境政策标准和利益相关者对跨国公司环境治理行为的自我监管效用。③ Wilma 等以环境政策中的市场型激励措施研究为主线，研究指出环境监管和市场压力对企业环境治理系统（EMS）的污染排放行为并未产生实质性影响，但促进了企业环境问题管理制度变革。④ 有学者以跨国公司竞争力为视角，研究环境法规对跨国公司特定优势和国家特定优势的作用，来补充验证强波特假说理论。Nicole 等研究指出，环境法规和劳动力资源禀赋能有效降低公司的二氧化硫排放浓度。⑤ 从公司的自愿型环境规制政策出发，与 ISO 14001 国际化准则认证的企业相比，未认证企业的环境污染排放量更低，环境绩效表现更优。Greenstone 和 Ambec 等从环境规制的历史沿革视角出发，探究了不同环境规制与波特假说间的矛盾冲突关系，以指明环境治理政策的未来方向。⑥ Winter 等从企

---

① Jaffe A. B. and R. N. Stavins, "Dynamic Incentives of Environmental Regulation: The Effects of Alternative Policy Instruments on Technology Diffusion", *Journal of Environmental Economics and Management*, Vol. 29, No. 3, 1995, pp. 43 – 63.

② Ramus C. A. and U. Steger, "The Roles of Supervisory Support Behaviors and Environmental Policy in Employee 'Ecoinitiatives' at Leading-Edge European Companies", *Academy of Management Journal*, Vol. 43, No. 4, 2000, pp. 605 – 626.

③ Christmann P., "Effects of Best Practices of Environmental Management on Cost Advantage: The Role of Complementary Assets", *Academy of Management Journal*, Vol. 43, No. 4, 2000, pp. 663 – 680.

④ Wilma R. Q., Anton G. and D. Madhu, "Incentives for Environmental Self-Regulation and Implications for Environmental Performance", *Journal of Environmental Economics and Management*, Vol. 48, No. 1, 2004, pp. 632 – 654.

⑤ Nicole D., Inshik S. and S. Joseph, "Perceived Stakeholder Influences and Organizations' Use of Environmental Audits", *Accounting, Organizations and Society*, Vol. 32, No. 2, 2009, pp. 170 – 187.

⑥ Greenstone M., "The Impacts of Environmental Regulations on Industrial Activity: Evidence from the 1970 and 1977 Clean Air Act Amendments and the Census of Manufactures", *Journal of Political Economy*, Vol. 62, 2002, pp. 199 – 200; Ambec S., Cohen M. and S. Elgie, "The Porter Hypothesis at 20: Can Environmental Regulation Enhance Innovation and Competitiveness?", *Review of Environmental Economics and Policy*, Vol. 7, No. 1, 2013, pp. 2 – 22.

业动机出发，研究环境规制对企业行为动机的作用机制。① 综上所述，不同学者主要从不同的视角论证了环境规制政策对环境表现和经济竞争优势的分析关系，是对波特假说的不断推动。

国内更多的是从宏观视角研究环境规制对技术创新、环境表现和经济增长的作用关系。傅京燕等以制造业企业的国际竞争力提升为目的，研究指出环境规制通过改变人力、物力等要素资源禀赋最终导致产业竞争力的变动，且环境规制与比较优势呈现"U"形结构关系。② 蒋伏心等同样以制造业为样本，指出环境规制与企业技术创新呈现动态非线性结构关系，伴随规制强度从弱到强，创新呈现由"抵消效应"到"补偿效应"的变化。③ 上述研究均体现了环境规制强度的作用效果，李玲等与王杰等从全要素生产率提升视角，研究指出存在最优环境规制强度。④ 黄德春等以海尔集团为例，对波特假说加以验证分析，研究指出通过遵从环境规制标准，海尔成功打入欧美市场，但需要借助自主创新破除技术壁垒，才能获取竞争优势。⑤ 陆旸指出，发达国家为获取污染密集型商品的国际竞争优势，为规避发达国家严苛的环境规制，通过污染转移的方式，将工业污染转移到发展中国家，形成了发展中国家的"污染避难所"效应。⑥ 应瑞瑶等指出，即使在环境规制作用下，外商直接投资仍存在"污染避难所"效应，加剧了地区的工业污染排放。⑦ 朱平芳等研究指出，地方为获取外商

---

① Winter S. C. and P. J. May, "Motivation for Compliance with Environmental Regulations", *Journal of Policy Analysis and Management*, Vol. 20, No. 4, 2001, pp. 675 – 698.
② 傅京燕、李丽莎：《环境规制、要素禀赋与产业国际竞争力的实证研究——基于中国制造业的面板数据》，《管理世界》2010 年第 10 期。
③ 蒋伏心、王竹君、白俊红：《环境规制对技术创新影响的双重效应——基于江苏制造业动态面板数据的实证研究》，《中国工业经济》2013 年第 7 期。
④ 李玲、陶锋：《中国制造业最优环境规制强度的选择——基于绿色全要素生产率的视角》，《中国工业经济》2012 年第 5 期；王杰、刘斌：《环境规制与企业全要素生产率——基于中国工业企业数据的经验分析》，《中国工业经济》2014 年第 3 期。
⑤ 黄德春、刘志彪：《环境规制与企业自主创新——基于波特假设的企业竞争优势构建》，《中国工业经济》2006 年第 3 期。
⑥ 陆旸：《环境规制影响了污染密集型商品的贸易比较优势吗？》，《经济研究》2009 年第 4 期。
⑦ 应瑞瑶、周力：《外商直接投资、工业污染与环境规制——基于中国数据的计量经济学分析》，《财贸经济》2006 年第 1 期。

直接投资，借以地方分权特性，自行降低环境规制标准为自身牟利。① 但随着中国对生态建设的重视，李斌等以及原毅军和谢荣辉指出，经济可持续发展下，环境约束力度的加强，有效促进了绿色全要素生产率的提升，最终促进中国产业结构的调整，保证了增长和减排双重目标的实现。②

2. 作者频次分布分析

作者频次分布分析有助于追踪厘清研究的根源与前沿问题，对高频作者的持续追踪有助于时刻掌握环境规制研究的动态方向，通过对国内外文献作者发文量的统计分析，得到作者频次分布情况（见表2-5）。国外发文量前10的作者中，发文频次最高的为Fredriksson团队，其从2001开始，仍在持续追踪环境规制或环境政策对环境污染控制、竞争力表现及政策设计规划等方向；List团队从2000—2004年开始研究，主要关注环境政策的作用表现；Sueyoshi团队从2009—2017年持续关注环境绩效表现的测度研究；Khanna团队、Hanley团队和Goto团队主要研究环境规制压力下，企业内部环境治理的动机；Mazzanti团队追踪研究当前热点问题，主攻为绿色经济发展模式问题；Shogren团队则从环境风险角度，持续关注环境规制的建设问题；Van Den Bergh团队以最新的视角，主要关注公众参与对环境治理建设的作用，成为目前环境治理研究的前沿指引；Bohringer团队以碳税为重点研究方向。国内发文量前10的作者中，发文频次最高的为肖兴志团队，其研究环境规制对行业、产业结构变革的影响；韩先锋团队、宋文飞团队和张倩团队紧随其后，重点关注不同视角下，环境规制对技术创新的作用影响；李廉水团队从制造业环境治理问题出发，研究环境规制对制造业的作用效果；张红凤团队则研究不同形式的环境规制形式效果；傅京燕团队则从环境规制导致资源禀赋变动的视角出发，探究其对经济的作用路径；王锋正团队从2014年开始研究，现阶段重点关注环境规制对绿色创

---

① 朱平芳、张征宇、姜国麟：《FDI与环境规制：基于地方分权视角的实证研究》，《经济研究》2011年第6期。

② 李斌、彭星、欧阳铭珂：《环境规制、绿色全要素生产率与中国工业发展方式转变——基于36个工业行业数据的实证研究》，《中国工业经济》2013年第4期；原毅军、谢荣辉：《环境规制的产业结构调整效应研究——基于中国省际面板数据的实证检验》，《中国工业经济》2014年第8期。

新的作用机理影响；李斌团队主要研究环境规制下的经济转型问题；李强团队研究环境规制下，企业环境信息披露问题。

表2-5　　　　　　　　　　国内外作者频次统计

国外作者	发文数量	国内作者	发文数量
Fredriksson P. G.	39	肖兴志	17
Sueyoshi T.	34	韩先锋	11
Khanna M.	29	宋文飞	10
Mazzanti M.	28	李廉水	10
Goto M.	26	张红凤	10
Hanley N.	25	傅京燕	10
Shogren J. F.	25	王锋正	9
List J. A.	24	张倩	8
Van Den Bergh J. C. J. M.	24	李斌	8
Bohringer C.	23	李强	8

资料来源：笔者根据WOS和CNKI统计整理获得。

（二）环境规制研究脉络梳理

1. 关键词共现分析

科学知识图谱分析中的关键词共现分析，是指通过对检索文献的内容的高度浓缩、提炼，得到该领域中的核心研究主题分布情况。本书通过将上述检索得到的国内外文献，运用Citespace软件中运行关键词共现分析后，得到的国内外环境规制关键词共现图谱如图2-3和图2-4所示。

由图2-3可知，国外环境规制研究中的核心关键词为"Policy"，形成了以此为中心的轮轴式"核心—边缘"网络结构，其关键词共现图谱密度为0.2148。通过图2-3可以看出，其他核心主题分别为"Enviromental Policy""Impact""Management""Model""Performance""Climate Change""Enviromental Regulation""Sustainability"，在"Policy"主题之外上述主体成均匀分布状态，成为环境领域中同等重要的演进内容。

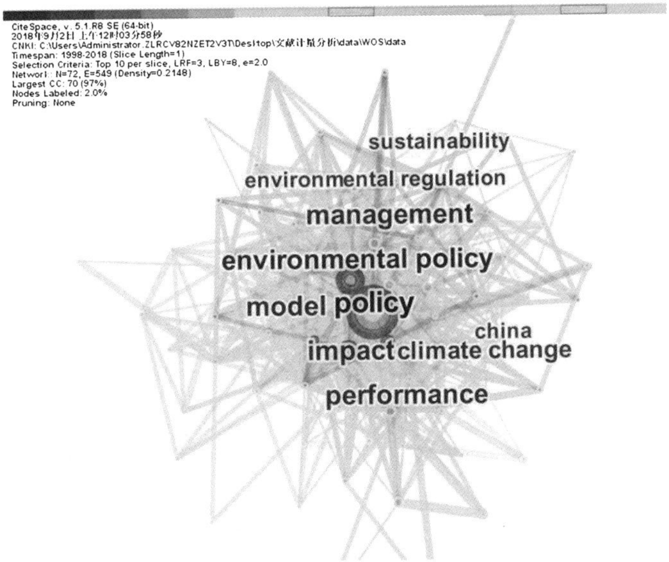

图 2-3　国外环境规制研究的关键词共现图谱

资料来源：Citespace 软件中获得。

图 2-4　国内环境规制研究的关键词共现图谱

资料来源：Citespace 软件中获得。

由图 2-4 可知，国内的核心主题为"环境规制"，知识图谱同样呈现轮轴辐射式的"核心—边缘"网络分布结构，其核心图谱密度为 0.0814，各个核心主题间分布关系连接紧密。国内研究中与环境规制相关的其他核心主题为"波特假说""环境政策""门槛效应""技术创新""环境规制强度""全要素生产率""制造业""经济增长""绿色技术创新"。

2. 关键词聚类分析

科学知识图谱的关键词聚类分析能够反映出该领域中研究分支情况。本书通过关键词聚类中的 LLR（最大似然）法对关键词进行聚类，最终得到的国内外文献关键词聚类知识图谱如图 2-5 和图 2-6 所示。

根据图 2-5 可知，国外文献的关键词聚类分析中模块度为 0.2222，聚类内部指标值为 0.3216，表明关键词聚类效果较好，聚类模块间的相对度较高，最终形成了 5 类聚类群（C_0—C_4），分别为"#0 Enviromental Assessment""#1 Economic Growth""#2 Research and Development""#3 Uncertainty""#4 Self Regulation"。

其中，#0 聚类群反映了环境规制作用下，学者主要研究如何对环境绩效表现进行评估，主要由于环境污染排放物及涉及的部门众多，不同企业和地区间难以有效的量化对比；#1 聚类群反映学者们主要研究环境规制最终对经济增长的作用关系，是促进还是抑制；#2 聚类群反映学者们对环境规制或环境政策本身的研究以及未来的发展走向，通过规制的逐步完善，实现治理效果的最优化；#3 聚类群主要指学者研究中环境规制对经济发展、环境绩效表现等存在诸多的不确定性；#4 聚类群反映国外研究中的自我规制成为主流，企业等逐渐意识到环境治理的重要性，避免强制性规制压力，通过环境自愿标准协议等提升自身的绩效表现和价值产出。

从图 2-6 可以看出，最大似然法下形成了 9 大聚类群（C_0—C_8），分别为"#0 演化博弈""#1 波特假说""#2 就业""#3 环境政策""#4 绿色产品创新""#5 环境税""#6 经济增长""#7 全要素生产率""#8 外商投资"，国内文献的关键词聚类分析的模块度为 0.4001，聚类内部指标值为 0.5433，聚类效果较好，但聚类主体间关系紧密程度弱于国外文献。

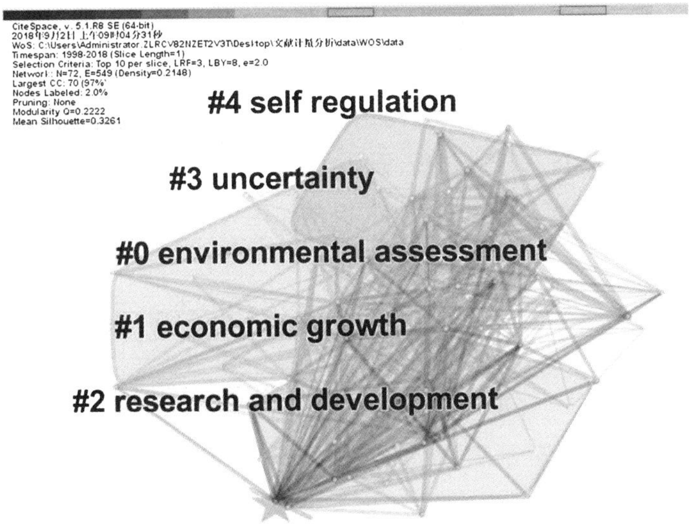

图 2-5　国外环境规制研究的关键词聚类图谱

资料来源：Citespace 软件中获得。

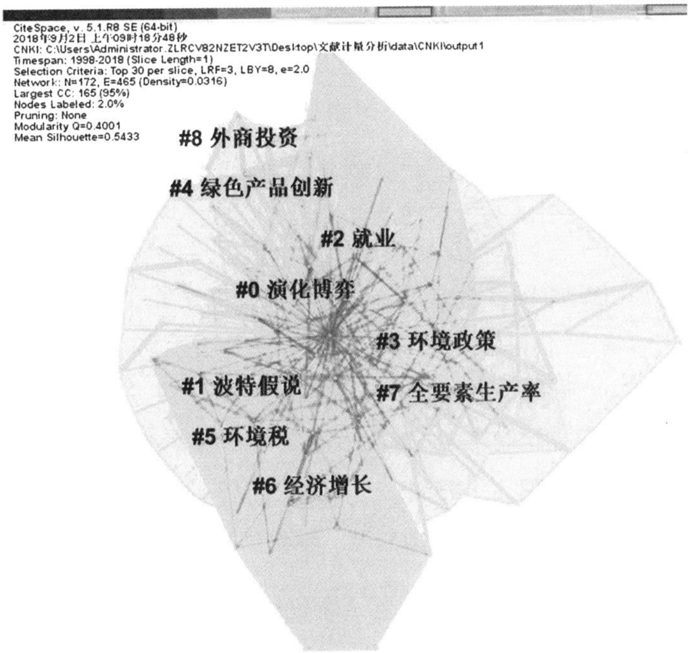

图 2-6　国内环境规制研究的关键词聚类图谱

资料来源：Citespace 软件中获得。

其中，#0 聚类群表明学者研究关注到环境治理是环境表现和经济效益间的博弈结果，环境规制是政府治理与企业行为选择间的动态演化博弈结果，最终的结果需要分析不同行为主体的策略选择；#1 聚类群反映国内学者对环境规制基础的理论"波特假说"的逐步验证和驳斥过程，以求厘清最终环境规制对创新产出和竞争力提升的作用效果；#2 聚类群从产业新生与淘汰的视角研究论证，环境规制对劳动力资源配置与就业的影响；#3 聚类群中学者主要探讨不同环境政策的异质性作用效果的验证；#4 聚类群反映绿色创新才是环境治理的根本方式，能从根源切断污染源，免除后顾之忧；#5 聚类群表明市场型环境规制工具成为惩戒性环境规制工具的有效补充，通过调整资源禀赋的配置方向而改善环境问题；#6 聚类群反映环境治理需要兼顾经济增长，仅以环境治理为目标，是退化的表现，最好的规制政策应该实现环境和经济效益的"双赢"；#7 聚类群反映环境治理不能简单地以投入或产出单方向为主导，更应该注重环境治理效率的提升；#8 聚类群主要探讨发展中国家是否成为发达国家严格环境规制的"污染避难所"。上述聚类群的分析一方面奠定了本书后续的研究基础，另一方面指明现有的研究方向，哪些问题需要继续探讨，哪些问题需要转换方向细化研究。

3. 时序分析

关键词的时序分析能够反映出研究主题的时序演进和衰减进程，本书采用 Citespace 中关键词分析中 Timezone 功能，创建了国内外环境规制文献的时间序列演进图谱，具体如图 2-7 和图 2-8 所示。

由图 2-7 可知，国外文献的关键领域的动态演进过程。1998—2004 年，环境规制的研究相对集中，主要关注环境污染的控制效果、环境规制在不同时期的环境治理效果差异（环境库兹涅茨曲线）、环境制度的强制力、环境行为表现等；2005—2015 年，环境规制的研究相对分散，但主要的研究方向为创新、环境能力、支付意愿、企业、自愿规制、规制框架、规制系统及环境数据的获取分析等；2015—2018 年，环境规制的研究开始逐渐关注企业社会责任、可再生能源、参与性、能源消费及经验证据等。结合本书对 WOS 数据库中文献的阅读梳理，可以看出环境规制的相关研究涉及的领域众多,但随着时间的推演,国外最新、最热点的研究是关注环境治理数据的获取性、环境治理的参与性、环境治理的动态过程及企业社会责任履行,因此更为微观视角的环境规制研究是未来的研究方向。

从图2-8可知,国内文献的关键领域的动态演进过程。1998—2005年,环境规制的研究主要为环境规制政策、波特健硕验证、污染产业转移的FDI效应及产业结构变迁等;2005—2012年,环境规制研究不断推进,逐步关注技术创新、环境规制强度、全要素生产率、制造业及低碳经济等;2013—2018年,逐步过渡到绿色技术创新、技术进步、门槛效应、经济增长、绿色发展、行业异质性、中介效应、企业绩效等。从最近的细微领域可以看出,行业异质性、企业绩效等研究成为最新的研究热点,结合对中国知网中文献的阅读梳理,以往的研究更多地以宏观视角研究为主,而随着技术的进步、数据的可获得性增大,学者逐渐关注环境规制的微观作用效果,因此也与本书的研究主题相关,研究环境规制对微观企业具体影响,紧跟研究趋势,能够对现有研究进行有效的扩展延伸。

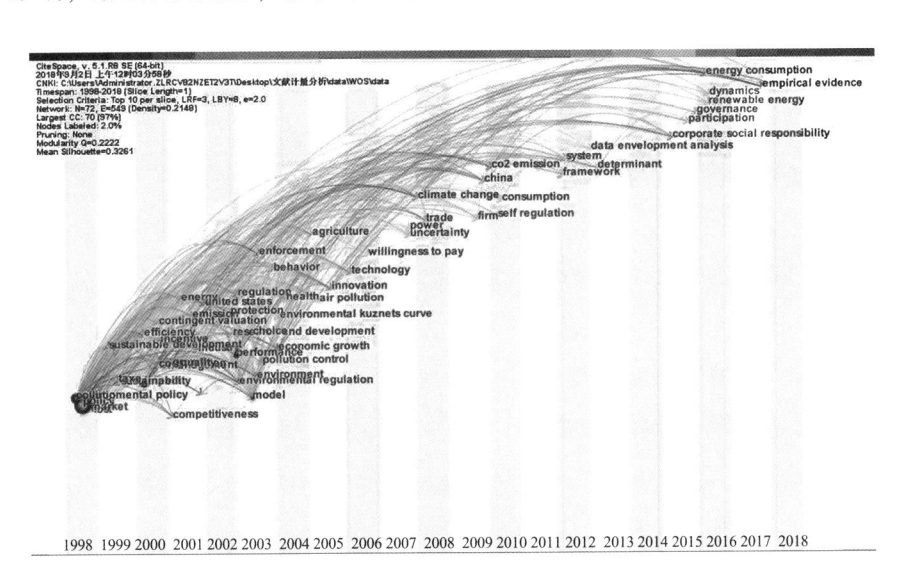

图2-7　国外环境规制研究时序分析

资料来源:Citespace软件中获得。

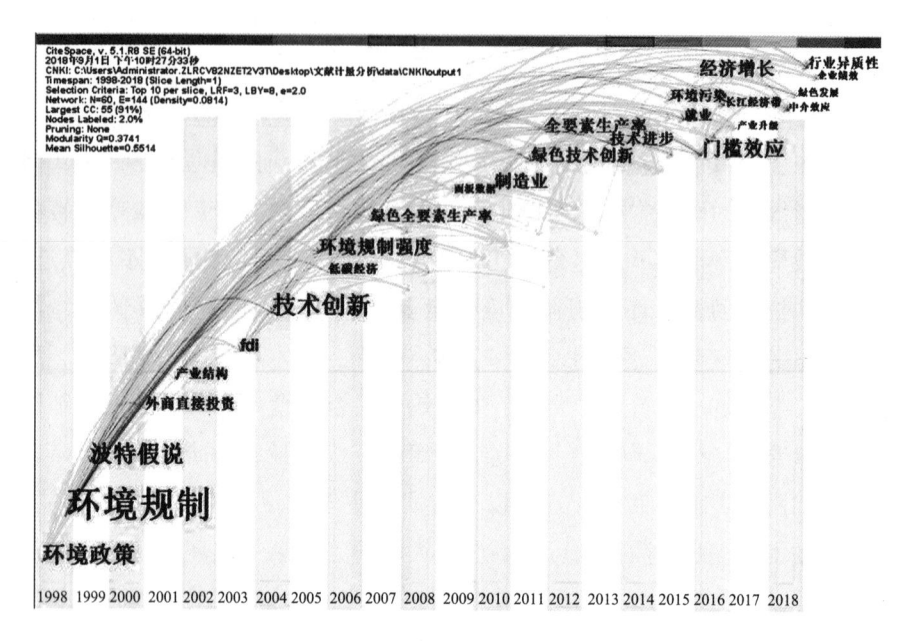

图 2-8　国内环境规制研究时序分析

资料来源：Citespace 软件中获得。

(三) 研究热点及前沿

1. 关键词频次分析

通过采用 Citespace 关键词聚类分析，可以将环境规制领域的关键词进行归并，同时提取出该领域中的高频词汇，最终整理获得国内外文献研究的高频关键词词汇表（见表 2-6 和表 2-7），通过对词频的分析，能够很好地掌握本领域的研究热点。

表 2-6 显示了国外文献的研究热点，环境规制研究中排位前 10 的高频关键词为政策（Policy）、环境政策（Enviromental Policy）、管理（Management）、影响（Impact）、模型（Model）、绩效（Performance）、环境政策（Climate Policy）、环境规制（Enviromantal Regulation）、可持续发展（Sustainability）和中国（China）。由上述关键词可以看出，国外重点研究环境规制政策绩效和可持续发展的影响，也显示了中国环境研究在国际环境治理领域中的地位，说明了中国对生态文明建设的重视。

表2-7显示了国内环境规制研究的热点,词频排位前十的高频关键词分别为"环境规制""技术创新""环境政策""波特假说""门槛效应""经济增长""全要素生产率""环境规制强度""制造业""FDI"。从上述关键词可以看出,中国的环境规制研究更趋向于宏观研究,环境规制效果的研究主要以强度的非线性结构、技术创新、环境治理效率和环境与经济的博弈关系研究为主。而本书从微观企业视角的研究是对上述热点的补充,同时对"波特假说"进行拓展与延伸验证。

表2-6　　　　　　　　国外环境规制研究高频关键词

序号	关键词	词频	序号	关键词	词频
1	Policy	385	6	Performance	149
2	Enviromental Policy	226	7	Climate Policy	119
3	Management	170	8	Enviromental Regulation	85
4	Impact	159	9	Sustainability	82
5	Model	158	10	China	78

资料来源：Citespace软件整理获得。

表2-7　　　　　　　　国内环境规制研究高频关键词

序号	关键词	词频	序号	关键词	词频
1	环境规制	677	6	经济增长	29
2	技术创新	87	7	全要素生产率	28
3	环境政策	56	8	环境规制强度	26
4	波特假说	56	9	制造业	25
5	门槛效应	35	10	FDI	22

资料来源：Citespace软件整理获得。

2. 关键词突现分析

关键词的突现主要指一组概念词汇的集中勃发,其分析能够很好地反映研究热点的演变进程,同时通过最新关键词的突现指明未来的研究方向,确定研究的最新动向。本书运用 Citespace 的关键词突现分析(Burst 功能),得出国内外文献中环境规制研究的脉络趋势,具体见表 2-8 和表 2-9,本书仅选取了连续关联的 5 大重点关键词。

表 2-8　　　　　　　　国外环境规制研究突现的关键词

序号	关键词	突现强度	起始年	骤减年	1998—2018 年
1	Competitiveness	3.44	1998	2002	
2	Quality	9.97	2000	2004	
3	Firm	9.49	2009	2011	
4	Innovation	5.21	2011	2012	
5	Sustainability	24.32	2011	2018	

资料来源:Citespace 软件整理获得。

表 2-9　　　　　　　　国内环境规制研究突现的关键词

序号	关键词	突现强度	起始年	骤减年	1998—2018 年
1	环境政策	9.12	1998	2013	
2	外商直接投资	3.67	2006	2010	
3	波特假说	4.35	2007	2011	
4	低碳经济	4.24	2010	2011	
5	污染密集型产业	2.88	2015	2016	

资料来源:Citespace 软件整理获得。

国外环境规制的起始研究为竞争力(Competitiveness),主要是对"强波特假说"的验证;其后发展为经济质量研究(Quality);之后从 2009 年开始学者逐渐关注到环境治理的公司治理行为,突现的关键词为公司(Firm);企业内部行为的关注下,逐步深入环境治理方式的变革,开始注重规制对创新的作用,突现关键词为(Innovation);环境治理日趋严重的今天,理论界也开始研究前沿热点扩展为经济的可持续发展上,研究的突现关键词为(Sustainability),从而得出国外环境规制的研究脉络为:Competitiveness—Quality—Firm—Innovation—Sustainability。而从表 2-9 中突现的关键词及衰减期,总结得到国内环境规制领域的研究发展脉络为:环境政策—外商直接投资—波特假说—低碳经济—污染密集型产业。据此可以看出，具体的学术研究过程是从宏大概念及范畴逐步细化到微观视角的过程，环境规制的作用效果研究同样如此，国内外的前期研究均是对经济效果的研究，逐步延伸至企业微观行为选择和治理效果评估。因此，中国的环境规制形式对企业治理行为选择和经济效益产出的影响有着重要的现实意义，也沿革了现有研究的发展趋势。

3. 关键词聚类演化分析

关键词的聚类演化分析是指，通过具体研究主题与研究主体方向的时间趋势可视化图，更便捷、更快速地梳理得到各主题间的关系和研究趋势演进过程，也便于厘清彼此作用的机理关系和未来趋势。本书通过Citespace中的鱼眼图分析，得到国内外文献的聚类领域演化分析图，具体如图2-9和图2-10所示。

从图2-9可以看出，国外研究文献的环境规制和环境政策的研究主题起步较早，但在2004年逐渐衰减，现有研究的持续热点为环境评估、经济增长和资源规制。而#0环境评估和#1经济增长的大聚类群中，仍有学者持续探讨的问题为环境治理的参与型（Participation）、企业社会责任（Corporate Social Responsibility）、波特假说（Porter Hypothesis）、二氧化碳排放（Carbon Dioxide Emissions）和经验证据（Empirical Evidence）；而#4自愿规制聚类群中，学者探讨的问题为可再生能源（Renewable Energy）和动态过程（Dynamics）。因而，上述涉及的细化主题仍值得深入展开探讨，因为其是国外文献的未来研究方向。

从图2-10中可以看出，中国环境规制研究起步相对较晚，从2010年才开始引起众多学者的重视，成为研究的主流方向。因此，现有的9大聚类群下，仍有很多细化的主题分布值得展开深化研究。研究的热点聚类群为演化博弈、波特假说、环境政策及经济增长，其中，细化主题如#0演化博弈下的研发创新、技术复杂度和资源利用率；#1波特假说下的企业异质性、参与；#3环境政策下的高质量发展、绿色创新效率；#6经济增长下的绿色创新和环境规制政策；等等。

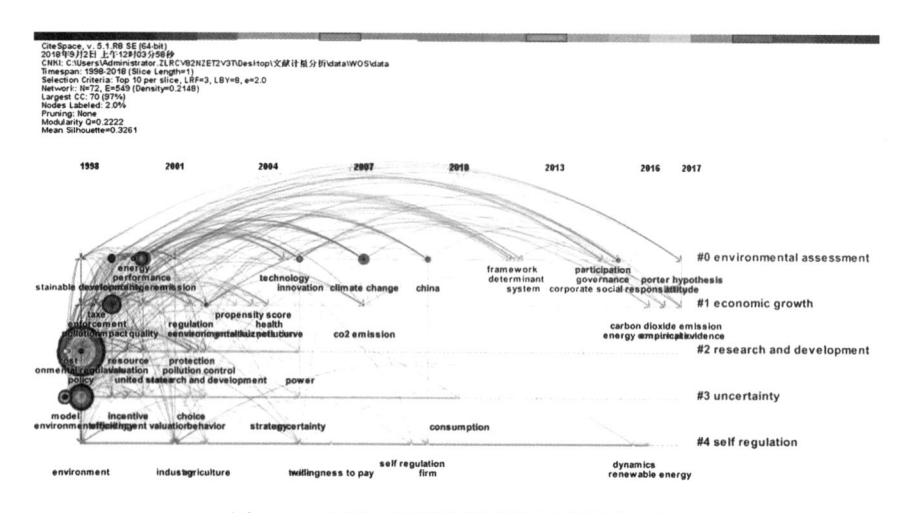

图 2-9 国外环境规制关键词聚类演化分析

资料来源：Citespace 软件获得。

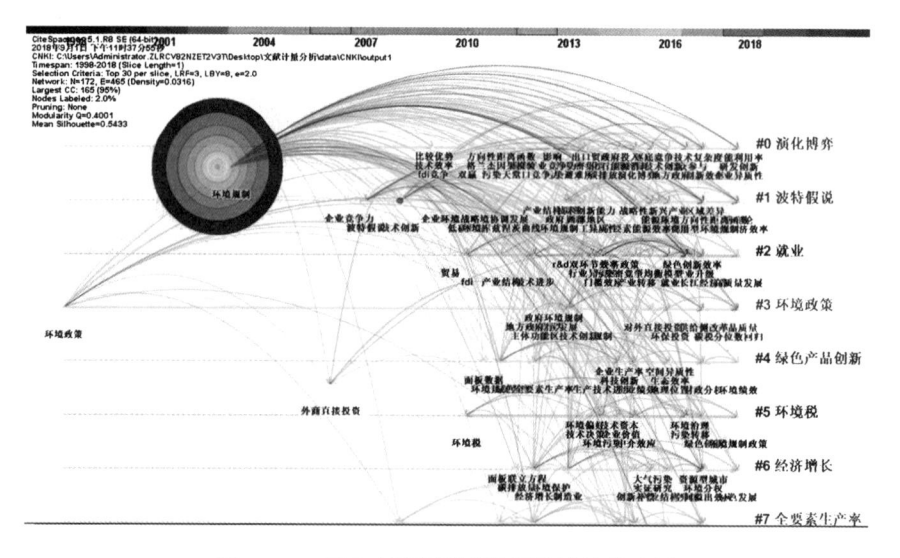

图 2-10 国内环境规制关键词聚类演化分析

资料来源：Citespace 软件获得。

综上得出，国内外环境规制领域的研究均起始于宏观视角，在后期逐渐推演过程中微观化。国外环境规制研究相比国内更为丰富，未来研究趋势为创新和可持续发展方向,而细化主题下可供选择的主题为环境治理参与性、企业社会责任履行和动态环境治理过程。国内的环境研究还处于蓬勃发展的状态,可研究的细化主题更加多样化,但主题方向为企业行为研究,可以从创新、企业责任履行等角度细化展开。因此,本书选取了环境规制对绿色创新、环境绩效和经济绩效的框架结构。

二 环境规制与企业绿色创新研究综述

现有研究中,学者更多地关注环境规制与创新的研究,但环境治理的根源问题是需要绿色创新来实现的,创新或研发投入的范畴要显著大于绿色创新,因而通常意义下的环境规制与创新间的作用关系研究,将显著扩大了环境规制对环境主动的、根源治理的作用效果。有研究发现,环境法规会刺激创新的产生,但对环境政策特征和所产生创新的性质即强度存在重大分歧。[1]

Hamamoto 从日本制造业绿色创新的影响因素出发,认为合理的环境规制能产生创新的补偿效应,刺激企业增加技术研发支出,从而有效推动减排技术扩散和绿色技术进步。[2] Aghion 等研究表明,当企业面临更高的含税燃料价格时,企业倾向于在清洁技术方面进行更多的创新[3],而 Calel 等估计欧盟排放交易系统增加了受监管企业的低碳创新高达10%,同时并不对企业的其他技术创新活动产生挤出效应。[4] 综合以上文献观点指出,更严格的环境法规可以促进创新。但 Johnstone 和 Labonne 研究发现,基于市

---

[1] Ivan H., Vries F. D. and N. Johnstone, et al., "Effects of Environmental Policy on the Type of Innovation: The Case of Automotive Emission-Control Technologies", *OECD Journal Economic Studies*, No. 1, 2009, p. 2; Hascic I. and N. Johnstone, "Innovation in Electric an Hybrid Vehicle Technologies: The Role of Prices, Standards and R&D", *Invention and Transfer of Environmental Technologies*, Vol. 9, 2011, pp. 85 – 125.

[2] Hamamoto M., "Environmental Regulation and the Productivity of Japanese Manufacturing Industries", *Resource and Energy Economics*, Vol. 28, No. 4, 2006, pp. 299 – 312.

[3] Aghion P., Dechezlepretre A. and D. Hemous, et al., "Carbon Taxes, Path Dependency and Directed Technical Change: Evidence from the Auto Industry", CEPR Discussion Paper, No. DP 9267, 2012.

[4] Calel R. and A. Dechezlepretre, "Environmental Policy and Directed Technological Change: Evidence from the European Carbon Market", *Review of Economics and Statistics*, Vol. 98, No. 1, 2016, pp. 173 – 191.

场型环境工具会对环境创新产生积极影响，而基于非市场型的环境规制工具则对环境创新产生负面影响。① 但 Popp 和 Taylor 研究表明，当传统的环境规制工具被市场型环境规制工具取代后，企业的环境创新活动减少了。②

中国研究环境规制对绿色创新的文献主要基于宏观视角，李婉红等从污染密集行业视角出发，研究指出环境规制对绿色技术创新产生抑制作用，但随着创新人力资本投入的增加，将导致要素资源禀赋的重新配置，从而促进绿色技术创新产出。③ 学者后期逐渐研究宏观环境规制强度的变化对产业或区域绿色技术创新产出的非线性结构关系。④ 但随着新环境法的实施和环境规制的逐步完善，国内学者开始逐渐关注环境规制差异化形式对绿色创新的异质性作用效果。⑤

环境资源保护与其他自然资源利用与企业管理的关系，特别是创新和组织变革，产生互补性的观点源于众多学者的研究发现。⑥ Frondel 等和

---

① Johnstone N. and J. Labonne, "Environmental Policy, Management and Research and Development in OECD", *Journal of Economic Studies*, Vol. 42, No. 1, 2006, pp. 169 – 203.

② Popp D., "Pollution Control Innovations and the Clean Air Act of 1990", *Journal of Policy Analysis and Management*, Vol. 22, No. 4, 2003, pp. 641 – 660; Taylor M. R., "Innovation under Cap-and-Trade Programs", *Proceedings of the National Academy of Sciences*, Vol. 109, No. 13, 2012, pp. 4804 – 4809.

③ 李婉红、毕克新、孙冰：《环境规制强度对污染密集行业绿色技术创新的影响研究——基于 2003—2010 年面板数据的实证检验》，《研究与发展管理》2013 年第 6 期。

④ 王锋正、郭晓川：《环境规制强度对资源型产业绿色技术创新的影响——基于 2003—2011 年面板数据的实证检验》，《中国人口·资源与环境》2015 年第 1 期；彭文、程芳芳、路江林：《环境规制对省域绿色创新效率的门槛效应研究》，《南方经济》2017 年第 9 期。

⑤ 钟榴、郑建国：《绿色管理研究进展与展望》，《科技管理研究》2014 年第 5 期；周海华、王双龙：《正式与非正式的环境规制对企业绿色创新的影响机制研究》，《软科学》2016 年第 8 期。

⑥ Wagner M., Van Phu N. and T. Azomahou, "The Relationship between the Environmental and Economic Performance of Firms: An Empirical Analysis of the European Paper Industry", *Corporate Social Responsibility & Environmental Management*, Vol. 9, No. 3, 2002, pp. 133 – 146; Antonioli D., Borghesi S. and M. Mazzanti, "Are Regional Systems Greening the Economy? The Role of Environemntal Innovations and Agglomeration Forces", FEEM Working Paper, No. 42, 2014; Gilli M., Mancinelli S. and M. Mazzanti, "Innovation Complementarity and Environmental Productivity Effects: Reality or Delusion? Evidence from the EU", *Ecological Economics*, Vol. 103, No. 7, 2014, pp. 56 – 67; Mazzanti M., Antonioli D. and C. Ghisetti, et al., "Firm Surveys Relating Environmental Policies, Environmental Performance and Innovation: Design Challenges and Insights from Empirical Application", OECD Environment Working Papers, No. 103, 2016.

Horbach 从微观组织视角出发,研究指出企业通过对环境规制严苛程度的感知,借以内部环境会计制度变革,激发绿色创新变革。① Popp 等则认为在环境规制作用之前,企业的绿色技术创新是借以消费者对环境产品需求的压力而推动的。② 但不同的环境规制政策对绿色创新的作用效果因企业内部感知变量的差异,导致绿色创新效果产生不同的影响。③ 国内学者以企业视角的环境规制研究,主要基于环境规制感知和绿色创新成果的主观感知,如环境规制压力感知④、绿色技术创新意愿⑤等。

基于对现有文献的总结发现,创新组织变革互补性的研究则对绿色技术创新和商业结果影响的研究较少,特别是对企业经济结果的研究。此外,关于互补性如何影响经济后果的大多数研究主要使用基于调查问卷或主观测量的环境策略的主动性的主观指标数据,很少涉及客观量化的指标。因此,以客观量化指标研究环境规制对微观企业的绿色创新产出的作用效果加以论证,能防止主观感知的虚高,为环境规制对企业绿色创新作用提供更有效的论证。

三 环境规制与企业环境绩效研究综述

近年来,越来越多的学者研究环境监管效率对企业生产可持续性的

---

① Frondel M., Horbach J. and K. Rennings, "End-of-Pipe or Cleaner Production? An Empirical Comparison of Environmental Innovation Decisions across OECD Countries", *Business Strategy and the Environment*, Vol. 16, No. 8, 2007, pp. 571 – 584; Horbach J., "Determinants of Environmental Innovation New Evidence from German Panel Data Sources", *Research Policy*, Vol. 37, No. 2, 2008, pp. 163 – 173.

② Popp D., Newell R. and A. Jaffe, "Energy, the Snvironment and Technological Change", in Hall B. H., Rosenberg N. (eds.), *Handbook of the Economics of Innovation*, Amsterdam: Elsevier, 2010.

③ Goulder P. R. and D. I. Watkins, "Impact of MHC Class I Diversity on Dmmune Control of Immunodeficiency Vieus Replication", *Nature Reviews Immunology*, Vol. 8, No. 8, 2008, pp. 619 – 630; Demirel P. and E. Kesidou, "Stimulating Different Types of Eco-Innovation in the UK: Government Policies and Firm Motivations", *Ecological Economics*, Vol. 70, No. 8, 2017, pp. 1546 – 1557.

④ 徐建中、贯君、林艳:《制度压力、高管环保意识与企业绿色创新实践——基于新制度主义理论和高阶理论视角》,《管理评论》2017年第9期。

⑤ 王娟茹、张渝:《环境规制、绿色技术创新意愿与绿色技术创新行为》,《科学学研究》2018年第2期。

影响。① 而企业生产经营的可持续性主要表现为政府环境规制作用下污染排放达标和环境责任的履行。在环境责任的履行中，环境规制主要借助政府的强制性手段，对企业生产经营施加压力，需要付出环境规制的遵循成本才能实现②，最终增加了经营成本支出。González-Benito 等研究指出，企业仅仅在迫于惩罚威胁的规制遵循成本整体小于环境责任履行后的经营收益贴现值时，才可能考虑严格遵循环境制度。③ 由此得出，环境规制的制度成本的高低直接关联着企业环境治理行为决策的选择，企业最终的环境绩效表现受制于影响环境规制遵循收益和遵循成本变动的一系列因素。但鉴于企业类型的多样性，企业环境绩效指标难以统一量化衡量，现有研究中主要以企业的环境信息披露量化指标加权汇总的方式进行衡量，王小红等利用该种方式研究指出，地区的环境规制程度对西北五省上市公司的环境信息披露质量的作用不显著，因此需要完善环境制度建设，发挥其环境治理功效。④ 但企业环境行为决策和环境绩效表现还需要区分环境政策类型效果，规制方式的不同导致规制效应显著差异；因为行政型规制政策下，政府设定了企业环境治理行为的下限，对标准下的企业环境行为表现实施行政惩罚，而对超过标准限的环境责任履行行为并不会给予奖励。⑤

---

① Hauknes J. and M. Knell, "Embodied Knowledge and Sectoral Linkages: An Input-Output Approach to the Interaction of High-and Low-Tech Industries", *Research Policy*, Vol. 38, 2009, pp. 459 – 469; Green K. W., Zelbst P. J. and J. Meacham, et al., "Green Supply Chain Management Practices: Impact on Performance", *Supply Chain Management*, Vol. 7, No. 3, 2012, pp. 290 – 305; Franco C. and G. Marin, "The Effect of Within-Sector, Uupstream and Downstream Environmental Taxes on Innovation and Productivity", *Environmental & Resource Economics*, Vol. 66, No. 2, 2017, pp. 261 – 291; Costantini V., Crespi F. and G. Marin, et al., "Eco-Innovation, Sustainable Supply Chains and Environmental Performances in the European Industries", *Journal of Cleaner Production*, Vol. 15, No. 2, 2017, pp. 141 – 154.

② Thornton D., Kagan R. A. and N. Gunningham, "Compliance Costs, Regulation and Environmental Performance", *Regulation & Governance*, Vol. 2, No. 3, 2008, pp. 275 – 292.

③ González-Benito J. and O. González-Benito, "A Study of Determinant Factors of Stakeholder Environmental Pressure Perceived by Industrial Companies", *Business Strategy & the Environment*, Vol. 19, No. 3, 2010, pp. 164 – 181.

④ 王小红、王海民：《环境规制下环境绩效信息披露的实证研究——以西北五省（区）上市公司为例》，《当代经济科学》2013 年第 3 期。

⑤ Rutherfoord R., Blackburn R. A. and L. J. Spence, "Environmental Management and the Small Firm", *International Journal of Entrepreneurial Behaviour & Research*, Vol. 6, No. 6, 2000, pp. 310 – 326.

龙文滨等研究指出，环境行政政策规范越严苛，企业为避免遵循成本超出遵循收益的折现值，倾向于更好的环境表现，但环境经济政策对中小企业的环境表现作用不明显，却强化了环境形成政策对企业环境表现的激励作用。① 不仅环境规制型对企业环境绩效作用效果呈现差异化影响，环境规制强度的变化对环境绩效也产生异质性作用，但同时受到技术创新能力和要素资源禀赋构成等因素的影响。②

通过对现有环境规制与企业环境绩效文献的梳理发现，企业环境绩效的衡量方式主要为企业环境信息的披露质量，而环境规制对环境绩效的作用效果重点为命令型规制与经济手段两种形式；但在环境制度进程不断推进过程中，公众在环境治理的作用不可忽视。因此，环境规制方式异质性的研究中应考虑公众参与治理的作用效果，此为本书后续研究中的一项主要议题。

四　环境规制与企业经济绩效研究综述

强波特假说指出环境规制对竞争力提升的正向促进关系，但 Jaffe 和 Stavins 指出，现实环境中很少有证据支撑波特假说的激励作用。③ 然而，也缺乏有效的证据对其进行有效的反驳，更多的现实情况是介于两种极端假说中间的灰色空间地带。张红凤等指出其中可能的作用机制，因为企业所处市场环境的变化，将导致环境污染企业与政府间的博弈关系和策略选择发生变化，最终使环境规制对企业竞争力的作用在促进与抑制间不断转化。④ 传统的新古典经济学理论指出，因规制作用增加企业的额外成本支出，降低经营利润，削弱竞争优势，导致环境规制与经济效益间呈现"零

---

① 龙文滨、李四海、丁绒：《环境政策与中小企业环境表现：行政强制抑或经济激励》，《南开经济研究》2018 年第 3 期。

② 邱士雷等：《非期望产出约束下环境规制对环境绩效的异质性效应研究》，《中国人口·资源与环境》2018 年第 12 期。

③ Jaffe A. B. and R. N. Stavins, "Dynamic Incentives of Environmental Regulation: The Effects of Alternative Policy Instruments on Technology Diffusion", *Journal of Environmental Economics and Management*, Vol. 29, No. 3, 1995, pp. 43 – 63.

④ 张红凤等：《环境保护与经济发展双赢的规制绩效实证分析》，《经济研究》2009 年第 3 期。

和博弈"的关系。① 除规制成本支出外，环境规制规范下，环境事故的发生概率加大，使企业环境评价下降的可能性增加，通过负面声誉影响导致企业价值下降。② 此外，李卫红等同样驳斥了波特假说，其研究指出，企业创新的主要动机并非环境规制，而是激烈市场竞争的自主选择，仅仅为在资源竞争环境下，企业通过研发创新效率的提升，借以创新在一定范围内补偿些许环境管理成本，形成了企业竞争力提升的"创新补偿"效应，尤其在合作创新中作用效果更为显著。③ 颉茂华等指出，当企业技术研发投入不变的情况下，环境规制对其经营成果产出存在负向关系④，还指出两者的滞后效应。原毅军和刘柳指出，环境规制的差异导致对地区经济增长的不同影响，费用型规制作用并不显著，但投资性环境规制能够明显拉动经济增长。⑤ 此外，环境规制对企业预期利润产出的影响，还受制于异质性企业特征的影响，当环境规制成本的短期增加，迫使一批企业退出市场竞争，导致现存企业资源的抢夺者减少，拥有更多的资源禀赋，必将促进生产效率的提升。⑥ 同时，企业环境守法声誉的差异也将影响企业绩效表现，具有更好环境责任履行情况的企业，将获取更多的环保投资、信贷机会和消费者信赖，最终换取更多的经济利益获取机会。⑦

通过上述研究分析可以得出，环境规制最终对企业经济产出的影响效果不明晰，且不同环境规制工具呈现差异化的作用效果，在公众环保意识

---

① 朱建峰：《环境规制、绿色技术创新与经济绩效关系研究》，博士学位论文，东北大学，2014年。

② Darnall N., Jolley J. and B. Ytterhus, "Understanding the Relationship between a Facility's Environmental and Financial Performance", *Corporate Behaviour and Environmental Policy*, Vol. 5, No. 6, 2007, pp. 213 – 259.

③ 李卫红、白杨：《环境规制能引发"创新补偿"效应吗？——基于"波特假说"的博弈分析》，《审计与经济研究》2018年第6期。

④ 颉茂华、王瑾、刘冬梅：《环境规制、技术创新与企业经营绩效》，《南开管理评论》2014年第6期。

⑤ 原毅军、刘柳：《环境规制与经济增长：基于经济型规制分类的研究》，《经济评论》2013年第1期。

⑥ 刘悦、周默涵：《环境规制是否会妨碍企业竞争力：基于异质性企业的理论分析》，《世界经济》2018年第4期。

⑦ 沈洪涛、马正彪：《地区经济发展压力、企业环境表现与债务融资》，《金融研究》2014年第2期。

的觉醒和企业声誉影响企业价值作用下,本书希望从环境规制形式异质性对企业经济绩效的影响,并验证其中的作用机理。

第四节 研究述评

通过梳理环境规制、绿色创新和竞争力间关系的文献发现,不同学者在许多关键点问题上存在很大的分歧。[①] 针对环境规制与绿色创新的研究,以宏观视角的行业和区域的研究为主导,而以微观企业作用的研究鲜有,仅有研究中绿色创新以主观感知和量化的研究为主,缺乏客观的微观量化研究。在环境规制对企业的环境绩效表现研究中,主要以命令型和市场型手段的研究为主,缺乏环境建设中公众环保意识觉醒的主动监督作用下,企业环境绩效表现效果的研究。此外,公众参与型环境规制形式异质性影响研究匮乏,在企业绿色创新产出和经济绩效作用研究中同样存在。同时,在环境规制对企业经济竞争力的研究中,缺乏具体的作用路径研究,并且在环境规制对企业的作用研究中,并未关注制度的寻租和信息声誉的传递功能效果,是研究视角的欠缺。

因此,通过对以上研究不足和视角欠缺的总结,本书希望从以下几个方面展开深入探讨研究。第一,补充环境规制中公众参与型环境规制对企业绿色创新、环境绩效表现和经济绩效的作用研究,并对比分析三种环境规制工具的差异化效果,是对现有环境规制研究的深化;第二,检验环境规制对企业经济竞争实力提升的作用机理,厘清具体的传导路径,从而指明环境规制对企业经济产出中管理层应关注的重点;第三,分别从内部和外部寻找导致环境规制作用效果偏差的影响因素,最终探讨内部规制寻租和外部媒体信息传递的调节影响。本书后续将在上述三个方面继续展开深

---

① Ambec S., Cohen M. and S. Elgie, et al., "The Porter Hypothesis at 20: Can Environmental Regulation Enhance Innovation and Competitiveness?", *Review of Environmental Economics and Policy*, Vol. 7, No. 1, 2013, pp. 2 - 22; Lankoski L., "Linkages between Environmental Policy and Competitiveness", OECD Environment Working Papers, 2010; Managi S., Hibki A. and T. Tsurumi, "Does Trade Openness Improve Environmental Quality?", *Journal of Environmental Economics and Management*, Vol. 58, No. 3, 2009, pp. 346 - 363.

入探讨和研究，为环境规制建设和企业环境治理行为选择提供指导建议。

第五节　本章小结

首先，对本书中涉及的基本概念进行了详细界定，以划定具体的研究范畴，避免研究问题的混淆。其次，指明了本书研究的四大基础理论，为后续研究提供了理论来源和基础观点。最后，对环境规制、绿色创新、环境绩效和经济绩效的文献进行了系统的检索和梳理，发现在现有的环境规制的研究中，仍以宏观视角为主导，逐步在向微观延伸拓展，其中研发创新，尤其是绿色创新、可持续发展、企业异质性、企业绩效等方面均是现在的主流方向。因此，本书结合环境规制与绿色创新、环境绩效和经济绩效现有文献的梳理总结发现，环境规制工具的异质性研究尚有不足，环境规制对企业价值产出的作用机理尚不明晰，环境规制下企业内部治理行为选择和外部信息传递作用效果尚未被关注，但上述问题均值得深入探讨研究。

对此，本书以企业环境治理的价值链为视角，分析不同形式环境规制工具对企业绿色创新、环境绩效表现和最终经济产出的作用效果，检验绿色创新和环境绩效提升的中介作用，并从内部规制寻租和外部媒体关注角度，分析其对环境规制作用效果的影响，试图解决企业环境规制下治理行为选择的最优路径，并为政府的环境规制完善建设提供指导。

第三章 理论分析及研究假设

　　古典经济学理论指出,环境污染具有显著的负外部性,为秉持"谁污染,谁治理"的原则,需要借助政府政策调控手段加以保障,将污染治理成本内化到企业,从根源上治理环境问题。由此,各国政府依据本国国情,制定了不同形式的环境规制措施,而其根本目的是节能减排,减少环境污染,创建良好的生态环境。因此,以验证环境规制初衷是否实现为目标出发,检验不同形式的环境规制手段对企业环境治理行为的效果,而企业环境治理的最优结果是绿色创新,其一般表现应为环境绩效表现的改善。其中,环境规制作用下,如果企业将资金用于绿色创新,将造成短期内环境治理成本的挤占效应。但绿色创新的实行,一方面,说明了企业更为积极主动的环保意识,将利于环境绩效的改善;另一方面,绿色创新成本的溢出效应将持续优化环境表现。此外,企业成立的终极目标为经济价值的增加,而环境规制会因规制遵循成本支出导致企业价值减少?还是因环境认可度的提升而为企业创造价值?因为,虽然绿色创新和环境污染治理成本的支持,均对经营成本形成了挤出效应,且环境创新的失败将造成企业价值的损失,但绿色创新成功将形成创新补偿效应和先动优势,且良好的环境治理将形成声誉效应,并减少后期的环境污染惩罚,有利于增加企业的价值产出。其具体的作用关系如图3-1所示。因此,本书为验证环境规制政策目的,从企业环境治理价值链角度出发,研究环境规制对企业不同环境行为及经济效益的影响。

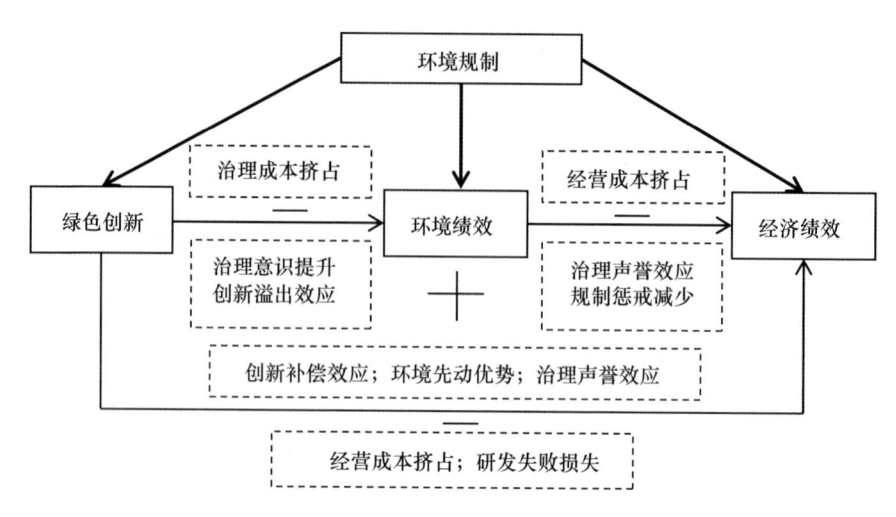

图 3-1　环境规制与企业环境治理价值链逻辑关系

资料来源：笔者自行整理绘制。

第一节　环境规制对企业绿色创新的影响

中国式现代化强调人与自然是生命共同体，这一理念突出生态环境建设和人类生存发展的相互依存关系。而生态环境的改善仅仅依靠污染后的治理，是治标不治本之举，边际贡献不足，不能满足经济社会建设的长期发展需求。因此，绿色创新才是生态建设的动力之源。而绿色创新相较于一般的技术创新，除基本的正向经济效益外部性效应外，还存在显著的生态环境效益正外部性效应，呈现叠加的双重正外部性。[①] 但绿色创新的投入主体为企业，且先期成本投入较大、不确定性较高，对内部产生的经济效益相较于为社会带来的经济和社会效益之和不足，造成对投入主体的激励性不足，企业更倾向于被动式创新。因此，绿色创新强烈依赖于社会和制度创新，因为可持续利用资源和减少负面环境外部性的许多问题并非技

---

① Frondel M., Horbach J. and K. Rennings, "End-of-Pipe or Cleaner Production? An Empirical Comparison of Environmental Innovation Decisions across OECD Countries", *Business Strategy and the Environment*, Vol. 16, No. 8, 2007, pp. 571–584.

术问题。① 政府为主体的作用引导和支撑手段，可能更利于提升企业绿色创新的主动性，实现将社会生态环境的改善责任赋予更多的功能主体，达成"责任共担，价值共创"，以完成生态环境建设的终极目标。而政府在绿色创新中引领作用主要为两条路径：其一为政策的扶持手段，主要以创新研发补助、技术支持和政产学研机构的合作模式为主导，体现为主动式的激励性机制，方式更为直接；其二为环境的规制手段，主要形式为法律规范、标准条例及道德舆论式引导，体现为被动式的压力性机制，方式相对间接。②

因环境政策的扶持手段的针对性和主动性更强，能够有解决企业绿色创新中的资金和技术主要难题，对绿色创新产出的提升作用更强。而环境规制手段因制度压力性，企业不得不开展绿色创新而满足外部规制要求；但绿色创新的风险不确定性较大，需要企业具备完备的资金技术支撑条件，付出的代价更大，造成绿色创新动力和能力不足，最终导致环境规制对企业创新的作用效果和方向不确定。现有学术研究中环境规制对绿色创新的研究仍未明确指明其存在主导关系，环境规制方式、强度的差异是否造成企业绿色创新产出的异质性？外部的监督环境的变化是否迫使企业对绿色创新投入更多的关注？为彻底改善环境约束条件，企业内部治理方式的差异，对绿色创新产出产生何种影响？上述问题均值得本书展开更为深入的探讨，以实现企业绿色创新绩效的提升和生态环境改善的目标，从而形成了本节的假设推演逻辑关系，如图3-2所示。

一 环境规制形式异质性对企业绿色创新的影响分析

外部性理论在经济学中的经典案例，即针对厂商的环境污染排放问题，其观点指出企业生产产生排污成本，但并未将其纳入自身的成本核

---

① Frondel M., Horbach J. and K. Rennings, "End-of-Pipe or Cleaner Production? An Empirical Comparison of Environmental Innovation Decisions across OECD Countries", *Business Strategy and the Environment*, Vol. 16, No. 8, 2007, pp. 571–584.

② 朱建峰：《环境规制、绿色技术创新与经济绩效关系研究》，博士学位论文，东北大学，2016年；张倩：《环境规制对企业技术创新的影响机理及实证研究》，博士学位论文，哈尔滨工业大学，2016年。

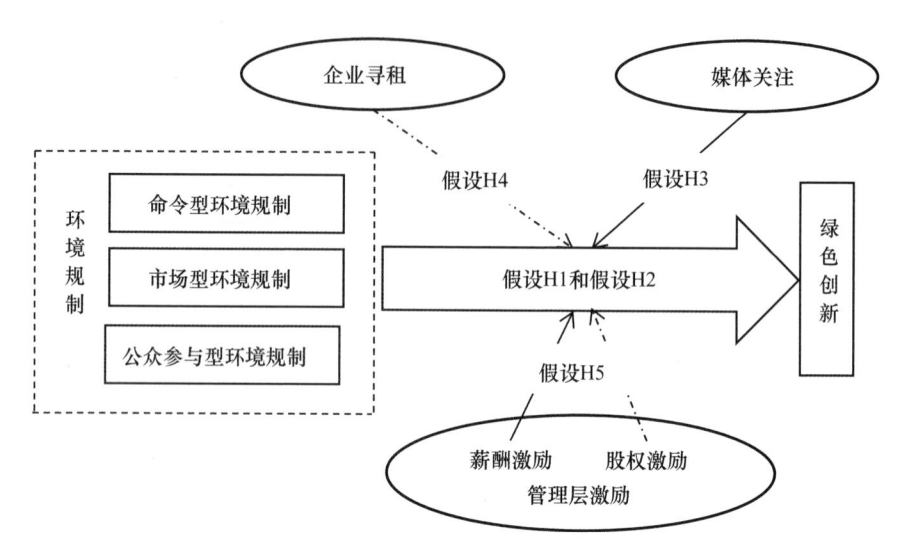

图 3-2　环境规制与企业绿色创新假设推演逻辑关系

资料来源：笔者自行整理绘制。

算，而是由其他外部主体承受，从企业自身利益最大化出发，过度生产，造成持续增长的负外部性。为解决环境污染的负外部性问题，只能通过规制性手段，如环境税、排污费征收及公众舆论和道德压力等形式，将企业生产的污染成本逐渐内化，以减少对社会环境效益的损害。基于上述分析，环境规制会增加企业的治理成本，对企业生产和创新产生挤出效应，但希克斯曾质疑性地提出，环境监管政策可诱导创新的产生，因为制度规范下，污染惩治成本相较生产成本更为高昂时，企业有强劲的动力开发节能减排的新技术。此后，越来越多的文献试图估计环境规制对绿色创新的影响。[1] 但并非任何形式的环境规制工具均具有创新性，而是取决于具体

---

[1] Carraro C., De Cian E. and L. Nicita, "Environmental Policy and Technical Change: A Survey", *International Review of Environmental and Resource Economics*, Vol. 4, No. 2, 2010, pp. 163 – 219; Ambec S., Cohen M. and S. Elgie, "The Porter Hypothesis at 20: Can Environmental Regulation Enhance Innovation and Competitiveness?", *Review of Environmental Economics and Policy*, Vol. 7, No. 1, 2013, pp. 2 – 22; Dechezlepretre A. and M. Sato, "The Impacts of Environmental Regulations on Competitiveness", *Review of Environmental Economics and Policy*, Vol. 11, No. 2, 2017, pp. 183 – 220.

的政策特点。分析影响环境监管有效性的影响因素发现,严格的监管手段可以通过最小化新的合规性成本而产生希克斯式的创新激励效应;一般性环境监管措施因其可预测性和稳定性,可显著降低环境项目投资的不确定性。① 吴静指出,环境治理领域内,企业的绿色创新行为通过环境规制的"刺激",为创新活动投入指出更为明确的方向性,目的性研发能够突破环境治理"瓶颈",为企业生产形成新的竞争优势,甚至为"垄断式"优势。②

波特假说强调环境保护政策非但未增加企业的成本,反而激发了创新的主动性。③ Jaffe 和 Palmer 以及 Brunnermeier 和 Cohen 利用美国制造业数据研究发现,环境规范性监管分别对企业研发和环境专利产生显著的积极性影响。④ 此后 Rubashkina 等、Morales 等以及 Dechezlepretre 和 Sato 研究补充了环境监管对绿色创新影响的主要结果,均以有效的证据支持了波特假说中规制政策对创新的正向激励作用。⑤

此外,狭义的波特假设指出,灵活的环境监管政策为企业提供了更大的创新动力,优于规范性的监管形式。因此,市场型环境规制相较于强制性的非市场型环境规制,能够对企业的研发、创新和技术扩散提供更大的

---

① Johnstone N., Hašcic I. and D. Popp, "Renewable Energy Policies and Technological Innovation: Evidence Based on Patent Counts", *Environmental and Resource Economics*, Vol. 45, No. 1, 2010, pp. 133–155.

② 吴静:《环境规制能否促进工业"创造性破坏"——新熊彼特主义的理论视角》,《财经科学》2018 年第 5 期。

③ Porter M. E. and C. Linde, "Toward a New Conception of the Environment Competitiveness Relationship", *Journal of Economic Perspectives*, Vol. 9, 1995, pp. 97–118.

④ Jaffe A. B. and A. K. Palmer, "Environmental Regulation and Innovation: A Panel Data Study", *Review of Economics and Statistics*, Vol. 79, No. 4, 1997, pp. 610–619; Brunnermeier S. B. and M. A. Cohen, "Determinants of Environmental Innovation in US Manufacturing Industries", *Journal of Environmental Economics and Managgement*, Vol. 45, No. 2, 2003, pp. 278–293.

⑤ Rubashkina Y., Galeotti M. and E. Verdolini, "Environmental Regulation and Competitiveness: Empirical Evidence on the Porter Hypothesis from European Manufacturing Sectors", *Energy Policy*, Vol. 83, No. 8, 2015, pp. 288–300; Morales L. R., Bengochea M. A. and Z. I. Martínez, "Does Environmental Policy Stringency Foster Innovation and Productivity in Oecd Countries?", Cege Discussion Papers, No. 282, 2016; Dechezlepretre A. and M. Sato, "The Impacts of Environmental Regulations on Competitiveness", *Review of Environmental Economics and Policy*, Vol. 11, No. 2, 2017, pp. 183–220.

激励。① 由于，在强制的命令型环境规制下，一旦环境标准得到满足，清洁生产的技术改进和创新动力就会消失；但市场型环境规制下，节能减排绩效越高，企业可享受到的补贴、税收减免或污染许可下的产品交易份额会增多，调动了企业绿色创新的积极性。此外，命令型环境规制限定了绿色创新的标准要求，企业在选择方面受到严格的限制，新的环保技术的开发创新不再具有吸引力，并且企业可能担心一旦绿色创新标准得到满足，会导致政策制定者提高先前的标准。② Menanteau 等研究指出，基于市场型环境规制可以增加企业的盈余，企业有更为充裕的资金用于绿色创新；③ 同时市场型环境规制被认为更具有稳定性和可预测性，减少了创新的不确定性风险，更有利于长期投资和创新。④ 因而，市场型环境规制有助于刺激环境标准的革新。

随着环境治理的不断深入，治理主体结构已经逐渐从政府主导的一元治理过渡到政府、市场与社会共同参与的多元治理。尤其新《中华人民共和国环境保护法》中已经更为明确地将环境治理的公益诉讼制度纳入，为公众参与环境治理提供了更为合法、合理的保障。⑤ 其指出，多元治理阶段以公众参与程度的提升，使治理方式更为细节化、多元化、有效化，协同模式不断完善，从而实现了更高层次的治理目标。当公众出于自由志愿

---

① Jaffe A. B. and R. N. Stavins, "Dynamic Incentives of Environmental Regulation: The Effects of Alternative Policy Instruments on Technology Diffusion", *Journal of Environmental Economics and Management*, Vol. 29, No. 3, 1995, pp. 43 – 63; Ambec S., Cohen M. and S. Elgie, "The Porter Hypothesis at 20: Can Environmental Regulation Enhance Innovation and Competitiveness?", *Review of Environmental Economics and Policy*, Vol. 7, No. 1, 2013, pp. 2 – 22.

② Andrea F., Giulio G. and Valentina M., "Green Patents, Regulatory Policies and Research Network Policies", *Research Policy*, Vol. 47, No. 6, 2018, pp. 1018 – 1031.

③ Menanteau P., Finon D. and M. L. Lamy, "Prices Versus Quantities: Choosing Policies for Promoting the Development of Renewable Energy", *Energy Policy*, Vol. 31, No. 8, 2003, pp. 799 – 812.

④ Schmidt T. S., Schneider M. and K. S. Rogge, et al., "The Effects of Climate Policy on the Rate and Direction of Innovation: A Survey of the EU ETS and the Electricity Sector", *Environmental Innovation and Societal Transitions*, Vol. 2, No. 1, 2012, pp. 23 – 48; Costantini V., Crespi F. and G. Marin, et al., "Eco-Innovation, Sustainable Supply Chains and Environmental Performances in the European Industries", *Journal of Cleaner Production*, Vol. 15, No. 2, 2017, pp. 141 – 154.

⑤ Forsyth T., "Cooperative Environmental Governance and Waste-Toenergy Technologies in Asia", *International Journal of Technology Management & Sustainable Development*, Vol. 5, No. 3, 2006, pp. 209 – 220.

和维护自身的利益，参与环境治理时，能够有效解决政府和市场治理的功能错位，通过更为细致入微的监管，将企业环境污染的负外部性逐渐内化；此外，由于监管形式更为细微化，敦促企业采用更为彻底的治理方式。[①] 曹霞和张路蓬研究指出，在政府污染税征收的基础上，公众环保意识提升，将会对环境污染进行更积极的抵制与保护政策的宣传，强化了企业创新的扩散效应。[②] 由此，公众的有效参与因参与主体的广泛化、参与形式的多样化及参与方式的深入化，而迫使企业不敢敷衍应付，采用更为根本的创新治理措施。

据此，本书提出如下假设。

H1a：命令型环境规制对企业绿色创新产生正向促进效应；
H1b：市场型环境规制对企业绿色创新产生正向促进效应；
H1c：公众参与型环境规制对企业绿色创新产生正向促进效应。

二 环境规制强度对企业绿色创新的阈值效应分析

环境规制形式的异质性导致了企业绿色创新行为的显著差异，此外，环境规制强度的异质性也可能造成企业绿色创新初衷的实现，抑或"背离"。环境规制强度变动可能导致要素禀赋及其价格的波动，较弱的规制强度并未敦促企业"创造性破坏"，随着环境规制强度的递增，企业为规避要素禀赋递减，要素价格上升对企业经济绩效损失的风险，触发了创新驱动经济增长的决心，创新活动显著增强，形成了环境规制强度与企业环境创新活动间的"U"形结构关系。[③] 广而推之，科技创新活动中涉及的要素资源众多，因而基础环境条件变动均可能导致环境政策差异下企业创

---

① 张同斌、张琦、范庆泉：《政府环境规制下的企业治理动机与公众参与外部性研究》，《中国人口·资源与环境》2017年第2期。
② 曹霞、张路蓬：《企业绿色技术创新扩散的演化博弈分析》，《中国人口·资源与环境》2015年第7期。
③ Dinda S., "Environmental Kuznets Curve Hypothesis: A Survey", *Ecological Economics*, Vol. 49, No. 4, 2004, pp. 431–455.

新活动产出的变动，两者呈现非线性结构关系。① 此外，从创新价值链视角出发，绿色创新同一般科技创新一样需要经历以下两个阶段：第一，从科技创新研发投入到科技创新成果产出阶段，第二，为科技创新成果转化实现产业化的阶段。环境规制强度加大对绿色创新产生创新投入"抵消效应"和创新产出"补偿效应"，即环境规制强度加大，企业需要通过创新以减少规制惩戒压力，而在创新投入阶段则资金投入较大，企业自有资金不足，需要承受巨大的融资约束压力和对生产投入资金的"挤出"的损失压力，同时还面临创新成果产出的不确定性风险，因而从企业"悲观情绪"出发，环境规制下创新压力增强，超出其承受范围，并不利于科技创新产出；在创新产出阶段，通过工艺改进，企业的产品生产和环境治理成本下降，且绿色产品的推出产生显著的经济效益，并同时提升企业污染治理下的环境声誉，产品效益进一步增强，此时从企业"乐观情绪"出发，环境规制强度的增强，企业有更大的意愿进行科技创新活动。② 原毅军和谢荣辉从环境规制形式的异质性视角出发，指出费用型规制政策下，企业因环境治理支出的增加，对其他活动形成挤出效应，而对绿色全要素生产率产生抑制作用；但随着费用规制强度的逐渐加大，治理成本的逐渐增加，可能影响企业日常的生产经营活动，由此迫使企业不得不借以创新的形式提升效率以降低成本，使得费用型环境规制与工业绿色生产率之间呈现典型的"U"形结构。③ 时乐乐研究指出，公众参与型环境规制工具与命令型和市场型环境规制工具在实施过程中存在显著差异性，不能完全以制度条例作为保障，在多元治理条件下，既能够有效地实施，又受到相应的约束，导致其适度性对环境治理效果产生显著差异。④

---

① 沈能：《环境规制对区域技术创新影响的门槛效应》，《中国人口·资源与环境》2012年第6期。

② 张倩：《环境规制对企业技术创新的影响机理及实证研究》，博士学位论文，哈尔滨工业大学，2016年。

③ 原毅军、谢荣辉：《环境规制的产业结构调整效应研究——基于中国省际面板数据的实证检验》，《中国工业经济》2014年第8期。

④ 时乐乐：《环境规制对中国产业结构升级的影响研究》，博士学位论文，新疆大学，2017年。

以此，将上述机理推至环境规制强度差异与企业绿色创新的可能结构关系。从绿色创新方式差异化视角出发，弱环境规制政策下，企业对规制政策的响应程度较小，仅通过简单的工艺设备的功能改进即可避免规制惩罚措施；随着规制强度的逐渐增强，企业要达到既定的环境绩效标准，不得不寻求污染治理的"突破式"创新模式，形成了企业生产治理模式的深层次变革；但过于严厉环境规制措施，社会环境绩效得以满足，但此时企业需要承受高额的污染治理成本，无暇且无充足的资金投入科技创新，抑或在绩效目标无法达到的情境下，导致污染治理的懈怠情绪，制度惩戒下的"放任自流"，从而形成了环境规制强度与企业绿色创新活动产出间的倒"U"形结构关系，且这种效果在三种环境规制形式异质性均成立。

据此，本书提出如下假设。

H2：环境规制强度对企业绿色创新的阈值效应，使得存在最优环境规制强度促使企业绿色创新产出最大化，二者呈现倒"U"形的非线性结构关系。

三 媒体关注情境下环境规制对企业绿色创新的影响分析

媒体治理参与下，将企业内部代理冲突扩大化，一方面，通过宣传良好的治理效果，而提升市场价值，为技术创新积累资源效应；另一方面，企业迫于声誉压力，反而摒弃创新而以短期价值提升项目为重点。[1] 以合法性理论为基础，在有序的社会规范体系下，企业日常经营活动在满足强制性法规制度的同时，还需要接受社会道德规范的制约。而公众媒体出于社会认同感和商业价值获取动机，会自觉加入公司治理行为。[2] 将此理论推及环境治理领域，企业借以环境创新投入的增加，通过满足政府和社会期望，获取更坚固的"合法性"地位，提升市场中的核心竞争力；反之，一旦企业因治理手段偏差而存在环境惩戒行为，借以公众传播将影响扩大

---

[1] 杨道广、陈汉文、刘启亮：《媒体压力与企业创新》，《经济研究》2017年第8期。
[2] 醋卫华、李培功：《媒体监督公司治理的实证研究》，《南开管理评论》2012年第1期。

化,加之地区更为严苛的环境管制条件,企业形象严重受损,市场地位下降。①

张济建等研究指出,企业在环境治理中面对众多环境污染排放指标约束,加之媒体关注的压力,使环境规范对企业的约束力显著增强,在形象保持和环境改善双重驱动力作用下,企业将会积极地开展绿色创新投资行为,且无论外部媒体对企业的何种形式的内容报道(正面抑或负面),均对企业绿色投资产生正向的促进作用。② Maxwell 和 Decker 指出,企业为规避命令型环境规制下罚金等意外性支出,所需要遵循的最优策略即配合规制目标,以更为积极的态度采取环境治理行为。③ 因为,在更为高强度的环境规制地区,媒体对环境惩戒行为的曝光,正好给政府提供了"杀鸡儆猴"的示范机会,使对企业的整治力度加大,从而对微观企业形成了更大的行政规制压力。④ 因此,媒体关注强化命令型环境规制下企业的积极态度,更多地以创新的方式应对环境治理问题。

王云等研究指出,因现阶段我国的市场型环境规制不够完善,使得企业环境违规成本很低,对企业环境治理的规制作用显著减弱,但当媒体参与到治理活动后,企业基于声誉扩散效应,将更为关注利益相关者对企业或好或坏行为的市场反应。⑤ 此外,虽然市场型规制体系还不够成熟,但相较于命令型环境规制,其方式更为多样、形式更为灵活,使得其覆盖范围更为广泛。因此,媒体将会有更多的机会参与企业环境治理监督,将企业内部环境治理的更多面展现于公众面前,企业被迫承受更高的制度压力,为了自身声誉资源的维护,甚至是为在媒体传播中树立更优良的正面形象,倾向采取绿色创新的方式进行内部污染治理。且市场型环境规制的惩戒性并非其初衷,更多地强调以污染治理的投资性和允许性为出发点,

---

① 万莉、罗怡芬:《企业社会责任的均衡模型》,《中国工业经济》2006 年第 9 期。
② 张济建等:《媒体监督、环境规制与企业绿色投资》,《上海财经大学学报》2016 年第 5 期。
③ Maxwell J. W. and C. S. Decker, "Voluntary Environmental Investment and Responsive Regulation", *Environmental and Resource Economics*, Vol. 33, No. 4, 2006, pp. 425–439.
④ 王云等:《媒体关注、环境规制与企业环保投资》,《南开管理评论》2017 年第 6 期。
⑤ 王云等:《媒体关注、环境规制与企业环保投资》,《南开管理评论》2017 年第 6 期。

其可以看作一种利好消息，媒体关注将正面效应扩大化，可对企业绿色创新形成资源效应。因此，鉴于命令型环境规制更多元的治理途径，叠加媒体关注将企业行为在利益相关者面前形成"放大镜"效应，督促企业利用绿色创新应对规制压力。

公众参与型环境规制的参与主体不再局限于政府和特定的主管部门，扩展为行业协会、相关组织，甚至是单独的行为人个体，辅之以媒体对企业治理行为的关注，可通过以下两种路径对企业绿色创新行为产生影响。其一，公众参与型环境规制以主体的多元化、形式广泛化、方式细节化的特点，将制度压力渗透到企业细微的生产治理行为，而媒体的关注则使规制压力扩大化，企业为摆脱压力逐渐增加情形下，循环往复的末端治理造成的内部资源的损耗，倾向于更为积极主动地采取绿色创新行为；其二，公众参与型环境规制因治理主体的权威性较差，媒体的关注将主体的功能性强化，提升了企业的绿色创新动力。因此，媒体关注强化公众参与型环境规制作用效果，更有利于激发企业绿色创新的积极性。

基于以上分析，本书提出如下假设。

H3a：媒体关注在命令型环境规制与企业绿色创新之间产生正向调节作用；

H3b：媒体关注在市场型环境规制与企业绿色创新之间产生正向调节作用；

H3c：媒体关注在公众型环境规制与企业绿色创新之间产生正向调节作用。

四 内部治理情境下环境规制对企业绿色创新的影响分析

（一）企业寻租对环境规制与企业绿色创新的调节作用

企业的日常生产经营会涉及多方利益主体，其中，政府是十分重要的。而与利益相关者良好关系的维持，可以有效降低彼此间的信息传递成本，并为企业提供更多的资源渠道。但袁建国等研究指出，企业的政治关联并未借以身份资源为企业争取更多的利益①,如政府补助的增加与违规处罚的降低等,反而容易导致企业的过度投资和资源配置扭曲②,资本投资效率和市场竞争能力的下降,降低企业技术创新积极性,并侵蚀基础创新资源投入,最终形成了政治关联对企业创新的"资源诅咒"效应。在政治关联并未增加企业收益的情形下,内部治理者可能寻求与政府间的其他连接方式以求为自身牟利,其中被应用最为广泛的方式即为"寻租"。张璇等从企业信贷寻租与企业创新行为之间展开研究发现,信贷寻租非但并未有效缓解企业的融资约束,反而因寻租成本的增加,挤出了创新资本的投入,压缩了企业创新产出的利润空间,强化了融资约束对企业创新行为的制约效果。③ 寻租除去获取资源补充优势外,另一目的是减少企业违规的惩戒成本。但惩戒成本的大小受到规制强度的影响,涂远博等借以不完全信息博弈模型,寻找到政府、企业与官员间的贝叶斯纳什均衡关系,研究表明过度的政府规制滋长了官员与企业间的寻租心理,加之无效率的管制行为,诱使规制俘获行为的实现。④ 而政府管制的无效,一方面导致企业创新成果并未得到长效保护;另一方面以寻租的方式获取利益更为便捷,而创新造成更大的资源损耗,因而企业降低创新研发投入,在环境污染治理强度下企业也采取同样措施予以应对。⑤

因而,在命令型规制手段下,企业为避免过高的处罚成本,借以寻租为企业牟利,却以寻租成本的支出挤出了企业创新资金投入。市场型环境规制下,企业通过制度寻租获取的利益支出的减少足以抵消寻租成本的支出,可为企业环境根源治理积累更多的资源优势;但经营者深知绿色创新的巨大风险,极易造成资源的损失,反而不愿开展绿色创新。此外,一旦

---

① 袁建国、后青松、程晨:《企业政治资源的诅咒效应——基于政治关联与企业技术创新的考察》,《管理世界》2015 年第 1 期。
② 刘慧龙等:《政治关联、薪酬激励与员工配置效率》,《经济研究》2010 年第 9 期;罗党论、应千伟:《政企关系、官员视察与企业绩效——来自中国制造业上市企业的经验证据》,《南开管理评论》2012 年第 5 期。
③ 张璇等:《信贷寻租、融资约束与企业创新》,《经济研究》2017 年第 5 期。
④ 涂远博、王满仓、卢山冰:《规制强度、腐败与创新抑制——基于贝叶斯博弈均衡的分析》,《当代经济科学》2018 年第 1 期。
⑤ 谢乔昕:《环境规制、规制俘获与企业研发创新》,《科学学研究》2018 年第 10 期。

有"捷径"可走,企业家艰苦奋斗和科技创新的精神将被腐蚀,而不利于企业绿色创新产出。对于公众参与型环境规制,因治理主体的分散性及公众环境创新认知的有限性,企业不便于也不屑于采用寻租的方式牟利,基于理性出发也极可能牟取不到利益。因此,企业可能不采取寻租行为。

基于以上分析,本书提出如下假设。

H4a:企业寻租在命令型环境规制与企业绿色创新之间产生负向调节作用;

H4b:企业寻租在市场型环境规制与企业绿色创新之间产生负向调节作用;

H4c:企业寻租在公众参与型环境规制与企业绿色创新间产生负向调节作用。

(二)高管激励对环境规制与企业绿色创新的调节作用

基于委托代理理论,所有权和经营权相分离,所有者为实现自身价值最大化,会通过给予经理人适当的股权或薪酬激励的方式,而避免"道德风险",保证企业价值的增加。但激励方式不同则可能产生不同的内部治理效果。赵息等研究指出,对于管理层的股权激励,促使经营者将更多的资源投入研发,从而提升了企业的创新绩效产出。[1] 但环境的不确定性程度在股权激励与企业创新之间,无论是创新投入还是创新产出阶段,均呈现为明显的抑制作用。由此可以看出,管理者面临的未来环境明朗时,创新的不确定降低,技术创新受到资金和技术的限制,因此,管理者基于共同价值最大化目标出发,倾向于采取创新的方式;而当未来的盈利不确定性增加,财务约束困境加大,管理层内部不可避免地出现分歧,使得股权激励效果取决于个人价值目标与期望风险的博弈,导致创新的激励效果降低。[2] 环境污染治理成为当今经济高质发展的重要议题,但根源治理的绿

---

[1] 赵息、林德林:《股权激励创新效应研究——基于研发投入的双重角色分析》,《研究与发展管理》2019年第1期。
[2] 朱德胜:《不确定环境下股权激励对企业创新活动的影响》,《经济管理》2019年第2期。

色创新起步较晚,技术相对不尽成熟,创新的不确定性风险加大。此外,企业是污染产生的根源,也必将是治理的核心主体;所以,绿色创新的主要投入必将由企业全部承担,其成本巨大,成为企业的巨大压力。由此,强环境规制压力下,企业更倾向采取绿色创新加以应对,但其不确定性风险相较于其他创新行为更大,且创新投入大,而创新的经济产出效果较小,高管在股权激励方式下,从股东价值最大化视角出发,则会降低绿色创新意愿。

高管股权激励方式下,所有者借股权补偿以规避管理层的机会主义和不作为行径,提升高管治理的积极性,利于创新决策的产生。但"波特假说"前提条件下,不同类型的环境规制政策对企业内部治理提供了外部监管压力,同时为绿色创新指明了方向,但是否采用绿色创新以进行环境治理,还需要企业内部决策予以确定。高管股权激励方式下,刺激高管以所有者视角进行内部公司治理,但面临环境治理中成本收益不匹配问题,所有者既有创新动机,也有规避绿色创新损失的心理,而高管激励措施下更多是对个人收益和价值观的综合考量。薪酬激励使得高管获取的收益相对固定,并不因决策与企业利润波动而减少,因此即使面临规制强度下绿色创新的不确定性,高管从自身利益和社会总价值利益最大化角度出发,相对股权激励更可能采用绿色创新决策。

基于上述分析,本书提出如下假设。

H5a:高管的低股权激励更有利于环境规制措施下企业的绿色创新;

H5b:高管更高的薪酬激励更有利于环境规制措施下企业的绿色创新。

第二节 环境规制对企业环境绩效的影响

中国正在逐步跨越经济高速发展的状态,向高质量发展状态转变,其中环境治理的重要性日益凸显,上至政府,下至每个公民,都给予了充分重视，而环境绩效的改善是最为直观和便捷的处理方式。且从理性经济人假设出发，绿色创新投入和不确性均较大，出于企业价值最大化的考量，外部环境规制压力下采取末端环境绩效提升的方式更具有经济性。因此，本书为验证环境规制的环境绩效提升目标，从不同影响因素出发，形成本节的假设推演逻辑关系，如图3-3所示。

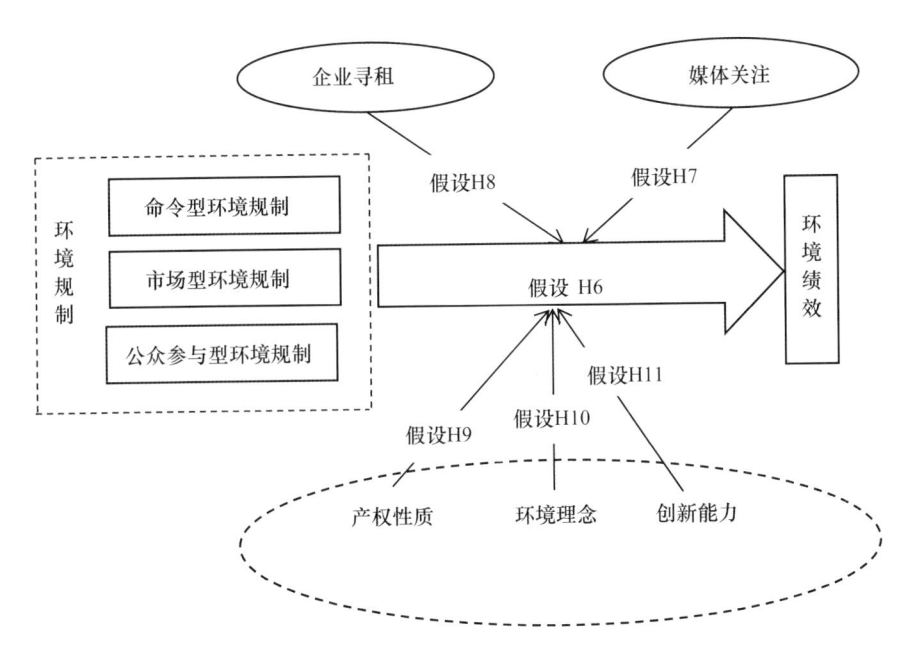

图3-3 环境规制与企业环境绩效假设推演逻辑关系

资料来源：笔者自行整理绘制。

一 环境规制对企业环境绩效的影响分析

因环境污染产生严重的负外部性，最好的内化方式即通过外部监管压力予以内化。周源等通过对绿色治理规制政策前后的对比分析指出，在污染治理转型升级条例颁布后，污染印染行业的废水排放强度显著降低，有效推动了地区产业的转型升级和可持续发展。①但环境规制政策与外部规

---

① 周源等：《绿色治理规制下的产业发展与环境绩效》，《中国人口·资源与环境》2018年第9期。

制工具间并非简单的线性关系,其具体的作用效果受到环境规制形式异质性的影响,因此应分析不同规制工具的特点,建立最优规制政策组合,则对环境绩效的提升尤为重要。① 命令型环境规制为直接手段下的法律型监管,企业为满足日常经营的合法性需求,具有更强的环境信息披露动机;市场型环境规制相对命令型环境规制给予了企业更多的自主选择权,可以有效实现资源的合理配置,因此企业更为主动地进行环境管理和环境信息披露;而公众参与型环境缺乏合法性保障,但公众的监督力更强,企业为避免被反复投诉与举报,选择主动的环境信息披露,以降低公众的过分关注。② 此外,命令型环境规制需要大量的法律法规和制度标准支撑,信息不对称导致规制的履行将耗费大量的搜寻成本,造成环境绩效提升的低效;市场型环境规制相较于责任主导的命令型规制工具,具有显著的激励效应,企业的环境治理积极性更高;公众参与型环境规制信息的搜寻成本主要由外部承担,显著降低了企业交易费用,企业可以以较低的规制成本实现减排目标。③

Lanoie 等认为,污染税不具有普遍性和严格性,可能相对而言非市场型规制工具对环境绩效的改善更具有积极影响,但对于环境创新的作用是微不足道的,因其前者更具有灵活性。④ 龚新蜀等将市场竞争的不良假说应用到环境治理领域,市场竞争程度的增加对企业污染排放具有明显的抑制作用,因此,在资源有限的条件下,市场型环境规制产生资源调控作用,摒弃了命令型环境规制的强迫性,企业环境治理责任性更强,从而环境绩效的表现更优。⑤ 而公众参与型环境规制既不具有合法性,也不具有鼓励性,但其监督作用并不因此而减弱,反而以更细微化的主体参与型,

---

① 邱士雷等:《非期望产出约束下环境规制对环境绩效的异质性效应研究》,《中国人口·资源与环境》2018 年第 12 期。

② 张秀敏、马默坤、陈婧:《外部压力对企业环境信息披露的监管效应》,《软科学》2016 年第 2 期。

③ 许慧:《低碳经济发展与政府环境规制研究》,《财经问题研究》2014 年第 1 期。

④ Lanoie P., Patry M. and R. Lajeunesse, "Environmental Regulation and Productivity: Testing the Porter Hypothesis", *Journal of Productivity Analysis*, Vol. 30, No. 4, 2008, pp. 121–128.

⑤ 龚新蜀、张洪振、潘明明:《市场竞争、环境监管与中国工业污染排放》,《中国人口·资源与环境》2017 年第 12 期。

对企业形成强大的外部舆论压力，迫使企业改善环境绩效；且绩效的改进方面相较命令型规制更为细节化，不仅涉及基本的排污标准的达标，还涉及环保意识及环保宣传等各个方面，因此对企业环境绩效改善具有显著的促进作用。

基于上述分析，本书提出如下假设。

H6a：命令型环境规制促进企业环境绩效提升；

H6b：市场型环境规制促进企业环境绩效提升；

H6c：公众参与型环境规制促进企业环境绩效提升。

二 媒体关注情境下环境规制对企业环境绩效的影响分析

互联网技术的高速发展，使得信息传递的速度更快、范围更广，致使媒体的关注与传播成为企业公司治理中必须考虑的因素。易志高等的研究指出，企业为防止媒体关注对企业资产价值的影响，会主动采用公司行为的媒体策略性披露。[1] 媒体通过对信息的收集、整理与汇总，强化信息的披露与扩散，减少其他利益相关者的信息收集成本，降低信息不对称程度，从而影响内部的公司治理行为，因此，赋予了媒体重要的监管责任，致使企业承受更大外部监管压力。[2]

议程设置理论指出，大众媒体传播引导公众舆论走向，尤其对于负面评价公众的接受程度更高，在媒体的扩散报道后，将显著降低企业的声誉和价值。[3] 尤其对于现阶段新媒体技术的广泛普及与快速发展，以及环境治理领域中社会共治意识觉悟的提升，相对于传统媒体的公众舆论压力而言，新媒体参与下的环境治理效果更优，因信息的传播速度更快，网络搜

---

[1] 易志高等：《策略性媒体披露与财富转移——来自公司高管减持期间的证据》，《经济研究》2017年第4期。

[2] 李冬昕、宋乐：《媒体的治理效应、投资者保护与企业风险承担》，《审计与经济研究》2016年第3期。

[3] Mccombs M. E. and D. L. Shaw, "The Agenda-Setting Function of Mass Media", *Public Opinion Quarterly*, Vol. 36, No. 2, 1972, pp. 176 – 187; Mccombs M. A., "Look at Agenda-Setting: Past, Present and Future", *Journalism Studies*, Vol. 6, No. 4, 2005, pp. 543 – 557.

索功能更为完善，使得从舆论导向到企业业绩表现的滞后期明显缩短，迫使企业更主动地提升环境表现。① 命令型环境规制以更为直接的惩戒性措施为主，企业为避免违规成本支出，将完善内部环境治理制度，尽力争取更好的环境绩效表现；此外，鉴于公众对媒体关注下企业负面信息的敏感度，双重外部监管压力下，绿色企业必将强化环境责任履行程度。市场型环境规制主要强调环境资源的配置效应，企业将权衡污染治理支出与后期价值增长空间的利益关系，为企业提供更多的治理主动性，媒体关注正面信息的报道将增加企业声誉和价值增长空间，为后期环境治理提供更多资金，更有利于提升环境绩效。② 此外，企业在环境治理中具有明显的趋利动因，但也受到环境伦理动因驱动③，公众参与型环境规制弱化趋利动因而强化伦理动因，而媒体与普通公众信息传播距离更小，舆论压力更大；因此，混合动因驱动下，企业不断提升环境绩效以争取好的声誉表现。

基于上述分析，本书提出以下假设。

H7a：媒体关注在命令型环境规制与企业环境绩效间起到正向调节作用；

H7b：媒体关注在市场型环境规制与企业环境绩效间起到正向调节作用；

H7c：媒体关注在公众参与型环境规制与企业环境绩效间起到正向调节作用。

三 企业寻租情境下环境规制对企业环境绩效的影响分析

环境规制下，企业与政府间关系形式对企业治理行为的影响是不可忽视的。企业与政府间关系过于疏远将使得信息成本加大，二者如若往来密

---

① 张樨：《新媒体视域下公众参与环境治理的效果研究——基于中国省级面板数据的实证分析》，《中国行政管理》2018年第9期。
② 王云等：《媒体关注、环境规制与企业环保投资》，《南开管理评论》2017年第6期。
③ 陈力田、朱亚丽、郭磊：《多重制度压力下企业绿色创新响应行为动因研究》，《管理学报》2018年第5期。

切，基于资源依赖理论视角，通过政治关联增加企业获取政府补助的机会和金额，显著提升企业盈余管理程度[1]，为内部环境治理提供更多资源支持，促进企业环境信息的披露。[2] 但各个地区及企业因基础环境条件和国家政策需求导向不同，使得环境规制的激励与约束机制存在显著差异，而政企间的亲疏关系迥异，则为企业寻租提供了便利条件。规制俘获理论指出，规制机构间因设置目的和行为动机的多重性特点，规制客体存在潜在机会贿赂相应机构或官员来为自身牟利，造成规制初衷无法实现。[3]

环境规制的基本形式为惩戒性的命令型规制措施，政府惩戒污染环境的企业，如不满足排放标准需缴纳罚款等，而企业借以寻租的方式，官员通过自身利益的获取而为企业牟利，"颠倒乾坤"将不达标环境指标串改为"优良"，从表象上提高了企业环境绩效。对于激励性和调控型的环境规制形式，企业通过寻租获取更多的环境排污资源，抑或减少了环境规制支出，将节省更多的资源禀赋投入表象的环境治理，以公众观察企业环境绩效提升。公众参与型环境规制因不具有强制性，以自愿性为主体主要是通过日常的关注监督，在企业出现环境治理问题时，再反映到相应的政府部门。因此，公众参与型规制不具有权威性，最终的权利主导还是交到制度部门中，企业通过寻租可将不良行为予以消除，虽然公众参与规制的主动性与制度型加强，但操作的可监督性差，导致企业向外界公众传递的环境绩效表现因寻租手段而提升。因此，各种环境规制工具下，企业采取寻租的方式，通过污染治理数据的篡改而"表象"均可提升环境绩效，但命令型环境规制具有特定的排污标准限值，公众参与型规制的可消除的举报诉讼问题有限，且寻租成本过大，相对而言市场型环境规制通过资源的获取，谋得的利益更大，从而对环境绩效的提升作用更强。

---

[1] 陈克兢:《媒体关注、政治关联与上市公司盈余管理》，《山西财经大学学报》2016年第11期。

[2] 林润辉等:《政治关联、政府补助与环境信息披露——资源依赖理论视角》，《公共管理学报》2015年第2期。

[3] 谢乔昕:《环境规制、规制俘获与企业研发创新》，《科学学研究》2018年第10期。

基于上述分析，本书提出如下假设。

H8a：企业寻租在命令型环境规制与企业环境绩效间起到正向调节作用；

H8b：企业寻租在市场型环境规制与企业环境绩效间起到正向调节作用；

H8c：企业寻租在公众参与型环境规制与企业环境绩效间起到正向调节作用。

四 企业特征异质性条件下环境规制对企业环境绩效的影响分析

（一）企业产权性质异质性条件下环境规制对企业环境绩效的影响分析

环境规制的严格性是污染物排放和燃料使用方面生产效率的重要决定因素，但是一旦严格程度超过一定阈值，规制的正向引导作用就会转换为负面的影响。环境规制严格性的积极影响可以通过监管差异的负面影响而减少，其中负面的影响因素包含企业规模、年龄及生命周期等因素，同时这些因素随着时间的推移负向作用效果显著增强。在中国资本市场上，企业的核心主体不同，可能导致企业的治理形成存在显著差异，鉴于最终控制主体类型的差异，将企业产权性质分为国有企业与非国有企业两类。国有企业因享受更多的政府资金的支持，内部治理活动也更多地受到政府规制的控制，但同时也享有更多的制度管控便利和资源优势。[1] 国有企业在政府主体控制下，享有更大的行政控制权力，权利义务对等关系下，则相对非国有企业需要承受更多的社会责任；此外，还兼具政府的"形象代表"，在面临环境治理问题时，需要表现得更为积极，起到先锋带头作用。[2] 但因具有政府资金和政策支持，相对于非国有企业而言，国有企业的企业规模更大，污染排放更多；且国有企业的竞争实力普遍较强，

---

[1] 管亚梅、李盼、焦钰：《产权性质、雾霾污染程度与企业低碳绩效水平》，《江苏社会科学》2018年第1期。

[2] 潘越等：《社会资本、政治关系与公司投资决策》，《经济研究》2009年第11期。

具有更强的与政府规制部门相制衡的权力，可以通过与政府"讨价还价"，迫使监管部门相应妥协，为自身争取权利。[①] 此外，国有企业依赖于政府，享有更多的政治资源，基于资源依赖理论，其可通过政企间的亲密关系为环境治理争取更多的主动选择权，其面临的环境规制约束相对非国有企业更小。因此，国有企业承受的规制压力更小，环境绩效表现相对较差。

反观，非国有企业没有政府资金的支持，仅靠自身力量维持生产经营，没有政治资源可以依赖，公司规模相对较小，竞争实力较弱，政府的环境规制压力又必须承受，却又无条件改善，导致承受的环境规制压力加大。而且，在非国有企业竞争实力有限的条件下，为了更好地获取政府和市场的认可，更倾向于采取更为积极主动的方式承担社会责任，通过抢眼的环境绩效表现，借以声誉效应对企业进行宣传，为企业争取更多的资源，实现价值的提升。此外，非国有企业经营能力有限，一旦因规制目标无法满足而被迫停产整顿，对企业的利润和声誉的影响将是毁灭性的。因此，环境规制强度下，非国有企业为争取生存的权利和提升价值，可能会有更好的环境绩效表现。

基于上述分析，本书提出如下假设。

H9：不同类型环境规制下，非国有企业比国有企业环境绩效表现更佳。

（二）企业绿色创新异质性条件下环境规制对企业环境绩效的影响分析

在环境规制下，绿色创新是企业根源治理环境问题的手段，而环境绩效是企业的环境治理的外在表现形式，其绩效的提升可以通过绿色创新的方式得以实现，也可通过更为便捷的末端治理方式来完成。但绿色创新需要大量的资金投入，一方面对企业生产经营资金形成挤出效应，造成了创

[①] Gomes A. and W. Novaes, "Sharing of Control Versus Monitoring as Corporate Governance Mechanisms", Unpublished Working Paper, 2006.

收能力下降，无更多资金投入环境治理；另一方面在企业闲置资金有限的条件下，环境治理资金固定，绿色创新投入资金增加，会减少提升当期环境绩效表现的末端治理支出。虽然，绿色创新的终极目标是改善企业环境绩效，但绿色创新成功的不确定性较大，其研发周期也较长，不及直接的污染治理对企业环境绩效的提升作用显著，所以，短期内绿色创新并非一定能促进企业环境绩效得到改善。

然而，如果绿色创新一旦成功，那么对企业环境绩效的提升作用则是末端环境治理所无法比拟的。同时，具有绿色创新行为的企业，说明其具有更为充裕的资金保障，内部管理制度也更为完善，企业规模更大，竞争力更强，因而并不希望在环境治理上损伤竞争实力，则所有环境绩效表现得更好。此外，一般环境规制压力下，倾向采用于绿色创新应对环境污染问题的企业，具有更强的环保意识，更积极主动地承担环境治理责任，企业内环境治理制度更为完善，治理行为更为彻底全面，环境绩效更为优良。

基于上述分析，本书提出如下假设。

H10：不同类型环境规制下，开展绿色创新的企业具有更好的环境绩效表现。

（三）企业技术认证异质性条件下环境规制对企业环境绩效的影响分析

中国的高新技术企业采取认定机制，规定企业必须满足创新研发费用、高新技术商业化收入等条件要求，以保证企业的技术创新的先进性；另外，认证审核通过后，企业将享有优厚的减税待遇。因此，享受高新技术认定的企业，一方面，说明以政府的信誉保证了企业具有良好的科技创新能力，为企业持续发展提供不竭动力；另一方面，说明企业经营状况良好，具有更好的发展前景，显现出声誉效应。[1]

---

[1] 卢君生、张顺明、朱艳阳：《高新技术企业认证能缓解融资约束吗？》，《金融论坛》2018年第1期。

环境规制条件下，高新技术企业同样面临着巨大的环境治理压力，但其相对于一般企业具有以下几点优势：第一，高新技术企业具有良好的创新条件，可采用的污染治理方式更加多样化，治理的主动性与积极性更强，且在基础创新能力保障下，企业开展绿色创新的可能性更大，成功概率更高；第二，获取到高新技术企业认定，是借政府之手向外部利益相关者证明了企业的竞争实力，使得企业具有更高的声誉价值，而企业出于形象的维护，将投入更多的资金和精力展开环境治理，且环境治理责任承担意识更强；第三，认定资格通过后，企业将享受到更多政府税收减免优惠措施，减少了企业资金的流出，缓解内部融资约束，有更为充裕的资源应用于企业环境治理中，环境绩效表现更优。

基于以上分析，本书提出如下假设。

H11：不同类型环境规制下，基础创新能力更好的企业环境绩效表现更佳。

第三节 环境规制对企业经济绩效的影响

企业环境治理问题关乎其可持续发展，但企业的可持续性需要不竭的经济利益作为保障，因此，企业在面对污染治理的战略选择上，既要实现环境减排目标，还要兼顾对企业经济绩效的影响，因为企业价值最大化才是其终极目标。不同类型的环境规制工具将对企业账面的会计价值与公允的市场价值产生何种影响，直接关系未来企业污染治理的战略选择；而何种战略的实施更利于企业价值的提升，内外部不同治理因素的影响下，企业价值走向如何，本书在此展开深入的探讨，并整理绘制了本节的假设推演逻辑关系图，如图3-4所示。

一 环境规制对企业经济绩效的影响分析

通常意义上讲，环境目标可以通过不同的政策措施来实现，且基于目

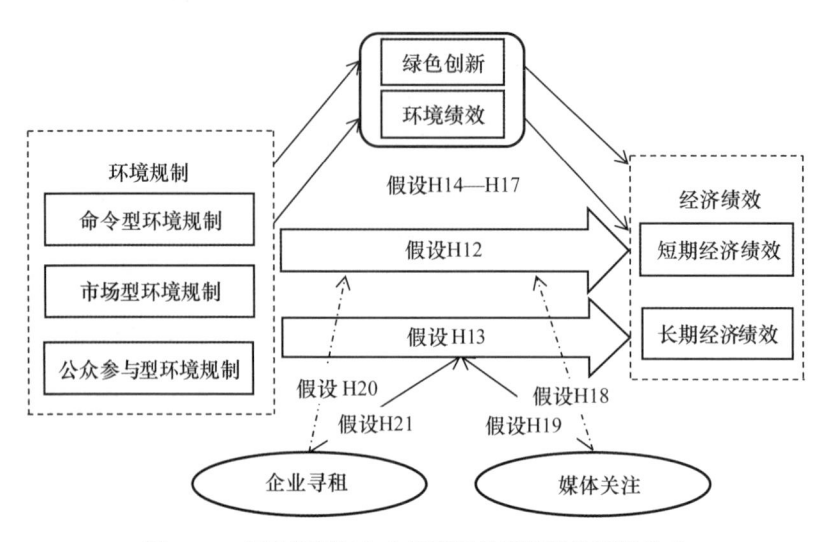

中国环境规制的企业绿色行为影响

图 3-4　环境规制与企业经济绩效假设推演逻辑关系

资料来源：笔者自行整理绘制。

标设计特征差异，对经济结果产生非常不同的影响。[1] 将西班牙中小企业作为样本展开研究发现，环境规制显著促进了中小企业核心竞争力的提升，这是"波特假说"在企业经济视角下更为有利的证明。关于环境保护投资是否在企业中产生积极经济表现的研究仍存在争议。[2]

---

[1] Nemet G. F., "Demand-Pull, Technology-Push and Government-Led Incentives for Non-Incremental Technical Change", *Research Policy*, Vol. 38, No. 5, 2009, pp. 700–709; Frondel M., Ritter N. and C. Schmidt, et al., "Economic Impacts Fromthe Promotion of Renewable Energy Technologies: The German Experience", *Energy Policy*, Vol. 38, No. 8, 2010, pp. 4048–4056; Costantini V. and F. Crespi, "Public Policies for a Sustainable Energy Sector: Regulation, Diversity and Fostering of Innovation", *Journal of Evolutionary Economics*, Vol. 23, No. 2, 2013, pp. 401–429; Costantini V., Crespi F. and G. Marin, et al., "Eco-Innovation, Sustainable Supply Chains and Environmental Performances in the European Industries", *Journal of Cleaner Production*, Vol. 15, No. 2, 2017, pp. 141–154; Nick J., Shunsuke M. and C. R. Miguel, et al., "Environmental Policy Design, Innovation and Efficiency Gains in Electricity Generation", *Energy Economics*, Vol. 63, No. 3, 2017, pp. 106–115.

[2] Wagner M., Van Phu N. and T. Azomahou, "The Relationship between the Environmental and Economic Performance of Firms: An Empirical Analysis of the European Paper Industry", *Corporate Social Responsibility & Environmental Management*, Vol. 9, No. 3, 2002, pp. 133–146; Cainelli G., Mazzanti M. and R. Zoboli, "Environmental Performance, Manufacturing Sectors and Firm Growth: Structural Factors and Dynamic Relationships", *Environmental Economics and Policy Studies*, Vol. 15, No. 4, 2013, pp. 367–387; Fujii H., Iwata K. and S. Kaneko, et al., "Corporate Environmental and Economic Performances of Japanese Manufacturing Firms: Empirical Study for Sustainable Development", *Business Strategy and the Environment*, Vol. 22, No. 3, 2013, pp. 187–201; Trumpp C. and T. Guenther, "Too Little or Too Much? Exploring U-Shaped Relationships between Corporate Environmental Performance and Corporate Financial Performance", *Business Strategy and the Environment*, Vol. 26, No. 1, 2015, pp. 49–68.

(一) 环境规制对企业短期经济绩效的影响分析

学术界对环境规制对企业作用的最大观点冲突为，环境规制对企业财务表现的影响。大多数早期的研究结论为，环境规制对企业生产力产生显著的负面影响，① 主要因规制成本挤占正常的运营资金；Chava 指出，与没有环境问题的公司相比，具有较高环境问题（如危险化学品、大量排放）的公司面临较高的资本成本、较低的银行贷款和机构投资者的可用性。② 此外，基于公共经济税收负担理论，环境规制成本最后承担主体并非只有企业自身，还将部分转嫁于消费者。治污企业会将治理成本分担，增加产品的边际成本而最终反映到产品价格，但过高的价格将导致销售量的整体下降，因此采取降低产品价格加成的方式，实现规制成本的共担性③，但并非成本的全部转嫁，企业自身还需要承担一部分，导致企业利润下降。

最近的研究论证了不同的结果导向。越来越多的研究发现，如果环境规制政策设计合理有效，能够对企业的经济绩效产生积极影响。④ 环境规制存在明显的"替代效应"⑤，尤其该效应在命令型环境规制下作用更为明显，因政府采取法律法规的强制性手段，环境污染治理未见成效的企业将面临停业整顿的风险，使得效率低下的企业逐渐被淘汰，而更具有环保意识、污染治理效果更好、绩效表现更优的企业则填补退出企业空位，此种竞争的替代效应在宏观上迫使企业不断提升企业绩效。此外，环境政策制

---

① Palmer K., Oates W. E. and P. R. Portney, "Tightening Environmental Standards: The Benefit-Cost or the No-Cost Paradigm?", *Journal of Economic Perspectives*, Vol. 9, No. 4, 1995, pp. 119 – 132; Managi S., Opaluch J. J. and D. Jin, et al., "Environmental Regulations and Technological Change in the Offshore Oil and Gas Industry", *Land Economics*, Vol. 81, No. 2, 2005, pp. 303 – 319.

② Chava S., "Environmental Externalities and the Cost of Capital", *Management Science*, Vol. 60, No. 9, 2013, pp. 2223 – 2247.

③ 张志强：《环境管制、价格传递与中国制造业企业污染费负担——基于重点监控企业排污费的证据》，《产业经济研究》2018 年第 4 期。

④ Berman E. and L. Bui, "Environmental Regulation and Productivity: Evidence from Oil Refineries", *Review of Economics and Statistics*, Vol. 83, No. 3, 2001, pp. 498 – 510; Lanoie P., Patry M. and R. Lajeunesse, "Environmental Regulation and Productivity: Testing the Porter Hypothesis", *Journal of Productivity Analysis*, Vol. 30, No. 4, 2008, pp. 121 – 128.

⑤ 邹国伟、周振江：《环境规制、政府竞争与工业企业绩效——基于双重差分法的研究》，《中南财经政法大学学报》2018 年第 6 期。

度日趋严苛，企业的治理成本逐渐增加，逐渐压缩了企业的利润空间，但企业从最基本的价值增长目的出发，必然不可允许此种情况持续，借以绿色创新的方式寻求突破，不但能够有效降低企业治理支出，还兼具了财务绩效提升的功效。与命令型环境规制工具不同，基于排污费、污染许可、补贴等方式的市场型环境规制手段，企业面对环境治理的可选择性更多，方式更为灵活，企业可鉴于利益权衡的对比结果，选择对自身最为有利的方式，因此相对于命令型环境规制对企业短期经济绩效的促进效果更为显著。此外，市场型环境规制具有更为明显的赋权性，企业的主动选择必将是因为即将获取的收益显著高于前期成本的支出，且高度的灵活性选择，甚至可能具有补贴型措施，企业具有更大的可能以创新的方式治理污染，致使预期的企业绩效更大。公众参与型环境规制相对而言强度最弱，使得企业的规制成本支出相对最小，但其对企业污染治理的监督渗透于日常经营中，因此敦促以最根本的方式面对环境问题，绿色创新的主动选择性更大；另外，因更多的细节性的治理建议的提出，企业逐步的纠偏过程，是内部环境治理体系不断完善的过程，以更多先期的细小的治理支出，降低了后期大额的整治成本，企业短期具有更良好的业绩表现。

基于上述分析，本书提出如下假设。

H12a：命令型环境规制促进企业短期经济绩效增长；
H12b：市场型环境规制促进企业短期经济绩效增长；
H12c：公众参与型环境规制促进企业短期经济绩效增长。

(二) 环境规制对企业长期绩效的影响分析

政策制度监管下，不同环境工具与企业长期经济绩效的关系，主要受到公众利益投资者对企业环境治理行为的认可程度，而认可度越高，则坚信企业未来潜在表现更好，越有利于企业长期经济绩效的提高。权衡假说认为，企业的环境保护的主要经济特性为成本性质，由此，相对于环保意识不足的企业，主动进行环境保护的企业则将更多的资源投入环境建设，从而导致核心业务资源经费不足，竞争优势下降。① 从管理层治理视角出发，经理人出于自身声誉的考量，将更多地承担环境治理责任，激化委托代理矛盾，造成企业价值损失。而从投资者视角来看，Boulatoff 等研究指出，在公告期内，自愿加入芝加哥气候交易所减排计划的公司，其股价上涨幅度约为 8%。② 此外，考虑投资者的投资品位，Robinson 等和 Hawn 等研究发现，投资者更倾向于增加那些他们认为具有积极和可见 CSR（企业社会责任）指标的公司股票需求，并且当一家公司加入道琼斯可持续发展指数时，能够为其带来显著的正向异常收益。③

命令型环境规制强度的增加，企业如若不积极开展环境整治计划，其罚没成本支出将逐渐加大，甚至可能影响到企业存续状态，为保证企业日常生产经营及经营利润，管理者将整合内部资源，通过创新为企业培养稀缺、不可复制及难以替代的资源优势，从而促进企业竞争实力提升，带动市场价值增长。此外，命令型规制的加强，企业的环境信息披露更为完善，投资者因信息不对称程度的降低，更愿意将资金投入其中，致使环境信息披露程度与企业价值呈现正相关关系。④ 市场型环境规制以其激励性，更易于激发企业的"创新补偿效应"和"学习效应"，有效提升企业的全要素生产率⑤，促进企业价值的增长。此外，市场型规制政策的灵活性，使企业治理方式更多样，既可创新研发，亦可提升资源利用效率；而制度法律对资源的综合利用均给予了正向的减税优惠措施，一方面补偿了环境

---

① 唐鹏程、杨树旺：《环境保护与企业发展真的不可兼得吗?》，《管理评论》2018 年第 8 期。
② Boulatoff C., Boyer C. and S. J. Ciccone, "Voluntary Environmental Regulation and Firm Performance: The Chicago Climate Exchange", *Alternative Investment*, Vol. 15, No. 3, 2013, pp. 114 – 122.
③ Robinson M., Klesner A. and S. Bertels, "Signaling Sustainability Leadership: Empirical Evidence of the Value of DJSI Membership", *Journal of Business Ethics*, Vol. 101, No. 3, 2011, pp. 493 – 505; Hawn O. and A. Chatterji, "How Firm Performance Moderates the Effect of Changes in Status on Investor Perceptions", Additions and Deletions by the Dow Jones Sustainability Index, 2014.
④ 闫海洲、陈百助：《气候变化、环境规制与公司碳排放信息披露的价值》，《金融研究》2017 年第 6 期。
⑤ Ambec S. and P. Lanoie, "When and Why does it Pay to be Green?", *Science Seires*, 2007；张成：《内资和外资：谁更有利于环境保护——来自中国工业部门面板数据的经验分析》，《国际贸易问题》2011 年第 2 期。

治理的内化成本，另一方面直接结余的公司收益，对企业价值具有更为直观的正向促进作用。公众参与型环境规制下，企业被迫接受更为广泛的公众监督，将环境治理融入更细节的生产经营的各个角落，再反向通过公众传播，以及声誉导向下，增加投资者对企业的好感度和投资倾向，引导价值提升。此外，社会公众参与环境治理中，就是逐步实现环境的社会共治，主体的协同性和目标的一致性，对企业内环境污染事件的发生起到显著的预防作用，降低未来的不确定性风险，项目投资的可行性得到保障，投资者对企业的信赖度得到提升，更愿意将资金投入其中，企业价值得以上涨。

基于上述分析，本书提出如下假设。

H13a：命令型环境规制促进企业长期经济绩效增长；

H13b：市场型环境规制促进企业长期经济绩效增长；

H13c：公众参与型环境规制促进企业长期经济绩效增长。

二 环境规制影响企业经济绩效的路径分析

（一）环境规制对企业经济绩效的作用路径：绿色创新的中介效应

1. 绿色创新在环境规制与企业短期经济绩效间的中介作用

Sharma 和 Vredenburg、Buysse 和 Verbeke 以及 Murillot 等研究中，将环境主动性解释为企业倾向于主动采取环境保护措施，主要是基于预防、预测环境保护要求，并超越监管合规性和行业普遍标准而采用的措施，总结得出，主动性措施更多的是强调企业治理中的革新，包含绿色技术创新、绿色产品创新乃至绿色管理创新。[①] 在面临不同的环境规制措施，企业能够选择以绿色创新的方式主动应对，更多地诠释了社会责任承担意识，但创新也需要承担相应的成本代价。面临何种环境规制措施，企业均需要支

---

① Sharma S. and H. Vredenburg, "Proactive Corporate Environmental Strategy and the Development of Competitively Valuable Organizational Capabilities", *Strategic Management Journal*, Vol. 19, No. 8, 1998, pp. 729 – 753; Buysse K. and A. Verbeke, "Proactive Environmental Strategies: A Stakeholder Management Perspective", *Strategic Management*, Vol. 24, No. 5, 2003, pp. 453 – 470; Murillo J., Garcés C. and P. Rivera, "Why do Patterns of Environmental Response Differ? A Stakeholder Pressure Approach", *Strategic Management Journal*, Vol. 29, No. 11, 2008, pp. 1225 – 1240.

付治理成本,且无论采取何种绿色创新形式,短期内均需要额外支出大额创新投入成本,双重成本的叠加,造成企业财务的沉重负担。而且后期成果的实现的不确定性越大,将加重此种财务负担。此外,企业管理者也意识到,相对现有资源型能源的使用,新能源的开发和利用能够享受到更多的豁免政策和税收优惠措施,从而产生所谓的"新来源偏见",即对新能源投资项目的偏袒性。[①] 新能源的偏袒将通过以下两种路径影响企业短期经济绩效:第一,绿色创新下新技术、新能源的实现,将给企业带来大量的直接税收减免等优惠,而并直接体现在现金流的增加上,提升短期经济绩效;第二,新能源设备的投入使用能够以更低的成本运行,利于企业利润的积累。

因此,合适的环境规制政策的设计能够增加企业的经济产出,尤其是对于有着显著沉没成本的资本密集型行业。[②] 命令型环境规制强度越大,企业承担违规成本越高,制度压力下,企业更倾向以绿色创新的方式从根本上解决污染治理问题。创新成果的实现,一方面抵消后续污染治理成本;另一方面以产品的商业化增加企业经营利润,此种路径更为直接。但创新前期高昂的投入成本及是否成功的风险,同样体现在企业的短期经济绩效上,因此绿色创新对短期经济绩效的结果有待验证。而资源调控目的下的市场型环境规制,治理方式的更多选择性和资源的充裕性,赋予绿色创新更多的机会,为提升企业绩效提供了更优的路径。虽然社会公众参与环境治理规制的严苛程度较弱,却更能发现潜在的环境污染问题,此种问题细小却众多,企业通过绿色创新彻底摆脱繁复的规制处理流程,优化投入产出结构,提升企业绩效。

基于以上分析,本书提出如下假设。

[①] Nick J., Shunsuke M. and C. R. Miguel, et al., "Environmental Policy Design, Innovation and Efficiency Gains in Electricity Generation", *Energy Economics*, Vol. 63, No. 3, 2017, pp. 106–115.

[②] Ellerman D., "Note on the Seemingly Indefinite Extension of Power Plant Lives, a Panel Contribution", *Energy*, Vol. 19, No. 2, 1998, pp. 129–132; Levinson A., "Grandfather Eegulations, New Source Bias, and State Air Toxics Regulations", *Ecological Economics*, Vol. 28, No. 2, 1999, pp. 299–311.

H14：环境规制通过企业绿色创新影响企业短期经济绩效。

2. 绿色创新在环境规制与企业长期经济绩效间的中介作用

实证研究范式下，宏微观视角下均对弱波特假说和狭义波特假说加以验证，但对于其强波特假说——环境监管通过弱波特假说刺激创新产出，抵消后期更繁复的治理成本，对企业竞争力有显著的提升作用，还存在较大的争议。[1] Jan 在研究可持续性创新动力机制中指出，可再生能源的利用必将是未来的发展趋势[2]，但现阶段能源创新的驱动力不足，还需依靠制度的规范性压力来推动。[3] Esty 和 Porter 基于波特假说的研究基础发现，企业会在环境和财务结果间权衡，在遵循环境法规的过程中刺激环境污染较少、效率更高的生产方法的产生，获取巨大的竞争优势。[4] 企业在环境技术创新方面的积极主动性优势在动态环境下是可持续的，且这种环境的积极性能够产生良好的经济后果，尤其是企业中长期资产的回报能力显著增强。而研究发现，绿色创新的综合方法比简单的终端技术更能够带来环境绩效和企业竞争力的提升。[5]

此外，绿色创新需要以企业的基础创新能力为依托，因此制度规制

---

[1] Ambec S., Cohen M. and S. Elgie, et al., "The Porter Hypothesis at 20: Can Environmental Regulation Enhance Innovation and Competitiveness?", *Review of Environmental Economics and Policy*, Vol. 7, No. 1, 2013, pp. 2 – 22; Rubashkina Y., Galeotti M. and E. Verdolini, "Environmental Regulation and Competitiveness: Empirical Evidence on the Porter Hypothesis from European Manufacturing Sectors", *Energy Policy*, Vol. 83, No. 8, 2015, pp. 288 – 300; Andrea F., Giulio G. and M. Valentina, "Green Patents, Regulatory Policies and Research Network Policies", *Research Policy*, Vol. 47, No. 6, 2018, pp. 1018 – 1031.

[2] Jan F., "Mobilizing Innovation for Sustainability Transitions: A Comment on Transformative Innovation Policy", *Research Policy*, Vol. 47, No. 9, 2011, pp. 1568 – 1576.

[3] Grubler A., "Energy Transitions Research: Insights and Cautionary Tales", *Energy Policy*, Vol. 50, No. 11, 2012, pp. 8 – 16; Pearson P. J. G. and T. J. Foxon, "A Low Carbon Industrial Revolution? Insights and Challenges from Past Technological and Economic Transformations", *Energy Policy*, Vol. 50, No. 11, 2012, pp. 117 – 127; Sovacool B. K., "How Long Will It Take? Conceptualizing the Temporal Dynamics of Energy Transitions", *Energy Research & Social Science*, Vol. 13, 2016, pp. 202 – 215.

[4] Esty D. C. and M. E. Porter, "Industrial Ecology and Competitiveness", *Journal of Industrial Ecology*, Vol. 2, No. 1, 1998, pp. 35 – 43.

[5] Nick J., Shunsuke M. and C. R. Miguel, et al., "Environmental Policy Design, Innovation and Efficiency Gains in Electricity Generation", *Energy Economics*, Vol. 63, No. 3, 2017, pp. 106 – 115.

下，企业采取了绿色创新方式，证明了企业具有明显的科技创新等核心竞争力优势。且不同规制方式和强度下，企业均以绿色创新的方式来解决内部的环境污染问题，证明了企业具有更高的环境保护和社会责任的承担意识，声誉传导机制下，更多的利益相关者会关注企业成长，进而提升企业的市场占有率，价值得以增长。与此同时，绿色创新下新能源、新技术的研发与成功应用，说明企业具有长远的目标规划，以及巨大的未来发展潜力，投资者基于长远的价值增值考虑，为企业成长提供资金支持，为企业争取了更多的发展机会，市场竞争力不断提升，价值产出呈螺旋式上升。

基于上述分析，本书提出如下假设。

H15：环境规制通过企业绿色创新影响企业长期经济绩效。

(二) 环境规制对企业经济绩效的作用路径：环境绩效的中介效应

1. 环境绩效在环境规制与企业短期经济绩效间的中介作用

生态建设日趋受到重视，各个企业积极提升环境绩效以满足污染排放标准，是对政府环境规制的遵循程度的体现。环境绩效表现得越好，证明对环境制度的遵循积极性越高，与政府关系紧密度越好，更易获取政府的认可，从而获取外部资源，为企业经营储备能量，强化了企业的竞争优势。此外，企业环境绩效表现得越好，则与国际市场的环境需求标准越近，存在明显的先动的国际竞争优势[①]，实现了环境绩效和财务绩效的双重目标。现阶段消费者的环保意识逐渐提升，绿色环保产品的需求空间巨大，积极主动地治理污染，将环保理念渗透于产品生产中，将稳固市场地位，甚至获取更大的市场份额，以实现企业利润的增长。而从企业资源观视角出发，具有更优良环境绩效表现的企业，具有更大的资源柔性，在面对日后逐渐严苛的环境规制强度，资源柔性企业具有更好的应变能力，以应对污染治理的不确定，对企业财务绩效起到有效的缓冲作用。[②] 其中，Hart 以自然资源公司为样本，研究发现环境管理能力可以改善环境绩效，通过降低

---

① 王爱兰：《企业的环境绩效与经济绩效》，《经济管理》2005 年第 8 期。
② 胡元林、张萌萌、朱雁春：《环境规制对企业绩效的影响——基于企业资源视角》，《生态经济》2018 年第 6 期。

成本，预测竞争对手策略和改善利益相关者关系来提供竞争优势。[1]

命令型环境规制措施下，企业通过良好的环境绩效表现，而减少违规的规制成本支出，直接作用于短期经济绩效提升。市场型环境规制措施下，企业治理成本支出增加形成沉淀性冗余资源积累，但其并非仅仅是企业的负担，在企业环境变化的情况下，能够扭转困顿的局面。[2] 因此，市场型规制作用下，企业更好的绩效表现，需要更多的费用性支出，为了沉淀性冗余资源的积累，资源数量基础理论下，为企业应对环境变化积攒了竞争实力。公众参与型规制下，企业良好的环境绩效表现更为直观地反馈给公众，一方面，展现了企业对公众意见的重视，增强了外部利益者对企业好感度；另一方面，社会责任更为主动地承担，为企业积累了声誉，从而表现为产品的认可与购买，直接增加了企业财务绩效。

基于上述分析，本书提出如下假设。

H16：环境规制通过企业环境绩效影响企业短期经济绩效。

2. 环境绩效在环境规制与企业长期经济绩效间的中介作用

诺米将企业的环境战略管理分为五大类，其中，实施前瞻型环境经营战略的企业，通过战略优势，建立了市场的主导地位，实现了核心竞争力的提升。[3] 从法商管理视角出发，企业良好的环境绩效表现说明，管理者在面对法律和社会道德约束的情况下，具有良好的法律知识储备和法规变化的灵敏度。此外，在面对环境治理困境时，采用更为积极的处理方式，避免了被动规制下的无奈，实现思维的转变，以更高的战略角度观察问题，是企业从理性经济人向社会价值人观念的转变，是企业经营系统的整体变革，形成了企业和社会共治的价值理念，创造了企业难以被模仿的价值创造力，必然实现价值的提升。因此，企业更为主动地关注环境政策变化，其投

---

[1] Hart S., "A Natural-Resource-Based View of the Firm", *Academy of Management Review*, Vol. 20, No. 4, 1995, pp. 986 – 1014.

[2] 李晓翔、刘春林：《高流动性冗余资源还是低流动性冗余资源——一项关于组织冗余结构的经验研究》，《中国工业经济》2010 年第 7 期；胡元林、孙华荣：《环境规制对企业绩效的影响：研究现状与综述》，《生态经济》2016 年第 1 期。

[3] 葛建华：《环境规制、环境经营战略与企业绩效》，《新视野》2013 年第 3 期。

资回报率显著高于其他企业，说明企业对环境的关注度能有效提升其环境绩效表现，且因具有前瞻性战略优势，通过制定多种污染治理备选方案，择优可行性分析后实行，有效降低规制成本支出，促进企业绩效提升。

此外，具有良好环境绩效表现的企业，能够充分协调企业利益与社会利益间相互关系，是良好治理能力的体现，也具有更为丰裕的资源储备，说明企业具有明显的竞争优势，有利于企业价值的不断提升。同时，不同环境规制手段下，企业均能坦然地面对规制压力，以合理的方式处理环境污染，表现了其良好的社会责任承担意识，在公众面前树立了良好的企业形象，增加了投资者资金投入的机会，同时降低了企业的资金成本，提升了企业价值的获取能力。最后，现阶段环境绩效评价越高，在未来的污染治理和企业经营中，将为企业提供更多的主动权和选择权，能更从容地面对未来发展机会，对企业未来市场价值的提升具有正向促进作用。

基于上述分析，本书提出如下假设。

H17：环境规制通过企业环境绩效影响企业长期经济绩效。

三 媒体关注情境下环境规制对企业经济绩效的影响分析

（一）媒体关注在环境规制与企业短期经济绩效中的调节作用

众多学者研究强调，环境与经济绩效之间的关系依赖于环境因素和外部或内部条件的变动。[①] 媒体对社会活动广泛的关注，有效弥补了企业治

---

① Christmann P., "Effects of Best Practices of Environmental Management on Cost Advantage: The Role of Complementary Assets", *Academy of Management Journal*, Vol. 43, No. 4, 2000, pp. 663 – 680; Wagner M. and S. Schaltegger, "How does Sustainability Performance Relate to Business Competitiveness?", *Greener Management International*, Vol. 44, 2003, pp. 5 – 16; Cainelli G., Mazzanti M. and R. Zoboli, "Environmental Performance, Manufacturing Sectors and Firm Growth: Structural Factors and Dynamic Relationships", *Environmental Economics and Policy Studies*, Vol. 15, No. 4, 2013, pp. 367 – 387; Antonioli D., Borghesi S. and M. Mazzanti, "Are Regional Systems Greening the Economy? The Role of Environemntal Innovations and Agglomeration Forces", FEEM Working Paper, No. 42, 2014; Amores-Salvadó J., Martin-de-Castro G. and E. Navas-López, "The Importance of the Complementarity between Environmental Management Systems and Environmental Innovation Capabilities: A Firm Level Approach to Environmental and Business Pperformance Benefits", *Technological Forecasting and Social Change*, Vol. 96, No. 7, 2015, pp. 288 – 297; Dyck A., Volchkova N. and L. Zingales, "The Corporate Governance Tole of the Media: Evidence from Tussia", *Journal of Finance*, Vol. 63, No. 3, 2008, pp. 1093 – 1135.

理中法律制度监管的不足,成为外部监管的中坚力量。① 同时,互联网技术的发展,舆论信息借以媒体手段,传递速度不断加快,致使企业不得不时刻关注媒体报道下企业行为的舆论导向。因此,在环境制度规范下,企业承受制度压力的同时,还需要承受媒体赋予的监管压力,双重管制的叠加,企业必将加大环境治理力度,不断增加环境治理支出,以满足外部监管对企业环境责任履行的社会期待。企业环境意识的不断提升,上至内部管理制度,下至基本的生产经营,均需要贯彻执行环境治理的积极思想,治理成本的增加必不可免,导致企业短期财务绩效下降。此外,媒体对企业社会责任信息的关注,使企业更为注重环境信息的披露,以主动积极的态度向外界传递环境治理信号,以获取合法、合规的市场地位。但现阶段我国环境信息披露标准不规范,信息的收集和披露成本高昂,且质量越高的信息披露则成本支出越大,极易导致行为的收益小于成本,降低企业利润所得。②

命令型环境规制下,违规的惩戒性支出将会降低企业短期利润产出,而媒体关注下,则会将企业在公众面前的负面形象扩大化。一方面,企业为挽回形象必将加大环境治理成本,而造成企业利润的减少;另一方面,企业形象的损坏,极易影响到产品的竞争力,销售受阻,导致企业短期经济绩效下降。企业在面临市场型和公众参与型环境规制手段时,媒体对企业关注度的增加,迫使企业出于形象维护的考量,需要不断加大环境治理支出,以更为细化的方式履行社会责任,短期内成本费用损耗激增,绩效下滑。

基于上述分析,本书提出如下假设。

H18a:媒体关注负向调节命令型环境规制对企业短期经济绩效

---

① Dyck A., Volchkova N. and L. Zingales, "The Corporate Governance Tole of the Media: Evidence from Tussia", *Journal of Finance*, Vol. 63, No. 3, 2008, pp. 1093 – 1135.

② Mittal R. K., Sinha N. and A. Singh, "An Analysis of Linkage between Economic Value Added and Corporate Social Responsibility", *Management Decision*, Vol. 46, No. 9, 2008, pp. 1437 – 1443;杨晓丽:《企业社会责任信息披露质量与企业价值关系研究综述》,《商》2014 年第 5 期。

作用；

　　H18b：媒体关注负向调节市场型环境规制对企业短期经济绩效作用；

　　H18c：媒体关注负向调节公众参与型环境规制对企业短期经济绩效作用。

（二）媒体关注在环境规制与企业长期经济绩效中的调节作用

　　新媒体的迅速崛起，使得企业信息传递到公众面前的时间大大缩短，且新媒体方式的多样性也使得公众对媒体信息获取信息的便捷程度增加，企业内部治理情况的好坏，通过媒体的报道，公众快速形成价值定位。因此，媒体关注引导舆论导向，社会契约压力敦促企业更主动地承担社会责任。[①] 此外，借以媒体的报道，企业以积极的责任表现予以回应，以求树立正面的声誉形象，尤其针对社会责任敏感性行业（采矿业、乳制品加工业等）来说，此种情况更为凸显。[②] 而社会责任的有效履行有利于企业道德资本的获取，其正向影响企业的市场价值。主要通过以下两条路径发挥作用：其一，道德资本的提升将为企业带来"虹吸效应"，因为道德资本与企业的知名度紧密相连，声誉的扩散为企业集聚人力、资金等资本，同时降低了宣传等运营成本，积累资源，提升效率和竞争实力；其二，道德资本有助于企业抵消部分资本市场上的异质性风险，主要表现为企业在面临市场波动和自身的负面问题时，借以社会责任履行的正面形象，获取外部利益相关者的信任，以降低证券资本市场上企业股票的大幅波动，也保证企业市场价值不受损害。

　　媒体密切关注环境治理问题，企业为防止命令型环境规制下违法、违规的负面形象，更为积极主动地承担环境责任，获取了道德资本的增加。市场型环境规制下，企业在面对环境治理问题时，自主选择性更强，证明

---

① 王建明：《环境信息披露、行业差异和外部制度压力相关性研究——来自中国沪市上市公司环境信息披露的经验证据》，《会计研究》2008年第6期。
② 吴德军：《公司治理、媒体关注与企业社会责任》，《中南财经政法大学学报》2016年第5期。

了良好的内部治理能力，借以媒体的报道宣传，在公众面前树立的积极正面的形象，有利于价值的提升。此外，公众参与型环境规制手段下，企业通过积极的环境治理行为，借以媒体扩散机制，表明了企业对社会意见的重视，并能予以及时反馈，提升了道德资本额度，保证了企业市场价值的持续增长。

基于上述分析，本书提出如下假设。

H19a：媒体关注正向调节命令型环境规制对企业长期经济绩效作用；

H19b：媒体关注正向调节市场型环境规制对企业长期经济绩效作用；

H19c：媒体关注正向调节公众参与型环境规制对企业长期经济绩效作用。

四 企业寻租情境下环境规制对企业经济绩效的影响分析

社会责任的履行逐渐被重视，但随着社会责任运动的蓬勃发展，其异化现象也日趋严重，寻租行为不断涌现，已经延伸至环境治理领域。但异化的寻租行为的实施主体——企业，最终是否为其带来了绩效增长呢？此问题值得进行深入的分析与探讨。

（一）企业寻租在环境规制与企业短期经济绩效中的调节作用

环境规制压力下，企业与各方主体一致响应环境社会责任的共担性，尤其对于污染的主要源头企业，更以"谁污染，谁治理"口号响应号召，肩负环境保护的重任，推动了环境责任履行的良性发展。但环境规范制度逐步深化，更多的主体参与其中，但部分利益主体充分"发挥"了手中公权力或公信力，通过"隐蔽"性手段为自身谋取利益，出现了社会责任繁荣背后的"阴影"。[①] 在规范制度下，企业的寻租行为将为自身谋取更多政府补贴、税收优惠，抑或减少违规制度成本。规制的寻租对企业财务绩效

---

① 肖红军、张哲：《企业社会责任寻租行为研究》，《经济管理》2016年第2期。

是"润滑剂"还是"绊脚石"呢？因财务绩效更强调业绩形式的短期效果，而政府官员在位任期时间有限，因而政治寻租也可能受到时间价值影响，所以，企业寻求规制俘获，在短期内通过政府手段引导资源配置流向，增加企业"意外"性收入，短期内可以提升企业的财务绩效水平。

命令型环境规制强度不断增强，企业除正常的内部治理支出外，日趋严格的治理手段，可能导致企业不得不承受高昂的违规成本，从自身价值利益出发，企业借以寻租方式，减少惩罚性支出，维护正面积极的企业形象和正常的生产运营，对企业财务绩效具有提升作用。在市场型环境规制下，通过寻租为自己争取到污染许可、税费减免或政府补贴，短期内以直接的资源集聚效应，增加企业的经济利益。对于公众参与型环境规制手段，企业受到更多的是公众的环境举报、负面舆论传播等，企业通过寻租的方式，以隐性手段将细微的环境问题消除，避免了事态扩大，造成更多的惩戒成本和舆论成本，避免了财务绩效的巨大损失。

基于上述分析，本书提出如下假设。

H20a：企业寻租正向调节命令型环境规制对企业短期经济绩效作用；

H20b：企业寻租正向调节市场型环境规制对企业短期经济绩效作用；

H20c：企业寻租正向调节公众参与型环境规制对企业短期经济绩效作用。

(二) 企业寻租在环境规制与企业长期经济绩效中的调节作用

企业的长期经济绩效更为强调企业的声誉价值和未来价值的增长空间。企业社会责任的认真履行，能够为企业树立良好的公众形象。此外，社会责任的履行是企业逐利行为与整体利益权衡兼顾的结果，说明了企业效率相较单一、逐利行为下更高，由此，企业社会责任履行情况与长期经济绩效间存在显著的正相关关系。而企业的寻租是通过非"正当"手段扭曲了资源的配置方向，可能造成配置偏差，严重影响企业的生产效率。另外,更倾向于采取寻租方式进行内部治理的企业,其内部治理风气不良,机会主义盛行,创新文化氛围缺失,对企业未来的价值增长严重不利。而且,寻租通常以"隐蔽"手段进行,通过费用化等支出的处理将其消化,这种不明朗性同时也为高管在职消费和道德风险等问题提供了土壤,内部腐败风气滋长,极易造成高管的决策选择不当、内部治理混乱等问题频发,最终损害企业的长期价值。① 最后,一旦企业采取寻租的手段应对环境治理的责任,此种思想将逐渐固化于企业文化,后续即使面临其他的规制问题,企业首先想到的也将是采取此种"捷径",未来行为败露,将严重损毁企业的声誉形象,投资者撤资,企业市场价值大幅度下跌。

命令型环境规制下,企业通过生产工艺的改进或污染治理的方式改善环境表现,却是通过"收买"政府官员以实现"表象"达标排放,责任的不履行,导致企业生产效率相对低下,且污染问题一直存在,"患疾"可能会日趋严重而侵蚀整个"身体",最终导致企业价值受损。市场型环境规制下,企业通过寻租的方式为自身置换资源,造成了资源配置的失调与偏差,造成企业效率竞争优势丧失,后续资源的持续获取能力下降,市场价值下降。公众参与型环境规制的寻租,是对企业文化的严重腐蚀,日后经营管理都寻求"捷径",企业家将不再具有开拓进取精神,造成企业竞争力下降。

基于上述分析,本书提出如下假设。

> H21a:企业寻租负向调节命令型环境规制对企业长期经济绩效作用;
>
> H21b:企业寻租负向调节市场型环境规制对企业长期经济绩效作用;
>
> H21c:企业寻租负向调节公众参与型环境规制对企业长期经济绩效作用。

---

① 董淑兰、刘浩:《企业社会责任、寻租环境与企业效率关系研究——基于寻租环境调节效应视角》,《华侨大学学报》(哲学社会科学版)2017年第4期。

第四章 环境规制对企业绿色创新的实证分析

第一节 研究设计

一 样本选择与数据来源

鉴于上市公司公开披露环境报告或公司年报中披露环境或可持续发展信息的时间点为 2008 年,说明政府开始重视企业污染治理行为,企业自身也逐步正视环境监管。因此,本书选取 2008—2017 年我国 A 股污染行业的上市公司为研究样本,验证环境规制对企业绿色创新的作用影响。其中,污染行业的分类标准主要借鉴王锋正和陈方圆[①]以及于克信等[②]的做法,依据 2012 年修订的《上市公司行业分类指引》,包含其 19 个行业大类下的 B 采矿业、C 制造业及 D 电力、热力、燃气及水生产和供应业中的 16 小类,依次为 B 06 煤炭开采和洗选业,B 08 黑色金属矿采选业,B 09 有色金属矿采选业,C 13 农副食品加工业,C 17 纺织业,C 19 皮革、毛皮、羽毛及其制品业,C 22 造纸业和纸制品业,C 25 石油加工、炼焦和核燃料加工业,C 26 化学原料和化学制品制造业,C 27 医药制造业,C 28 化学纤维制造业,C 30 非金属矿物制品业,C 31 黑色金属冶炼和压延加工业,C 32 有色金属冶炼和压延加工业,C 33 金属制品业及 D 44 电力、热力生产和

---

① 王锋正、陈方圆:《董事会治理、环境规制与绿色技术创新——基于我国重污染行业上市公司的实证检验》,《科学学研究》2018 年第 2 期。

② 于克信、胡勇强、宋哲:《环境规制、政府支持与绿色技术创新——基于资源型企业的实证研究》,《云南财经大学学报》2019 年第 4 期。

供应业。通过行业筛选,并剔除 ST 和 ST* 上市公司,共计得到 285 家数据,样本量共计 1854 个,而所选样本具体的行业分布特征见表 4-1。

表 4-1　　　　　　　　　　研究样本统计情况

行业	行业代码	公司个数(家)	观察值(个)	占比(%)
煤炭开采和洗选业	B 06	12	86	4.64
黑色金属矿采选业	B 08	4	25	1.35
有色金属矿采选业	B 09	13	81	4.37
农副食品加工业	C 13	13	85	4.58
纺织业	C 17	12	69	3.72
皮革、毛皮、羽毛及制品业	C 19	2	16	0.86
造纸业和纸制品业	C 22	12	62	3.34
石油加工、炼焦和核燃料加工业	C 25	5	43	2.32
化学原料和化学制品制造业	C 26	49	290	15.64
医药制造业	C 27	48	294	15.86
化学纤维制造业	C 28	5	39	2.10
非金属矿物制造业	C 30	22	142	7.66
黑色金属冶炼和压延加工业	C 31	16	116	6.26
有色金属冶炼和压延加工业	C 32	31	212	11.43
金属制品业	C 33	10	68	3.67
电力、热力生产和供应业	D 44	31	226	12.19
共计	—	285	1854	100.00

资料来源:笔者根据 Excel 软件整理获得。

本章的数据来源主要为以下五个部分:第一,绿色专利数据主要来源于国家知识产权局,通过手工检索按照上述整理方式得到的污染上市公司股票代码及公司名称,根据绿色专利的 IPC 分类号,整理得到各家上市公司各年的绿色专利数据;第二,环境规制中的命令型环境规制、市场型环境规制及公众参与型环境规制变量数据主要来源于 2009—2018 年《中国环境年鉴》和《中国环境统计年鉴》;第三,媒体关注数据来源于百度新闻网,鉴于百度新闻网中的新闻源来源于 500 多个权威热点网站,且其搜索方式更为智能化，本书通过其高级搜索功能，设置"包含以下任意一个关键词"的方式，关键词包含上市公司的股票代码、公司简称和公司全称三种，时间设置为一年，然后检索得到上市公司每年的媒体新闻报道总数；第四，上市公司的市场环境指数数据来源于王小鲁等的《中国分省份市场化指数报告（2016）》；第五，其他上市公司的财务信息数据均通过CSMAR数据库计算整理获得。对于市场化指数数据的披露仅有2008年、2010年、2012年、2014年和2016年数据，对中间年份数据通过上下两年取平均数的方式加以填充，鉴于市场化程度平稳变动的特性，各省份2017年的市场化指数数据取自2016年数据。文章中个别缺失数据则通过上下两年的数据取均值的方式进行手工填补。

二 变量选取及定义

（一）被解释变量

绿色创新（Green Innovation）。现有研究中对企业绿色创新的衡量方式众多，主要的量化方式为行业或省域视角加以测度[①]，从企业视角测度的研究则仍以一般的科技创新投入、产出指标加以量化，但很难体现其绿色的环境特性。本书借鉴Andrea等和任胜钢等的测度方式，以绿色创新专利加以衡量。[②] 此外，出于对稳健性的考虑，本书选取了绿色发明专利申请量（gipap）、绿色发明专利授权量（gipau）、绿色实用新型专利申请量（gupap）和绿色实用新型专利授权量（gupau）四项绿色专利数据加以量化验证分析。

（二）解释变量

鉴于针对企业样本的环境规制数据很难获取，现有的仅为IPE（公众环境研究中心）网站，可以通过手工检索收集到上市公司环境污染处理数

[①] 李婉红、毕克新、孙冰：《环境规制强度对污染密集行业绿色技术创新的影响研究——基于2003—2010年面板数据的实证检验》，《研究与发展管理》2013年第6期。

[②] Andrea F., Giulio G. and Valentina M., "Green Patents, Regulatory Policies and Research Network Policies", Research Policy, Vol.47, No.6, 2018, pp.1018–1031；任胜钢、项秋莲、何朵军：《自愿型环境规制会促进企业绿色创新吗？——以ISO 14001标准为例》，《研究与发展管理》2018年第6期。

据，但其披露数据量有限，主要为违规的不良记录情况，不能充分体现出环境规制形式的异质性。因此，通过对现有文献梳理，学者对以下三种环境规制形式达成共识，分别为命令型环境规制、市场型环境规制和公众参与型环境规制，但为企业对应所在地的省份数据形式表现。

命令型环境规制（cer）。现有研究中对命令型环境规制的量化方法为，各地区颁布的环境行政法律法规数量①、基于"三同时"制度的环保投资额，抑或是各地区的行政处罚案件数量等。② 本书考虑到命令型环境规制的惩戒特性，采用王云的处理方式，选择用地区行政处罚案件数加以量化。③

市场型环境规制（mer）。现有研究中对市场型环境规制的量化指标选取方法相对统一，以排污费收缴额和环境污染治理投资额两种量化方法为主导④，本书考虑数据的可获得性和代表性，采用地区环境污染治理投资总额与地区生产总值之比为指标衡量市场型环境规制强度。

公众参与型环境规制（ver）。学术界对公众参与型环境规制也称为自愿型或自主型环境规制，因公众参与环境治理形式的多样性，该指标的量化方式存在较大差异，主要呈现形式为地区环境污染上访人数⑤、地区环保部门各种渠道的投诉数⑥、地区生态类环境非政府人员总数⑦、人大及政

---

① 王书斌、徐盈之：《环境规制与雾霾脱钩效应——基于企业投资偏好的视角》，《中国工业经济》2015年第4期。
② 李树、翁卫国：《中国地方环境管制与全要素生产率增长——基于地方立法和行政规章实际效率的实证分析》，《财经研究》2014年第2期；王云等：《媒体关注、环境规制与企业环保投资》，《南开管理评论》2017年第6期；蔡乌赶、周小亮：《中国环境规制对绿色全要素生产率的双重效应》，《经济学家》2017年第9期。
③ 王云等：《媒体关注、环境规制与企业环保投资》，《南开管理评论》2017年第6期；蔡乌赶、周小亮：《中国环境规制对绿色全要素生产率的双重效应》，《经济学家》2017年第9期。
④ 蔡乌赶、周小亮：《中国环境规制对绿色全要素生产率的双重效应》，《经济学家》2017年第9期；薄文广、徐玮、王军锋：《地方政府竞争与环境规制异质性：逐底竞争还是逐顶竞争？》，《中国软科学》2018年第11期；孙玉阳、宋有涛、杨春荻：《环境规制对经济增长质量的影响：促进还是抑制？——基于全要素生产率视角》，《当代经济管理》2019年第10期。
⑤ 黄清煌、高明：《环境规制的节能减排效应研究——基于面板分位数的经验分析》，《科学学与科学技术管理》2017年第1期。
⑥ 马勇等：《公众参与型环境规制的时空格局及驱动因子研究——以长江经济带为例》，《地理科学》2018年第11期。
⑦ 肖汉雄：《不同公众参与模式对环境规制强度的影响——基于空间杜宾模型的实证研究》，《财经论丛》2019年第1期。

协提案数量①及环境管理系统 ISO 14001 标准审核认证情况。② 本书从数据的连续性、披露时期的存续性及指标的代表性角度出发，最终借鉴了肖汉雄的处理方式③，选取了地区承办的人大建议数与地区人口总数之比为指标衡量公众参与型环境规制强度。

（三）调节变量

媒体关注（lnnetm）。现有研究中对媒体关注的度量有两种主要方式：其一为报纸期刊等对企业年报道次数的纸质媒体关注度计量方式；④ 其二为百度新闻源下上市公司年报道次数的网络媒体关注度计量方式。⑤ 因现阶段网络信息高速传播，而纸质媒体关注度逐渐下降，本书借鉴尹美群等的做法⑥，采用网络媒体关注度的衡量方式测度媒体对上市公司的关注程度，具体指标为百度新闻网上当年上市公司新闻报道总量。

企业寻租（lnbuse）。现有研究对于企业寻租的度量方式主要基于以下两种形式：其一，以职务寻租方式度量，企业利用管理层或董事兼职的政治职务关系的便利性，因此采用上市公司高管中是否曾任职政府官员；⑦

---

① 王红梅：《中国环境规制政策工具的比较与选择——基于贝叶斯模型平均（BMA）方法的实证研究》，《中国人口·资源与环境》2016 年第 9 期。

② 任胜钢、项秋莲、何朵军：《自愿型环境规制会促进企业绿色创新吗？——以 ISO 14001 标准为例》，《研究与发展管理》2018 年第 6 期。

③ 肖汉雄：《不同公众参与模式对环境规制强度的影响——基于空间杜宾模型的实证研究》，《财经论丛》2019 年第 1 期。

④ 梁上坤：《媒体关注、信息环境与公司费用粘性》，《中国工业经济》2017 年第 2 期；李大元等：《舆论压力能促进企业绿色创新吗?》，《研究与发展管理》2018 年第 6 期；唐亮等：《非正式制度压力下的企业社会责任抉择研究——来自中国上市公司的经验证据》，《中国软科学》2018 年第 12 期；吴芃、卢珊、杨楠：《财务舞弊视角下媒体关注的公司治理角色研究》，《中央财经大学学报》2019 年第 3 期。

⑤ 刘向强、李沁洋、孙健：《互联网媒体关注度与股票收益：认知效应还是过度关注》，《中央财经大学学报》2017 年第 7 期；韩少真等：《网络媒体关注、外部环境与非效率投资——基于信息效应与监督效应的分析》，《中国经济问题》2018 年第 1 期；尹美群、李文博：《网络媒体关注、审计质量与风险抑制——基于深圳主板 A 股上市公司的经验数据》，《审计与经济研究》2018 年第 4 期。

⑥ 尹美群、李文博：《网络媒体关注、审计质量与风险抑制——基于深圳主板 A 股上市公司的经验数据》，《审计与经济研究》2018 年第 4 期。

⑦ 申宇、傅立立、赵静梅：《市委书记更替对企业寻租影响的实证研究》，《中国工业经济》2015 年第 9 期；李四海、江新峰、张敦力：《组织权力配置对企业业绩和高管薪酬的影响》，《经济管理》2015 年第 7 期。

其二，以费用寻租方式度量，企业通过过度的业务费或业务招待费的形式寻租。① 本书参照张璇等的做法②，采用上市公司管理费用下的业务费或业务招待费用的对数来衡量企业寻租的情况。

现有对高管治理激励的方式主要为薪酬激励和股权激励两种方式。

高管股权激励（mshare）。参照尹美群等的做法③，采用管理层持股总数与上市公司流通在外股总数之比作为指标，衡量高管股权激励程度。为了验证高管股权激励高低程度的差异，通过计算得到样本企业高管持股比例中位数，当上市公司高管持股比例高于中位数时，赋值为1，称为高股权激励；当上市公司高管持股比例低于中位数时，赋值为0，称为低股权激励。

高管薪酬激励（lnpay 3）。参照卢馨等的做法④，采用上市公司董事、监事及高管前三名薪酬总额加一取自然对数的形式衡量高管薪酬激励程度。同上，为验证高管薪酬差异影响，计算得到样本企业高管薪酬激励中位数指标，当上市公司薪酬激励大于中位数时，赋值为1，称为高薪酬激励；当上市公司薪酬激励低于中位数时，赋值为0，称为低薪酬激励。

（四）控制变量

通过借鉴以往的研究发现，公司所在地的营商环境、资本结构、发展能力、盈利能力等均会对企业绿色创新能力产生影响。因此，借鉴以往的研究，本书选择以下控制变量以控制环境规制对企业绿色创新的作用。一是营商环境（miib），借鉴陈璇和钱维的做法⑤，选取上市公司注册地当年

---

① Hongbin C., Hanming F. and X. Lixin, "Eat, Drink, Firms, Government an Investigation of Corruption from the Entertainment and Travel Costs of Chinese Firms", *Journal of Law and Economics*, Vol. 54, No. 1, 2011, pp. 55-78；黄玖立、李坤望：《吃喝、腐败与企业订单》，《经济研究》2013年第6期。

② 张璇、王鑫、刘碧：《吃喝费用、融资约束与企业出口行为——世行中国企业调查数据的证据》，《金融研究》2017年第5期。

③ 尹美群、盛磊、李文博：《高管激励、创新投入与公司绩效——基于内生性视角的分行业实证研究》，《南开管理评论》2018年第1期。

④ 卢馨等：《高管团队背景特征与投资效率——基于高管激励的调节效应研究》，《审计与经济研究》2017年第2期。

⑤ 陈璇、钱维：《新〈环保法〉对企业环境信息披露质量的影响分析》，《中国人口·资源与环境》2018年第12期。

维护市场法治指数指标加以量化;二是资本结构(lev),借鉴陈璇和钱维的做法①,采用上市公司资产负债率作为指标衡量;三是两职合一(dual),借鉴于连超等做法②,通过收集上市公司董事长和总经理兼任情况,若兼任则赋值为1,否则赋值为0;四是发展能力(car),借鉴于克信等的做法③,选用上市公司资本积累率的方式量化;五是独董比例(indr),借鉴任胜钢等做法④,采用上市公司独立董事人数与董事会总人数之比作为指标的方式衡量;六是经营风险(il),借鉴徐莉萍等做法⑤,采用上市公司综合杠杆指数作为指标加以量化;七是人力资本密集度(lnwnumber),借鉴苏昕和周升师的做法⑥,采用上市公司当年员工人数总数加一取自然对数的方式量化;八是固定资产密集度(far),借鉴张娟等做法⑦,将上市公司固定资产与收入之比作为指标的方式量化;九是股权集中度(ec),借鉴王旭和杨有德的做法⑧,选取前三大股东持股比例作为指标的方式衡量;十是现金流(ocfr),借鉴张海玲的做法⑨,计算公司经营活动现金流与现金流总额之比为指标量化衡量。此外,本书考虑到企业间的行业异质性及经济周期等变动对企业绿色创新的影响,还借鉴于连超等的做法⑩,

---

① 陈璇、钱维:《新〈环保法〉对企业环境信息披露质量的影响分析》,《中国人口·资源与环境》2018年第12期。
② 于连超、张卫国、毕茜:《盈余信息质量影响企业创新吗?》,《现代财经》(天津财经大学学报)2018年第12期。
③ 于克信、胡勇强、宋哲:《环境规制、政府支持与绿色技术创新——基于资源型企业的实证研究》,《云南财经大学学报》2019年第4期。
④ 任胜钢、项秋莲、何朵军:《自愿型环境规制会促进企业绿色创新吗?——以ISO 14001标准为例》,《研究与发展管理》2018年第6期。
⑤ 徐莉萍等:《企业高层环境基调、媒体关注与环境绩效》,《华东经济管理》2018年第12期。
⑥ 苏昕、周升师:《双重环境规制、政府补助对企业创新产出的影响及调节》,《中国人口·资源与环境》2019年第3期。
⑦ 张娟等:《环境规制对绿色技术创新的影响研究》,《中国人口·资源与环境》2019年第1期。
⑧ 王旭、杨有德:《企业绿色技术创新的动态演进:资源捕获还是价值创造》,《财经科学》2018年第12期。
⑨ 张海玲:《技术距离、环境规制与企业创新》,《中南财经政法大学学报》2019年第2期。
⑩ 于连超、张卫国、毕茜:《环境税对企业绿色转型的倒逼效应研究》,《中国人口·资源与环境》2019年第7期。

通过构建行业和年份虚拟变量以控制行业和时间差异对回归结果的影响。

本章选用的相关变量及定义方式如表4-2所示。

表4-2　　　　　　　　　　变量定义及说明

变量类型	变量名称	变量代码	变量说明	文献依据
被解释变量	绿色创新	gipap	绿色发明专利申请量	王班班和齐绍洲[1]
		gipau	绿色发明专利授权量	Andrea 等和任胜钢等[2]
		gupap	绿色实用专利申请量	王班班和齐绍洲[3]
		gupau	绿色实用专利授权量	Andrea 等和任胜钢等[4]
解释变量	命令型环境规制	cer	上市公司注册地当年环境行政处罚案件数	蔡乌赶和周小亮[5]
	市场型环境规制	mer	上市公司注册地当年环境污染治理投资总额与地区生产总值比	薄文广等[6]

---

[1] 王班班、齐绍洲：《市场型和命令型政策工具的节能减排技术创新效应——基于中国工业行业专利数据的实证》，《中国工业经济》2016年第6期。

[2] Andrea F., Giulio G. and Valentina M., "Green Patents, Regulatory Policies and Research Network Policies", *Research Policy*, Vol. 47, No. 6, 2018, pp. 1018-1031；任胜钢、项秋莲、何朵军：《自愿型环境规制会促进企业绿色创新吗？——以 ISO 14001 标准为例》，《研究与发展管理》2018年第6期。

[3] 王班班、齐绍洲：《市场型和命令型政策工具的节能减排技术创新效应——基于中国工业行业专利数据的实证》，《中国工业经济》2016年第6期。

[4] Andrea F., Giulio G. and Valentina M., "Green Patents, Regulatory Policies and Research Network Policies", *Research Policy*, Vol. 47, No. 6, 2018, pp. 1018-1031；任胜钢、项秋莲、何朵军：《自愿型环境规制会促进企业绿色创新吗？——以 ISO 14001 标准为例》，《研究与发展管理》2018年第6期。

[5] 蔡乌赶、周小亮：《中国环境规制对绿色全要素生产率的双重效应》，《经济学家》2017年第9期。

[6] 薄文广、徐玮、王军锋：《地方政府竞争与环境规制异质性：逐底竞争还是逐顶竞争？》，《中国软科学》2018年第11期。

续表

变量类型	变量名称	变量代码	变量说明	文献依据
解释变量	公众参与环境规制	*ver*	上市公司注册地当年承办的人大建议数	肖汉雄①
调节变量	媒体关注	*lnnetm*	上市公司当年百度新闻中报道量总合	尹美群和李文博②
调节变量	企业寻租	*lnbuse*	管理费用中业务招待费+1取自然对数	张璇等③
调节变量	高管股权激励	*mshare*	管理层持股总数与上市公司流动股总股数之比	尹美群等④
调节变量	高管薪酬激励	*lnpay*3	董事、监事及高管前三名薪酬总额+1取自然对数	卢馨等⑤
控制变量	市场化指数	*miib*	上市公司注册地维护市场法治指数	陈璇和钱维⑥
控制变量	资本结构	*lev*	上市公司资产负债率	陈璇和钱维⑦
控制变量	两职合一	*dual*	上市公司董事长与总经理若兼任时，赋值为1；否则赋值为0	于连超等⑧
控制变量	发展能力	*car*	上市公司资本积累率	于克信等⑨

---

① 肖汉雄：《不同公众参与模式对环境规制强度的影响——基于空间杜宾模型的实证研究》，《财经论丛》2019年第1期。

② 尹美群、李文博：《网络媒体关注、审计质量与风险抑制——基于深圳主板A股上市公司的经验数据》，《审计与经济研究》2018年第4期。

③ 张璇、王鑫、刘碧：《吃喝费用、融资约束与企业出口行为——世行中国企业调查数据的证据》，《金融研究》2017年第5期。

④ 尹美群、盛磊、李文博：《高管激励、创新投入与公司绩效——基于内生性视角的分行业实证研究》，《南开管理评论》2018年第1期。

⑤ 卢馨等：《高管团队背景特征与投资效率——基于高管激励的调节效应研究》，《审计与经济研究》2017年第2期。

⑥ 陈璇、钱维：《新〈环保法〉对企业环境信息披露质量的影响分析》，《中国人口·资源与环境》2018年第12期。

⑦ 陈璇、钱维：《新〈环保法〉对企业环境信息披露质量的影响分析》，《中国人口·资源与环境》2018年第12期。

⑧ 于连超、张卫国、毕茜：《盈余信息质量影响企业创新吗？》，《现代财经》（天津财经大学学报）2018年第12期。

⑨ 于克信、胡勇强、宋哲：《环境规制、政府支持与绿色技术创新——基于资源型企业的实证研究》，《云南财经大学学报》2019年第4期。

续表

变量类型	变量名称	变量代码	变量说明	文献依据
控制变量	独董比例	indr	上市公司独立董事人数与董事会总人数之比	任胜钢等[1]
	经营风险	il	上市公司综合杠杆指数	徐莉萍等[2]
调节变量	人力资本密集度	hci	上市公司员工数+1取自然对数	苏昕和周升师[3]
	固定资产密集度	far	上市公司固定资产与收入比	张娟等[4]
	股权集中度	ec	前三大股东持股比例	王旭和杨有德[5]
	现金流	ocfr	经营活动净现金流与现金流总额比	张海玲[6]
	行业虚拟变量	Industry	按照《上市公司行业分类指引（2012年修订）》污染行业分类的16个子行业，设置16个行业虚拟变量	于连超等[7]
	年份虚拟变量	Year	和讯网披露年份2010—2017年，设置8个年份虚拟变量	于连超等[8]

资料来源：笔者整理获得。

---

[1] 任胜钢、项秋莲、何朵军：《自愿型环境规制会促进企业绿色创新吗？——以 ISO 14001 标准为例》，《研究与发展管理》2018 年第 6 期。

[2] 徐莉萍等：《企业高层环境基调、媒体关注与环境绩效》，《华东经济管理》2018 年第 12 期。

[3] 苏昕、周升师：《双重环境规制、政府补助对企业创新产出的影响及调节》，《中国人口·资源与环境》2019 年第 3 期。

[4] 张娟等：《环境规制对绿色技术创新的影响研究》，《中国人口·资源与环境》2019 年第 1 期。

[5] 王旭、杨有德：《企业绿色技术创新的动态演进：资源捕获还是价值创造》，《财经科学》2018 年第 12 期。

[6] 张海玲：《技术距离、环境规制与企业创新》，《中南财经政法大学学报》2019 年第 2 期。

[7] 于连超、张卫国、毕茜：《环境税对企业绿色转型的倒逼效应研究》，《中国人口·资源与环境》2019 年第 7 期。

[8] 于连超、张卫国、毕茜：《环境税对企业绿色转型的倒逼效应研究》，《中国人口·资源与环境》2019 年第 7 期。

三 模型构建

(一) 环境规制对企业绿色创新的直接效应模型

为检验环境规制形式异质性对企业绿色创新专利产出的影响,本书构建基本的最小二乘回归模型加以验证,具体的模型见公式(4-1)。

$$GI_{it} = \alpha_0 + \alpha_1 Er_{it} + \alpha_2 miib_{it} + \alpha_3 lev_{it} + \alpha_4 dual_{it} + \alpha_5 car_{it} + \alpha_6 indr_{it} + \alpha_7 il_{it} + \alpha_8 inwnumber_{it} + \alpha_9 far_{it} + \alpha_{10} ec_{it} + \alpha_{11} ocfr_{it} + \varepsilon_{it} \quad (4-1)$$

其中,GI_{it} 表示绿色创新,包含被解释变量中的绿色专利数量($gipap/gipau/gupap/gupau$);Er_{it} 表示环境规制,包含解释变量中的命令型环境规制(cer)、市场型环境规制(mer)和公众参与型环境规制(ver);其他变量为控制变量,α_0 表示回归的截距项,α_1—α_{11} 为解释变量和控制变量系数,ε_{it} 为随机扰动项。

(二) 环境规制对企业绿色创新的阈值效应模型

为检验环境规制对企业绿色创新的阈值效应,又因上市公司成立时间参差不齐,无法利用平衡面板数据下的门槛效应模型回归验证,因此,通过构造环境规制二次方项,将其加入基本回归模型的形式,检验环境规制与企业绿色创新的非线性结构关系,具体模型见公式(4-2)。

$$GI_{it} = \beta_0 + \beta_1 Er_{it}^2 + \beta_2 miib_{it} + \beta_3 lev_{it} + \beta_4 dual_{it} + \beta_5 car_{it} + \beta_6 indr_{it} + \beta_7 il_{it} + \beta_8 inwnumber_{it} + \beta_9 far_{it} + \beta_{10} ec_{it} + \beta_{11} ocfr_{it} + \sigma_{it} \quad (4-2)$$

其中,GI_{it} 表示绿色创新,包含被解释变量中的绿色专利数量($gipap/gipau/gupap/gupau$);Er_{it} 表示环境规制,包含解释变量中的命令型环境规制(cer)、市场型环境规制(mer)和公众参与型环境规制(ver);Er_{it}^2 为三种环境规制形式的二次方项;其他变量为控制变量,β_0 表示回归的截距项,β_1—β_{11} 为解释变量和控制变量系数,σ_{it} 为随机扰动项。若 $\beta_1 > 0$,表明环境规制与企业绿色创新呈现"U"形结构关系,存在环境规制对绿色创新影响的最劣值;若 $\beta_1 < 0$,表明环境规制与企业绿色创新呈倒"U"形结构关系,存在环境规制对企业绿色创新效应的最优值。

(三) 内外部影响因素对环境规制与企业绿色创新的调节效应模型

为检验企业内部影响因素的差异性对环境规制与企业绿色创新关系的

影响，本书通过构造影响因素与环境规制交乘项的形式加以验证，具体的回归模型见公式（4-3）。

$$GI_{it} = \gamma_0 + \gamma_1 Er_{it} + \gamma_2 Govern_{it} + \gamma_3 Er \times Govern_{it} + \gamma_4 miib_{it} + \gamma_5 lev_{it} +$$
$$\gamma_6 dual_{it} + \gamma_7 car_{it} + \gamma_8 indr_{it} + \gamma_9 il_{it} + \gamma_{10} inwnumber_{it} +$$
$$\gamma_{11} far_{it} + \gamma_{12} ec_{it} + \gamma_{13} ocfr_{it} + \mu_{it} \tag{4-3}$$

其中，GI_{it}表示绿色创新，包含被解释变量中的绿色专利数量（gipap/gipau/gupap/gupau）；Er_{it}表示环境规制，包含解释变量中的命令型环境规制（cer）、市场型环境规制（mer）和公众参与型环境规制（ver）；$Govern_{it}$为内外部不同的影响因素，包含外部媒体关注（lnnetm）、企业内部寻租（lnbuse）、企业内部高管股权激励（mshare）及高管薪酬激励（lnpay 3）；$Er \times Govern_{it}$为各种环境规制形式与不同内外部影响因素的交乘项；其他变量为控制变量，γ_0表示回归的截距项，γ_1—γ_{13}为解释变量和控制变量系数，μ_{it}为随机扰动项。

第二节 实证过程及结果分析

一 描述性统计分析

表4-3展示了污染企业绿色创新、所受环境规制情况和其他变量的描述性统计特征，其中，污染行业上市公司共计285家，样本数共计1854个。企业绿色创新下的绿色发明专利申请量（gipap）、绿色发明专利授权量（gipau）、绿色实用专利申请量（gupau）和绿色实用专利授权量（gupau）的均值分别为0.87、0.34、0.95和0.85，最小值均为0.00，最大值分别为47.00、23.00、78.00和77.00，上四分位数、中位数和下四分位数分别为0.00，说明污染企业间绿色创新水平差距很大，大部分企业并未有绿色创新产出，而少部分企业的创新主导意识较强。对于企业受到的环境规制监督情况，命令型环境规制均值为1.11，最小值为0.01，最大值为11.15，说明各地区对污染企业的惩罚力度存在显著差异，且也可能是由于污染企业相对集中于某一个区域，导致更强的环境污染。市场型环境规制与公众参与型环境规制均值均为0.07，且两种规制工具的标准差很小，说

明各污染行业需要遵从的市场型规制工具差别较小，但公众参与型环境规制的最大值为1.79，表明了部分区域公众的环保意识更高，对环境治理参与的积极性更高。最终通过三种环境规制数值间的横向比较可以看出，我国环境规制的主要形式仍然以命令型的环境惩罚制度为主，市场引导和公众积极参与的环境规制存在显著不足，有待进一步提升。

表4-3　　　　　　　　　　变量描述性统计分析

变量	样本量	均值	标准差	最小值	p 25	中位数	p 75	最大值
gipap	1854	0.87	3.13	0.00	0.00	0.00	0.00	47.00
gipau	1854	0.34	1.40	0.00	0.00	0.00	0.00	23.00
gupap	1854	0.95	4.55	0.00	0.00	0.00	0.00	78.00
gupau	1854	0.85	4.40	0.00	0.00	0.00	0.00	77.00
cer	1854	1.11	1.78	0.01	0.26	0.61	1.07	11.15
mer	1854	0.07	0.06	0.00	0.03	0.05	0.08	0.31
ver	1854	0.07	0.09	0.00	0.04	0.06	0.08	1.79
mshare	1854	4.77	13.28	0.00	0.00	0.00	0.13	89.72
lnpay 3	1854	14.45	0.87	0.00	13.98	14.43	14.83	17.87
lnbuse	1854	10.74	7.22	0.00	0.00	14.75	15.90	20.55
lnnetm	1854	3.07	1.19	0.00	2.40	3.09	3.85	12.11
miib	1854	5.95	2.32	-1.67	4.49	6.30	7.55	12.68
lev	1854	0.48	0.21	0.01	0.33	0.49	0.64	1.35
dual	1854	0.16	0.37	0.00	0.00	0.00	0.00	1.00
car	1854	0.11	4.08	-157.40	0.01	0.07	0.17	56.26
indr	1854	0.37	0.06	0.00	0.33	0.33	0.40	0.67
il	1854	6.61	152.10	-531.30	1.26	1.74	2.97	6270
hci	1854	8.49	1.26	3.37	7.60	8.45	9.40	11.82
far	1854	0.34	0.18	0.00	0.20	0.32	0.47	0.95
ec	1854	52.19	16.39	8.43	40.88	52.30	63.48	94.26
ocfr	1854	0.06	0.07	-0.32	0.02	0.06	0.10	0.47

资料来源：笔者根据Stata软件描述性统计分析结果整理获得。

在内外部治理因素方面，企业高管激励方式均值为 4.77，最小值为 0.00，最大值为 89.72，中位数为 0.00，标准差为 13.28，说明大部分企业还存在高管持股的形式，而采用股权激励方式的企业，基于高管的股权比重很大，很好地解决经营权代理权分立情况，高管从股东利益出发展开公司治理；对于高管薪酬激励方式，均值为 14.45，标准差为 0.87，说明各企业间薪酬激励差距很小；企业内部高管寻租和外部媒体关注的均值为 10.74 和 3.07，最小值均为 0.00，最大值为 20.55 和 12.11，说明寻租情况和媒体关注度在各企业间类似。而对于关键控制变量，各企业资本结构、发展能力、经营情况均差距不大，主要差异在企业经营杠杆和股权集中情况。

二 相关性分析

通过整理得到中国绿色专利 2008—2018 年的变化趋势如图 4-1 所示，中国各地区 2008—2017 年三种环境规制情况如图 4-2 所示，从两者的走势可以看出，环境规制与绿色创新间呈正相关关系。在展开进一步回归分析前，本书首先对变量间的相关性进行分析检验，具体结果见表 4-4，其中，表格中上三角为 Spearman 系数检验结果，下三角为 Pearson 系数检验结果。由表 4-4 可知，命令型环境规制与企业绿色专利之间在 1% 的水平下存在正相关关系，且与绿色实用性专利间的相关性更大；市场型环境规制与企业绿色专利同样存在显著的正相关性，且系数较命令型环境规制工具更大；公众参与型环境规制与企业绿色专利产出的作用不显著，说明命令型环境规制和市场型环境规制均显著促进企业绿色创新的增长，且市场型环境规制作用更强，而公众参与型环境规制未能激发企业绿色创新活力。此外，鉴于污染企业内外部治理方式的差异，可能显著影响环境规制下企业绿色创新产出，内部治理方式异质性下，高管股权激励方式与企业绿色发明专利申请量在 10% 的水平下存在负相关关系，相关系数为 -0.058，表明更高的股权激励使得高管更多地从股东角度出发，为规避绿色创新风险，采取消极行动；高管薪酬激励方式与企业绿色发明专利授权量间的相关系数为 0.059，在 10% 的水平下显著，表明更高的薪酬激励，从社会效益出发，改善企业治理效率；高管寻租与企业绿色创新产出呈现显著的负相关关系，说明企业通过寻租于外在满足环境规制标准，而放弃成本更大绿色创新性方式；在外部媒体治理方式下，媒体关注与企业绿色专利产出在1%的水平下存在正相关关系，且对各种类型的绿色专利产出效果均显著，说明媒体对污染企业的关注度越高，在声誉效应作用下，企业会加大

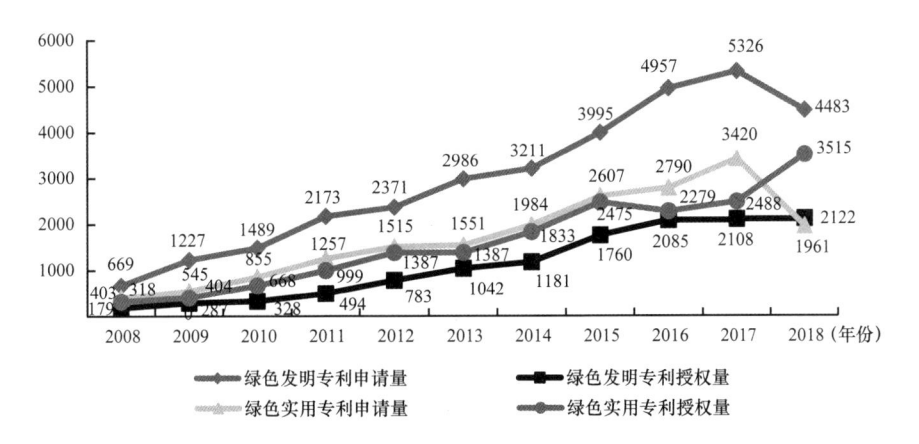

图4-1 2008—2018年中国A股上市公司绿色专利申请授权情况

资料来源：笔者根据国家知识产权局专利数据库自行整理获得。

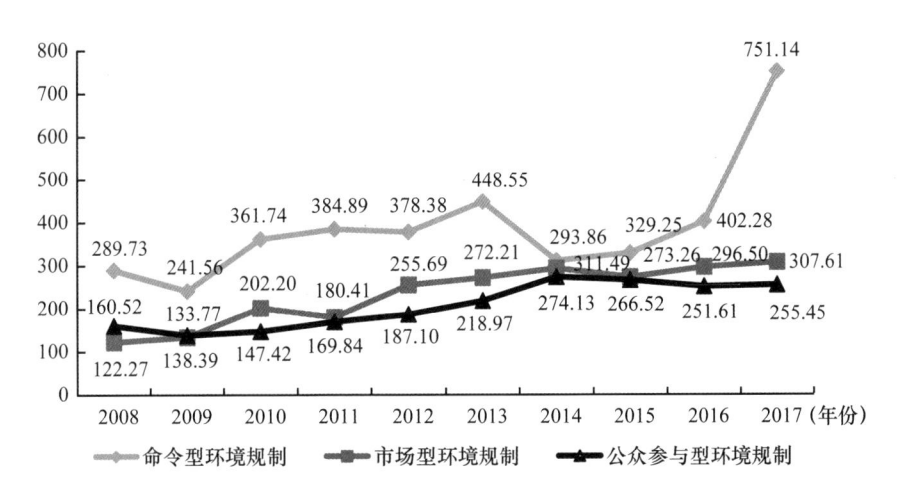

图4-2 2008—2017年中国各地区环境规制变化趋势

资料来源：笔者根据历年《中国环境年鉴》自行整理获得。

绿色创新的投入力度。在其他控制变量方面，企业所在地区的市场化程度指数与绿色发明专利申请量存在正相关关系，在10%的水平下为0.0587，说明地区维护市场法治的情况越好，能够为企业环境创新提供更好的知识产权保护力度，越能够刺激企业绿色创新活动；企业的资本结构与绿色专利产出的相关系数为0.0511，在10%水平下显著，人力资本密集度、固定资产密集度、股权集中度和现金流均与绿色创新在1%的水平下呈现正相关关系，相关系数分别为0.281、0.150、0.197和0.096，说明企业财务状况的优良可将更多的资金投入环境创新活动。其他变量间的关系系数较小，不存在多重共线性，初步设置合理。

表4-4 变量相关系数检验

变量	gipap	gipau	gupap	gupau	cer	mer	ver
gipap	1.00000	0.50400 ***	0.56700 ***	0.52400 ***	0.03200	0.049600 *	-0.01170
gipau	0.72400 ***	1.00000	0.43800 ***	0.43700 ***	0.03580	0.04210	-0.02470
gupap	0.82600 ***	0.69200 ***	1.00000	0.73600 ***	0.00862	0.02210	-0.11200 ***
gupau	0.78500 ***	0.68500 ***	0.94800 ***	1.00000	0.03840	0.03970	-0.08530 ***
cer	0.10200 ***	0.09400 ***	0.13700 ***	0.13800 ***	1.00000	0.60600 ***	0.24400 ***
mer	0.10600 ***	0.11000 ***	0.14800 ***	0.14300 ***	0.68000 ***	1.00000	0.36600 ***
ver	-0.03950	-0.03800	-0.02500	-0.01530	-0.02170	0.05830 *	1.00000
mshare	-0.05810 *	-0.04550	-0.03500	-0.02950	0.02520	-0.02000	0.04780 *
lnpay3	0.04570	0.05900 *	0.04000	0.03250	0.05030 *	0.04290	-0.06660 **
lnbuse	-0.09980 ***	-0.06140 *	-0.13800 ***	-0.13800 ***	-0.02840	-0.06110 *	0.06310 **
lnnetm	0.13900 ***	0.14000 ***	0.12100 ***	0.11000 ***	0.02560	-0.02360	-0.10000 ***
miib	0.05870 *	0.05720 *	0.02880	0.03190	0.26700 ***	0.2210 ***	-0.03140
lev	0.05110 *	0.03280	0.03600	0.03010	-0.04710	-0.03960	-0.05210 *
dual	-0.01490	-0.01680	-0.04860 *	-0.04280	-0.03390	-0.05420 *	-0.04670
car	-0.00183	-0.00120	-0.00180	-0.00237	0.00992	0.02840	0.02350
indr	0.01200	0.01000	-0.00092	0.00419	-0.07390 **	-0.03830	0.03640

续表

变量	*gipap*	*gipau*	*gupap*	*gupau*	*cer*	*mer*	*ver*
il	-0.00455	-0.00481	-0.00341	-0.00356	-0.00998	-0.01320	0.00181
hci	0.28100***	0.24800***	0.28800***	0.27400***	0.056400*	0.08140***	-0.08760***
far	0.15000***	0.08840***	0.15800***	0.14700***	-0.00941	0.00901	-0.00362
ec	0.19700***	0.15800***	0.22500***	0.22000***	0.12800***	0.14700***	-0.04030
ocfr	0.09630***	0.06410**	0.08890***	0.08840***	0.03000	0.01340	-0.00060

变量	*mshare*	*lnpay*3	*lnbuse*	*lnnetm*	*miib*	*lev*	*dual*
gipap	-0.04340	0.04020	0.08060***	0.16500***	0.04790*	0.15600***	-0.00885
gipau	-0.03650	0.04760*	0.06370**	0.11700***	0.03510	0.11700***	-0.03600
gupap	-0.04070	0.04430	0.07880***	0.16700***	-0.00522	0.17800***	-0.07130**
gupau	-0.04160	0.03330	0.05550*	0.17000***	-0.00371	0.18200***	-0.08300***
cer	0.09750***	0.14100***	-0.04290	0.05420*	0.40000***	-0.06700**	0.00154
mer	-0.06050*	0.02700	-0.02840	0.12500***	0.23700***	-0.00619	-0.04210
ver	0.02440	-0.15900***	0.01740	0.01310	0.03110	-0.00869	-0.05680*
mshare	1.00000	0.20400***	0.03350	0.00173	0.11100***	-0.24200***	0.18000***
*lnpay*3	-0.03370	1.00000	0.07700**	0.18500***	0.28100***	-0.09570***	0.06670**
lnbuse	0.02380	-0.04580	1.00000	0.07200**	-0.10600***	0.18800***	0.03640
lnnetm	0.00622	0.26700***	0.01330	0.2190***	0.29500***	-0.00169	0.11000***
miib	0.12100***	0.22100***	-0.12500***	0.07120**	1.00000	-0.13600***	0.09980***
lev	-0.32900***	-0.07300**	0.06330**	0.04820*	-0.13300***	1.00000	-0.14800***
dual	0.18800***	0.06220*	0.06000*	-0.01960	0.10200***	-0.15200***	1.00000
car	0.03380	-0.00554	0.04100	-0.03360	-0.00950	-0.01120	0.01280
indr	-0.03750	0.09080***	-0.06830**	0.08190***	0.00847	-0.03200	0.04050
il	0.00409	-0.01920	0.01720	-0.00864	-0.00703	-0.00223	-0.01310
hci	-0.28500***	0.21400***	-0.00382	0.26700***	-0.03660	0.39800***	-0.13000***
far	-0.16200***	-0.13600***	-0.13400***	-0.00995	-0.07930***	0.38800***	-0.17400***
ec	-0.09810***	0.02730	-0.07030***	0.14900***	0.04680	0.11000***	-0.09120***
ocfr	-0.01810	0.12400***	-0.08480***	0.07790**	0.07940**	-0.18400***	-0.03730

续表

变量	car	indr	il	hci	far	ec3	ocfr
gipap	−0.04390	0.01070	0.11600***	0.31200***	0.16800***	0.11800***	0.09260***
gipau	−0.08160***	0.00065	0.09000***	0.26000***	0.11000***	0.08360***	0.04090
gupap	−0.04650	−0.01430	0.10100***	0.38400***	0.17600***	0.18700***	0.05730*
gupau	−0.06490**	−0.01000	0.08590***	0.36800***	0.1840***	0.17400***	0.04470
cer	0.05200*	−0.06720**	−0.01580	−0.00356	−0.01720	0.10500***	0.08140***
mer	−0.02880	−0.03700	0.01950	0.06300**	0.05720*	0.13700***	0.03110
ver	−0.06940**	−0.01700	0.01760	−0.11400***	0.05480*	−0.05330*	0.04400
mshare	0.15200***	0.00658	−0.15200***	−0.16000***	−0.18000***	−0.34100***	0.03440
lnpay3	0.24500***	0.13300***	−0.15300***	0.27300***	−0.16500***	0.03380	0.20100***
lnbuse	0.07380**	−0.00783	0.01940	0.24500***	−0.11400***	0.01690	−0.07220**
lnnetm	0.12000***	0.09520***	−0.06600***	0.21800***	−0.10400***	0.06840**	0.09220***
miib	0.02600	0.00558	−0.06440**	−0.04370	−0.07180**	0.05840*	0.08420***
lev	−0.18600***	−0.02570	0.36400***	0.39600***	0.38700***	0.14300***	−0.16400***
dual	0.08470***	0.04580	−0.15600***	−0.13000***	−0.17700***	−0.09470**	−0.02140
car	1.00000	0.00206	−0.14800***	−0.02960	−0.19000***	0.00452	0.18900***
indr	0.01810	1.00000	−0.03430	0.05890*	−0.04770*	0.10200***	0.02230
il	−0.00107	0.00228	1.00000	0.13400***	0.39100***	−0.00248	−0.05950*
hci	−0.02750	0.02610	−0.01400	1.00000	0.18800***	0.34400***	0.06030*
far	−0.06910**	−0.03980	−0.00826	0.17500***	1.00000	0.09310**	0.23000***
ec	0.01890	0.08240***	−0.02640	0.34100***	0.07050**	1.00000	0.09830***
ocfr	0.02160	0.04000	−0.04260	0.06320**	0.22200***	0.08600***	1.00000

注：表格上三角为 Spearman 系数，下三角为 Pearson 系数；***、**、* 分别代表 1%、5% 和 10% 的水平下显著。

资料来源：笔者根据 Stata 相关性分析结果整理获得。

三 环境规制对企业绿色创新的直接效应

本部分采用公式（4-1）的最小二乘回归模型加以检验环境规制工具形式差异对企业绿色创新的影响。

(一)命令型环境规制对企业绿色创新影响

命令型环境规制对企业绿色创新的影响见表4-5,其中,第(1)、(3)、(5)、(7)列为未加入控制变量时,命令型环境规制对企业绿色发明专利申请量(gipap)、绿色发明专利授权量(gipau)、绿色实用专利申请量(gupap)和绿色实用专利授权量(gupau)回归结果,其回归系数为0.211、0.088、0.356和0.338,除绿色发明专利授权量在5%的水平下显著外,其余变量均在1%的水平下显著,说明命令型环境规制能够显著促进企业的绿色创新产出,且随着规制强度的增强,绿色创新产出呈增长趋势。第(2)、(4)、(6)、(8)列分别为加入公司特征、行业和年份控制变量下的命令型环境规制对企业绿色创新的回归结果,其中命令型环境规制对绿色发明专利申请量和授权量的回归系数分别在5%的水平下为0.149和0.064,对绿色实用专利申请量和授权量分别在1%的水平下分别为0.289和0.274,其系数结果和显著性与未加入相关控制变量下的结果类似。因此,本书的假设H1a得以验证,命令型环境规制能显著促进污染企业绿色创新产出的增长。但通过对命令型环境规制对企业不同类型绿色专利产出的系数比较发现,相较于绿色发明专利,命令型环境规制对企业绿色实用专利产出的促进效应更大,说明技术改进相较于发明创造更容易,规制政策下企业绿色创新是一个逐渐由易到难的过程。

表4-5 命令型环境规制对企业绿色创新的影响

变量	$gipap$		$gipau$		$gupap$		$gupau$	
	(1)	(2)	(3)	(4)	(5)	(6)	(7)	(8)
cer	0.211*** (3.03)	0.149** (2.36)	0.088** (2.50)	0.064** (1.97)	0.356*** (3.01)	0.289*** (2.68)	0.338*** (2.98)	0.274*** (2.66)
$miib$	—	0.071*** (2.99)	—	0.028** (2.29)	—	0.004 (0.13)	—	0.010 (0.37)
lev	—	-1.795*** (-4.10)	—	-0.654*** (-3.48)	—	-2.949*** (-4.41)	—	-2.599*** (-4.03)

续表

变量	gipap (1)	gipap (2)	gipau (3)	gipau (4)	gupap (5)	gupap (6)	gupau (7)	gupau (8)
$dual$	—	0.390 * (1.86)	—	0.089 (0.97)	—	0.268 (1.01)	—	0.289 (1.05)
car	—	0.018 *** (3.91)	—	0.005 *** (2.60)	—	0.022 *** (4.36)	—	0.017 *** (4.02)
$indr$	—	1.337 (1.06)	—	0.372 (0.60)	—	1.243 (0.76)	—	1.327 (0.86)
il	—	0.000 ** (2.39)	—	0.000 ** (1.96)	—	0.000 ** (2.55)	—	0.000 ** (2.19)
hci	—	0.474 *** (7.69)	—	0.191 *** (6.71)	—	0.638 *** (7.22)	—	0.560 *** (6.58)
far	—	2.394 *** (4.71)	—	0.648 *** (2.72)	—	3.706 *** (4.68)	—	3.448 *** (4.45)
ec	—	0.015 *** (3.19)	—	0.005 ** (2.19)	—	0.028 *** (3.91)	—	0.027 *** (3.78)
$ocfr$	—	1.666 ** (2.34)	—	0.427 (1.23)	—	0.738 (0.74)	—	0.779 (0.78)
$\_cons$	3.023 *** (3.06)	-3.773 *** (-4.54)	1.257 *** (2.73)	-1.239 *** (-3.24)	5.749 *** (3.54)	-2.969 ** (-2.53)	5.564 *** (3.42)	-2.440 ** (-2.14)
Industry	控制	控制	控制	控制	控制	控制	控制	控制
Year	控制	控制	控制	控制	控制	控制	控制	控制
R^2	0.109	0.171	0.093	0.132	0.135	0.192	0.13	0.181
F	6.660	5.010	5.610	4.180	4.610	3.850	4.250	3.760
N	1854	1854	1854	1854	1854	1854	1854	1854

注：***、**、*分别表示回归系数在1%、5%和10%的水平下显著，括号内为t值，标准误为聚类稳健标准误。

资料来源：笔者根据Stata软件OLS回归结果整理获得。

对于地区环境建设与公司基本特征对企业绿色创新产出的影响可以看

出，地区市场化指数（miib）与绿色创新的回归系数在1%的水平下为0.071，说明地区市场法治制度建设越完善，则表现为以下两方面：其一，导致命令型环境规制越严格，能够对污染企业的污染治理活动起到更强的威慑力，敦促企业通过开展创新的方式从污染治理源头上改善环境；其二，法治制度越完善对知识产权的保护力度越大，企业能够通过绿色创新的方式获取更大的外部性收益，提升了企业绿色创新动力。而公司资本结构与绿色创新回归系数为 –1.795，且在1%的水平下显著，说明公司负债水平较高时，再通过债务融资的形式为绿色创新融资比较困难，造成环境创新投入不足，从而影响绿色创新产出。企业的两职合一及股权程度与绿色创新产出存在正向促进关系，董事长和总经理的兼任和股权的集中有利于意见的统一，避免了根源治理下绿色创新意见的分歧。如果公司的资本积累、人力资本密度、固定资产密集度、经营杠杆和现金流情况良好均对绿色创新产生促进作用，即验证了公司基础资源丰富，为绿色创新提供沃土，促进了其萌芽与成长。

（二）市场型规制对企业绿色创新影响

表4-6报告了市场型环境规制对企业绿色创新不同专利产出形式的作用结果。其中，第（1）、（3）、（5）、（7）列展示了市场型环境规制对企业绿色发明专利申请量（gipap）、绿色发明专利授权量（gipau）、绿色实用专利申请量（gupap）及绿色实用专利授权量（gupau）在没有其他控制变量加入情况下的基准回归结果。市场型环境规制对四种绿色专利产出的回归系数分别为6.165、3.025、11.185和9.976，且均在1%的水平下显著，说明了市场型环境规制能显著促进绿色创新产出的增长。第（2）、（4）、（6）、（8）列展示了加入地域和企业特征等控制变量下的市场型环境规制对企业绿色创新专利产出不同形式的回归结果，其系数均在5%的水平下显著，分别为4.164、2.290、8.746和7.662，其系数大小和显著性稍有下降，但并未对整体效果产生影响，同样阐明了市场型环境规制促进企业绿色创新产出的整体结果，验证了本书的假设H1b。首先，将市场型环境规制对不同绿色专利产出系数进行横向比较，市场型环境规制同命令型环境规制一致，对绿色实用专利产出的正向促进作用大于绿色发明专

利，主要由环境创新产出性质和效果所决定。其次，将市场型环境规制与命令型环境规制对企业绿色创新的回归系数进行纵向比较，市场型环境规制对四种绿色创新专利产出的回归系数均显著大于命令型环境规制，说明了市场型环境规制工具更有利于企业绿色创新产出。

表4－6　　　　　　市场型环境规制对企业绿色创新的影响

变量	gipap		gipau		gupap		gupau	
	(1)	(2)	(3)	(4)	(5)	(6)	(7)	(8)
mer	6.165*** (2.90)	4.164** (2.21)	3.025*** (2.78)	2.290** (2.29)	11.185*** (2.89)	8.746** (2.51)	9.976*** (2.71)	7.662** (2.30)
miib	—	0.080*** (3.30)	—	0.029** (2.36)	—	0.018 (0.57)	—	0.027 (0.93)
lev	—	-1.786*** (-4.09)	—	-0.640*** (-3.44)	—	-2.918*** (-4.42)	—	-2.581*** (-4.04)
dual	—	0.395* (1.90)	—	0.095 (1.03)	—	0.284 (1.07)	—	0.299 (1.09)
car	—	0.017*** (3.47)	—	0.005** (2.17)	—	0.021*** (3.44)	—	0.016*** (3.15)
indr	—	1.153 (0.91)	—	0.311 (0.50)	—	0.911 (0.55)	—	0.988 (0.63)
il	—	0.000*** (2.59)	—	0.000** (2.21)	—	0.000*** (2.80)	—	0.000** (2.42)
hci	—	0.477*** (7.68)	—	0.191*** (6.68)	—	0.642*** (7.21)	—	0.565*** (6.57)
far	—	2.379*** (4.71)	—	0.633*** (2.68)	—	3.665*** (4.72)	—	3.420*** (4.48)
ec3	—	0.015*** (3.22)	—	0.005** (2.15)	—	0.028*** (3.97)	—	0.027*** (3.85)
ocfr	—	1.751** (2.45)	—	0.48 (1.37)	—	0.924 (0.92)	—	0.935 (0.92)

续表

变量	*gipap*		*gipau*		*gupap*		*gupau*	
	(1)	(2)	(3)	(4)	(5)	(6)	(7)	(8)
_cons	2.879*** (2.97)	-3.894*** (-4.74)	1.176*** (2.64)	-1.287*** (-3.42)	5.470*** (3.48)	-3.198*** (-2.77)	5.328*** (3.36)	-2.662** (-2.37)
Industry	控制	控制	控制	控制	控制	控制	控制	控制
Year	控制	控制	控制	控制	控制	控制	控制	控制
R^2	0.107	0.169	0.094	0.133	0.134	0.191	0.127	0.179
F	6.760	5.010	5.640	4.180	4.870	3.870	4.440	3.800
N	1854	1854	1854	1854	1854	1854	1854	1854

注：***、**、*分别表示回归系数在1%、5%和10%的水平下显著，括号内为t值，标准误为聚类稳健标准误。

资料来源：笔者根据 Stata 软件 OLS 回归结果整理获得。

对于基本回归中其他控制变量与命令型环境规制相似，地区维护市场法治化指数与企业绿色发明专利的作用在1%和5%的水平下分别为0.080和0.029，而与企业绿色实用性专利产出回归系数不显著，但整理仍可说明法治制度的逐步完善有利于企业绿色创新产出。除去企业资本结构对绿色创新产出的抑制关系外，上市公司的两职合一、资本积累率、独立董事比例、经营杠杆、人力资本密集度、固定资产密集度、股权集中度及现金流状况等，通过为内部决策、内部监管和科技研发提供基础资源等，对企业绿色创新产出产生促进作用。

(三) 公众参与型环境规制对企业绿色创新影响

表4-7展示了公众参与型环境规制对不同类型专利产出下的绿色创新的影响。同表4-5和表4-6的结构类似，单数列展示了未加入控制变量下的公众参与型环境规制对绿色创新产出的基准影响，双数列展示了加入相关控制变量后的回归结果。从表4-7结果可以看出，各列回归中 *ver* 的系数均不显著，本书的假设H1c未得到验证，说明公众参与型环境规制并未激发企业绿色创新的意愿。可能是基于以下两个方面的原因：其一，中国各地区环境治理和监管中公众参与性不足，从而对企业绿色创新并未产

生影响；其二，企业未意识到公众参与环境治理对企业可能产生的影响，从企业角度来说，鉴于绿色创新的专业性，普通民众不甚了解，可能更多关注的仅是表面的污染治理效果，从而未对企业绿色创新提供充分动力。除解释变量外，其余控制变量对企业绿色创新的作用同上述的命令型和市场型环境规制工具一致。

表4-7　　　　公众参与型环境规制对企业绿色创新的影响

变量	gipap		gipau		gupap		gupau	
	(1)	(2)	(3)	(4)	(5)	(6)	(7)	(8)
ver	-0.247 (-0.87)	0.156 (0.43)	-0.05 (-0.39)	0.106 (0.71)	0.601 (0.37)	1.000 (0.60)	0.918 (0.54)	1.301 (0.74)
miib	—	0.101*** (4.04)	—	0.041*** (3.21)	—	0.063* (1.92)	—	0.067** (2.24)
lev	—	-1.860*** (-4.11)	—	-0.681*** (-3.45)	—	-3.060*** (-4.35)	—	-2.696*** (-3.97)
dual	—	0.369* (1.75)	—	0.08 (0.87)	—	0.235 (0.88)	—	0.261 (0.95)
car	—	0.018*** (3.79)	—	0.005** (2.48)	—	0.021*** (4.02)	—	0.016*** (3.64)
indr	—	0.996 (0.78)	—	0.224 (0.35)	—	0.549 (0.32)	—	0.65 (0.41)
il	—	0.000** (2.34)	—	0.000* (1.93)	—	0.000** (2.48)	—	0.000** (2.11)
hci	—	0.487*** (7.60)	—	0.197*** (6.61)	—	0.665*** (7.08)	—	0.586*** (6.45)
far	—	2.444*** (4.73)	—	0.670*** (2.76)	—	3.806*** (4.66)	—	3.544*** (4.45)
ec	—	0.017*** (3.35)	—	0.006** (2.33)	—	0.030*** (3.99)	—	0.029*** (3.86)

续表

变量	*gipap*		*gipau*		*gupap*		*gupau*	
	(1)	(2)	(3)	(4)	(5)	(6)	(7)	(8)
ocfr	—	1.612** (2.26)	—	0.404 (1.16)	—	0.629 (0.63)	—	0.674 (0.67)
_*cons*	3.155*** (3.07)	-3.927*** (-4.79)	1.313*** (2.73)	-1.306*** (-3.50)	5.989*** (3.54)	-3.282*** (-2.84)	5.797*** (3.42)	-2.745** (-2.45)
Industry	控制	控制	控制	控制	控制	控制	控制	控制
Year	控制	控制	控制	控制	控制	控制	控制	控制
R^2	0.097	0.165	0.082	0.127	0.118	0.182	0.113	0.172
F	6.970	5.040	5.880	4.210	5.130	3.830	4.650	3.760
N	1854	1854	1854	1854	1854	1854	1854	1854

注：***、**、* 分别表示回归系数在1%、5%和10%的水平下显著，括号内为t值，标准误为聚类稳健标准误。

资料来源：笔者根据Stata软件OLS回归结果整理获得。

四 环境规制对企业绿色创新的阈值效应

鉴于"适度性原则"，除环境规制性质异质性可能对企业绿色创新产生影响外，环境规制强度差异可能导致两者由简单的线性关系转变为非线性关系，因此利用前文构建的模型公式（4-2）检验环境规制强度变化对企业绿色创新产生的影响。

表4-8展示了命令型环境规制强度变化对四种绿色专利产出下的绿色创新的影响，表格结构与表4-5类似，仅在回归模型中加入和命令型环境规制变量的二次方项。从表4-8未加入控制变量的基准回归结果可以看出，命令型环境规制变量的二次方项与企业绿色发明专利申请量（*gipap*）、绿色发明专利授权量（*gipau*）、绿色实用专利申请量（*gupap*）和绿色实用专利授权量（*gupau*）间的回归系数分别为-0.035、-0.014、-0.037和-0.040，且在5%的水平下显著；在加入控制变量的第（2）、（4）、（6）、（8）列回归中，负向回归系数增加，分别变为-0.024、-0.015、-0.045和-0.046，整体仍在5%的水平下显著。命令型环境规制的一次项与企业

绿色创新产出之间回归系数在 1% 的水平下为正，说明了命令型环境规制与企业绿色创新之间呈现倒 "U" 形的非线性结构关系，存在命令型环境规制的最优值，使得企业绿色创新产出最大化，根据命令型环境规制的一次项和二次项回归系数结果可计算得到，其规制强度的最优值在 0.7—0.8，当规制强度小于此区间时，规制强度的增加能够显著促进企业绿色创新产出的增长，主要是由于企业的规制成本逐渐增加，只有通过创新方式才能逐渐将环境治理成本降低；而当规制强度大于此区间范围时，规制强度继续加大，企业环境治理压力持续增加，绿色创新投入成本过高又存在很大的不确定性，使得企业产生"破罐子破摔"的懈怠心理，而减少绿色创新活动。因此，验证了本书的假设 H2。对于控制变量对企业绿色创新产出的影响与上述基本类似，在此不予赘述。

表 4-8　　　　　命令型环境规制对企业绿色创新的阈值效应

变量	*gipap*		*gipau*		*gupap*		*gupau*	
	(1)	(2)	(3)	(4)	(5)	(6)	(7)	(8)
cer^2	-0.035*** (-2.61)	-0.024* (-1.81)	-0.014** (-2.49)	-0.015** (-2.40)	-0.037** (-2.02)	-0.045** (-2.32)	-0.040** (-2.29)	-0.046** (-2.45)
cer	0.534*** (4.09)	0.379*** (2.84)	0.203*** (3.79)	0.201*** (3.34)	0.682*** (3.91)	0.706*** (3.72)	0.702*** (4.20)	0.702*** (3.82)
$miib$	—	0.055 (1.54)	—	0.018 (1.14)	—	-0.025 (-0.49)	—	-0.019 (-0.40)
lev	—	-1.776*** (-4.27)	—	-0.643*** (-3.42)	—	-2.915*** (-4.93)	—	-2.564*** (-4.48)
$dual$	—	0.390** (2.05)	—	0.089 (1.04)	—	0.269 (0.99)	—	0.289 (1.11)
car	—	0.018 (1.05)	—	0.005 (0.71)	—	0.022 (0.90)	—	0.017 (0.73)
$indr$	—	1.379 (1.14)	—	0.397 (0.73)	—	1.319 (0.76)	—	1.405 (0.84)

续表

变量	gipap		gipau		gupap		gupau	
	(1)	(2)	(3)	(4)	(5)	(6)	(7)	(8)
il	—	0.000 (0.35)	—	0.000 (0.30)	—	0.000 (0.35)	—	0.000 (0.30)
hci	—	0.473*** (7.01)	—	0.190*** (6.26)	—	0.635*** (6.63)	—	0.557*** (6.01)
far	—	2.384*** (4.95)	—	0.642*** (2.95)	—	3.687*** (5.38)	—	3.428*** (5.17)
ec	—	0.015*** (3.21)	—	0.005** (2.33)	—	0.027*** (4.13)	—	0.026*** (4.09)
ocfr	—	1.647 (1.59)	—	0.416 (0.89)	—	0.703 (0.48)	—	0.743 (0.52)
_cons	2.986*** (6.30)	-3.698*** (-4.19)	0.171*** (3.64)	-1.195*** (-3.00)	0.365** (2.39)	-2.834** (-2.26)	0.263* (1.79)	-2.301* (-1.90)
Industry	控制	控制	控制	控制	控制	控制	控制	控制
Year	控制	控制	控制	控制	控制	控制	控制	控制
R^2	0.113	0.172	0.013	0.135	0.021	0.195	0.022	0.184
F	8.930	10.510	12.280	7.850	19.650	12.200	20.720	11.390
N	1854	1854	1854	1854	1854	1854	1854	1854

注：***、**、*分别表示回归系数在1%、5%和10%的水平下显著，括号内为t值，标准误为聚类稳健标准误。

资料来源：笔者根据Stata软件OLS回归结果整理获得。

表4-9和表4-10分别展示了市场型环境规制和公众参与性环境规制与企业绿色创新之间的非线性回归结果，表格结构与表4-8类似，即在基本回归模型公式（4-1）中加入了环境规制变量的二次方项。根据表4-9和表4-10的回归结果可以看出，市场型和公众参与型环境规制变量的二次方项与企业绿色创新之间的回归结果均不显著，本书的假设H2中市场型和公众参与型环境规制作用未得到验证，说明了此两种环境规制与企业绿色创新之间不存在非线性结构关系，结合表4-6和表4-7结果，市场

型环境规制能够显著促进企业绿色创新产出，而公众参与型环境规制与其不相关。上述结果可能是由下原因导致：其一，中国各区域的环境法制建设还不够完善，仍是以惩治性的命令型环境规制为主导形式，市场型和公众参与型环境规制处于逐步建设过程，其规制作用效果还未充分发挥，因此，对企业创新的作用效果有待进一步验证；其二，鉴于市场型和公众参与型环境规制与命令型环境规制力度性质的显著差异性，惩治性规制措施其存在作用力度最优值，而对于市场型规制措施的鼓励机制和公众参与机制的无私性，能够无限促进绿色创新产出，不存在抑制性。

表4-9 市场型环境规制对企业绿色创新的阈值效应

变量	*gipap*		*gipau*		*gupap*		*gupau*	
	(1)	(2)	(3)	(4)	(5)	(6)	(7)	(8)
mer^2	8.702 (0.61)	17.112 (1.24)	2.601 (0.41)	5.002 (0.80)	40.983 (0.88)	49.169** (2.50)	36.047* (1.86)	44.430** (2.33)
mer	3.796 (0.93)	-0.54 (-0.13)	2.317 (1.27)	0.915 (0.50)	0.030 0.00	-4.771 (-0.83)	0.164 (0.03)	-4.552 (-0.82)
$miib$	—	0.085** (2.47)	—	0.031** (1.97)	—	0.034 (0.68)	—	0.041 (0.86)
lev	—	-1.780*** (-4.27)	—	-0.639*** (-3.40)	—	-2.902*** (-4.90)	—	-2.567*** (-4.48)
$dual$	—	0.397** (2.08)	—	0.095 (1.11)	—	0.289 (1.07)	—	0.304 (1.16)
car	—	0.018 (1.04)	—	0.005 (0.69)	—	0.022 (0.90)	—	0.017 (0.73)
$indr$	—	1.168 (0.96)	—	0.316 (0.58)	—	0.956 (0.56)	—	1.029 (0.62)
il	—	0.000 (0.33)	—	0.000 (0.30)	—	0.000 (0.32)	—	0.000 (0.27)
hci	—	0.474*** (7.02)	—	0.190*** (6.26)	—	0.632*** (6.60)	—	0.556*** (5.99)

续表

变量	gipap		gipau		gupap		gupau	
	(1)	(2)	(3)	(4)	(5)	(6)	(7)	(8)
far	—	2.424*** (5.01)	—	0.647*** (2.96)	—	3.796*** (5.52)	—	3.537*** (5.31)
ec	—	0.015*** (3.31)	—	0.005** (2.36)	—	0.028*** (4.24)	—	0.027*** (4.23)
ocfr	—	1.746* (1.69)	—	0.479 (1.02)	—	0.912 (0.62)	—	0.923 (0.65)
_cons	2.900*** (6.04)	-3.881*** (-4.40)	1.182*** (5.54)	-1.284*** (-3.23)	5.570*** (3.47)	-3.162** (-2.53)	5.416*** (8.25)	-2.630** (-2.17)
Industry	控制	控制	控制	控制	控制	控制	控制	控制
Year	控制	控制	控制	控制	控制	控制	控制	控制
R^2	0.107	0.17	0.094	0.133	0.135	0.194	0.128	0.181
F	8.430	10.350	7.290	7.760	4.850	12.130	10.340	11.180
N	1854	1854	1854	1854	1854	1854	1854	1854

注：***、**、* 分别表示回归系数在1%、5%和10%的水平下显著，括号内为t值，标准误为聚类稳健标准误。

资料来源：笔者根据Stata软件OLS回归结果整理获得。

表4-10　公众参与型环境规制对企业绿色创新的阈值效应

变量	gipap		gipau		gupap		gupau	
	(1)	(2)	(3)	(4)	(5)	(6)	(7)	(8)
ver^2	0.639 (0.50)	0.415 (0.34)	0.233 (0.41)	0.154 (0.28)	0.693 (0.38)	0.243 (0.14)	0.086 (0.05)	-0.325 (-0.19)
ver	-1.001 (-0.58)	-0.332 (-0.20)	-0.324 (-0.43)	-0.075 (-0.10)	-0.215 (-0.09)	0.714 (0.30)	0.816 (0.35)	1.683 (0.73)
miib	—	0.101*** (2.99)	—	0.041*** (2.68)	—	0.064 (1.31)	—	0.067 (1.42)

续表

变量	gipap (1)	gipap (2)	gipau (3)	gipau (4)	gupap (5)	gupap (6)	gupau (7)	gupau (8)
lev	—	-1.858*** (-4.45)	—	-0.680*** (-3.61)	—	-3.058*** (-5.13)	—	-2.698*** (-4.68)
dual	—	0.367* (1.92)	—	0.08 (0.92)	—	0.234 (0.86)	—	0.263 (0.99)
car	—	0.018 (1.03)	—	0.005 (0.69)	—	0.021 (0.87)	—	0.016 (0.70)
indr	—	0.964 (0.79)	—	0.212 (0.39)	—	0.531 (0.31)	—	0.675 (0.40)
il	—	0.000 (0.31)	—	0.000 (0.26)	—	0.000 (0.30)	—	0.000 (0.25)
hci	—	0.486*** (7.18)	—	0.197*** (6.44)	—	0.664*** (6.88)	—	0.587*** (6.29)
far	—	2.447*** (5.06)	—	0.670*** (3.07)	—	3.807*** (5.52)	—	3.542*** (5.31)
ec	—	0.017*** (3.56)	—	0.006*** (2.68)	—	0.030*** (4.59)	—	0.029*** (4.55)
ocfr	—	1.624 (1.56)	—	0.408 (0.87)	—	0.636 (0.43)	—	0.665 (0.46)
_cons	3.149*** (6.59)	-3.916*** (-4.43)	1.310*** (6.16)	-1.302*** (-3.26)	5.982*** (8.79)	-3.275*** (-2.60)	5.797*** (8.84)	-2.753** (-2.26)
Industry	控制	控制	控制	控制	控制	控制	控制	控制
Year	控制	控制	控制	控制	控制	控制	控制	控制
R^2	0.097	0.165	0.082	0.127	0.118	0.182	0.113	0.172
F	7.570	9.990	6.270	7.310	9.410	11.260	8.990	10.490
N	1854	1854	1854	1854	1854	1854	1854	1854

注：***、**、*分别表示回归系数在1%、5%和10%的水平下显著，括号内为t值，标准误为聚类稳健标准误。

资料来源：笔者根据Stata软件OLS回归结果整理获得。

第三节 各因素调节效应检验

鉴于上文已经指出,企业环境污染存在显著的外部性,此时需要政府作为主要引导人加以监管治理,但企业内外主体不同的治理方式对企业绿色创新产出产生显著影响,因此,本部分笔者从外部媒体关注、内部寻租和激励方式异质性对环境规制与企业绿色创新间作用关系的差异性影响进行效应检验。

一 环境规制对企业绿色创新：媒体关注作用检验

利用模型公式（4-3）展开回归,验证命令型环境规制与企业绿色创新间关系下的媒体调节作用,通过对回归结果进行整理形成表4-11。命令型环境规制与媒体关注交乘项（ln$netm \times cer$）与企业四种绿色创新专利产出变量的基准回归结果见第（1）、（3）、（5）、（7）列,交乘项的回归系数分别为0.105、0.063、0.187和0.186,均在1%的水平下显著,说明了媒体关注对命令型环境规制与企业绿色创新之间起到正向的调节作用。在加入相关控制变量的扩展回归模型中,媒体关注与命令型环境规制交乘项与企业绿色创新的回归系数结果如第（2）、（4）、（6）、（8）列所示,分别为0.117、0.066、0.203和0.202,仍在1%的水平下显著,且系数呈现显著增大的趋势。因此,结果验证本书的假设H3a,外部主体治理视角下,媒体对企业关注度越强,命令型环境规制对企业绿色创新的正向促进作用越大。媒体关注下,企业或良或劣的信息均将更快地呈现在大众视野,从而快速在企业绩效上加以反映,因此,命令型环境规制作用下,污染企业为避免惩治的负面性对企业日常经营运转造成的不可逆影响,主动采取行动,开展环境根源治理的绿色创新活动,为企业打造积极的、正面的形象,积累潜在的声誉资源,提升企业的竞争力。

表4–11 命令型环境规制对企业绿色创新的影响：媒体关注的调节效应

变量	*gipap*		*gipau*		*gupap*		*gupau*	
	(1)	(2)	(3)	(4)	(5)	(6)	(7)	(8)
cer	-0.127 (-1.07)	-0.208* (-1.79)	-0.110** (-2.07)	-0.137*** (-2.61)	-0.226 (-1.34)	-0.324* (-1.96)	-0.242 (-1.49)	-0.335** (-2.10)
ln*netm*	0.302*** (3.44)	0.135 (1.51)	0.075* (1.91)	0.008 (0.21)	0.320** (2.56)	0.122 (0.96)	0.284** (2.36)	0.106 (0.86)
ln*netm* × *cer*	0.105*** (2.96)	0.117*** (3.35)	0.063*** (3.97)	0.066*** (4.20)	0.187*** (3.69)	0.203*** (4.11)	0.186*** (3.81)	0.202*** (4.22)
miib	—	0.060* (1.66)	—	0.025 (1.55)	—	-0.013 (-0.26)	—	-0.006 (-0.11)
lev	—	-1.856*** (-4.31)	—	-0.692*** (-3.55)	—	-3.083*** (-5.04)	—	-2.722*** (-4.60)
dual	—	0.390** (1.98)	—	0.093 (1.04)	—	0.267 (0.96)	—	0.290 (1.07)
car	—	0.019 (1.13)	—	0.006 (0.77)	—	0.024 (0.98)	—	0.019 (0.81)
indr	—	1.635 (1.29)	—	0.354 (0.62)	—	1.248 (0.69)	—	1.344 (0.77)
il	—	0.000 (0.38)	—	0.000 (0.30)	—	0.000 (0.37)	—	0.000 (0.31)
hci	—	0.385*** (5.31)	—	0.161*** (4.90)	—	0.520*** (5.05)	—	0.444*** (4.46)
far	—	2.880*** (5.68)	—	0.844*** (3.69)	—	4.435*** (6.16)	—	4.146*** (5.95)
ec	—	0.016*** (3.22)	—	0.005** (2.35)	—	0.029*** (4.22)	—	0.028*** (4.19)
ocfr	—	1.624 (1.52)	—	0.416 (0.86)	—	0.702 (0.46)	—	0.758 (0.52)
_*cons*	2.428*** (4.75)	-3.396*** (-3.71)	1.099*** (4.82)	-1.010** (-2.44)	5.104*** (7.03)	-2.278* (-1.75)	4.989*** (7.12)	-1.748 (-1.39)

续表

变量	*gipap*		*gipau*		*gupap*		*gupau*	
	(1)	(2)	(3)	(4)	(5)	(6)	(7)	(8)
Industry	控制	控制	控制	控制	控制	控制	控制	控制
Year	控制	控制	控制	控制	控制	控制	控制	控制
R^2	0.130	0.184	0.111	0.144	0.155	0.208	0.150	0.198
F	9.730	10.610	8.140	7.940	11.940	12.370	11.460	11.610
N	1780	1780	1780	1780	1780	1780	1780	1780

注：***、**、*分别表示回归系数在1%、5%和10%的水平下显著，括号内为t值，标准误为聚类稳健标准误。

资料来源：笔者根据Stata软件OLS回归结果整理获得。

表4-12展示了媒体关注对市场型环境规制与企业绿色创新的调节作用，其表格结构与表4-11类似。回归结果显示，媒体关注对市场型环境规制与企业绿色发明专利申请量的基准回归系数为1.998，在10%的水平下显著；加入控制变量后，交乘项回归系数增大为2.246，且在5%的水平下显著。媒体关注与市场型环境规制交乘项（$\ln netm \times mer$）与企业绿色发明专利授权量（*gipau*）、绿色实用专利申请量（*gupap*）和绿色实用专利授权量（*gupau*）的基准回归系数分别为1.409、4.468和4.403，加入控制变量的扩展回归系数分别为1.484、4.824和4.397，均在1%的水平下显著，验证了本书的假设H3b，媒体关注对市场型环境规制与企业绿色创新呈现显著的正向调节作用。说明市场型环境规制作用下，为企业绿色创新提供了更多的补贴等，通过外部媒体的关注和宣传后，在公众面前为企业树立了积极良好的企业形象，也向公众展示了政府对企业的认证，向潜在投资者说明了企业绿色创新风险的降低。因此，在通过媒体为企业积累的公众资源基础扩大效应下，采取绿色创新行动从长期来说对企业更为有利，从而刺激了绿色创新的增长。通过媒体关注与市场型环境规制交乘项系数的横向比较，相对于绿色发明专利来说，同规制的基本效果类似，媒体关注对绿色实用专利产出的促进作用更大。而通过媒体关注与命令型环境规制交乘项和媒体关注与市场型环境规制交乘项对企业绿色创新的回归系数纵向比较，前述关系仍然成立。

表4-12　市场型环境规制对企业绿色创新的影响：媒体关注的调节效应

变量	gipap		gipau		gupap		gupau	
	(1)	(2)	(3)	(4)	(5)	(6)	(7)	(8)
mer	-1.041 (-0.28)	-3.671 (-0.99)	-1.894 (-1.12)	-2.824* (-1.68)	-4.334 (-0.81)	-7.785 (-1.47)	-4.104 (-0.79)	-7.445 (-1.45)
$\ln netm$	0.307*** (2.96)	0.128 (1.22)	0.060 (1.30)	-0.011 (-0.23)	0.265* (1.79)	0.048 (0.32)	0.258* (1.81)	0.059 (0.41)
$\ln netm \times mer$	1.998* (1.94)	2.246** (2.24)	1.409*** (3.08)	1.484*** (3.28)	4.468*** (3.06)	4.824*** (3.39)	4.043*** (2.87)	4.397*** (3.19)
$miib$	—	0.072** (2.02)	—	0.029* (1.78)	—	0.009 (0.17)	—	0.018 (0.37)
lev	—	-1.819*** (-4.21)	—	-0.666*** (-3.42)	—	-3.018*** (-4.92)	—	-2.664*** (-4.48)
$dual$	—	0.379* (1.92)	—	0.088 (0.99)	—	0.253 (0.90)	—	0.271 (1.00)
car	—	0.019 (1.10)	—	0.006 (0.73)	—	0.023 (0.93)	—	0.018 (0.76)
$indr$	—	1.419 (1.11)	—	0.266 (0.46)	—	0.835 (0.46)	—	0.929 (0.53)
il	—	0.000 (0.40)	—	0.000 (0.33)	—	0.000 (0.40)	—	0.000 (0.34)
hci	—	0.393*** (5.41)	—	0.163*** (4.98)	—	0.532*** (5.15)	—	0.458*** (4.58)
far	—	2.803*** (5.51)	—	0.799*** (3.48)	—	4.292*** (5.94)	—	4.015*** (5.74)
ec	—	0.015*** (3.17)	—	0.005** (2.26)	—	0.029*** (4.14)	—	0.028*** (4.14)
$ocfr$	—	1.656 (1.55)	—	0.438 (0.91)	—	0.801 (0.53)	—	0.826 (0.56)

续表

变量	gipap		gipau		gupap		gupau	
	(1)	(2)	(3)	(4)	(5)	(6)	(7)	(8)
_cons	2.326*** (4.39)	-3.475*** (-3.76)	1.077*** (4.56)	-1.002** (-2.40)	5.026*** (6.68)	-2.301* (-1.75)	4.896*** (6.74)	-1.827 (-1.43)
Industry	控制	控制	控制	控制	控制	控制	控制	控制
Year	控制	控制	控制	控制	控制	控制	控制	控制
R^2	0.126	0.179	0.110	0.142	0.152	0.204	0.144	0.191
F	9.360	10.280	7.980	7.770	11.660	12.040	10.950	11.120
N	1780	1780	1780	1780	1780	1780	1780	1780

注：***、**、*分别表示回归系数在1%、5%和10%的水平下显著，括号内为t值，标准误为聚类稳健标准误。

资料来源：笔者根据Stata软件OLS回归结果整理获得。

表4-13展示了媒体关注对公众参与型环境规制与企业绿色创新的调节效应，但从回归结果可以看出，媒体关注与公众参与型环境规制交乘项（lnnetm×ver）与企业绿色创新的回归系数仍然不显著，因此本书的假设H3c未得到验证。说明增加外部主体共同治理——媒体关注也并未增强公众参与型环境规制对绿色创新的作用效果，有待后续研究指明增强公众参与规制作用的价值共创主体。

表4-13　　　　公众参与型环境规制对企业绿色创新的影响：媒体关注的调节效应

变量	gipap		gipau		gupap		gupau	
	(1)	(2)	(3)	(4)	(5)	(6)	(7)	(8)
ver	4.189 (1.47)	4.652* (1.67)	1.569 (1.23)	1.788 (1.42)	2.670 (0.65)	2.722 (0.69)	2.005 (0.51)	2.039 (0.53)
lnnetm	0.558*** (5.68)	0.385*** (3.87)	0.200*** (4.56)	0.128*** (2.85)	0.642*** (4.58)	0.416*** (2.93)	0.581*** (4.29)	0.375*** (2.73)

续表

变量	$gipap$		$gipau$		$gupap$		$gupau$	
	(1)	(2)	(3)	(4)	(5)	(6)	(7)	(8)
$\ln netm \times ver$	-1.707 (-1.63)	-1.794* (-1.76)	-0.622 (-1.33)	-0.666 (-1.45)	-0.778 (-0.52)	-0.723 (-0.50)	-0.394 (-0.27)	-0.333 (-0.24)
$miib$	—	0.091*** (2.59)	—	0.039** (2.44)	—	0.049 (0.96)	—	0.054 (1.10)
lev	—	-1.852*** (-4.28)	—	-0.680*** (-3.47)	—	-3.073*** (-4.97)	—	-2.698*** (-4.51)
$dual$	—	0.354* (1.79)	—	0.075 (0.84)	—	0.207 (0.73)	—	0.234 (0.86)
car	—	0.020 (1.16)	—	0.006 (0.80)	—	0.024 (0.98)	—	0.019 (0.80)
$indr$	—	1.278 (1.00)	—	0.196 (0.34)	—	0.544 (0.30)	—	0.662 (0.38)
il	—	0.000 (0.39)	—	0.000 (0.32)	—	0.000 (0.38)	—	0.000 (0.33)
hci	—	0.409*** (5.61)	—	0.172*** (5.22)	—	0.564*** (5.42)	—	0.488*** (4.84)
far	—	2.821*** (5.54)	—	0.810*** (3.51)	—	4.375*** (6.01)	—	4.088*** (5.81)
ec	—	0.016*** (3.33)	—	0.005** (2.45)	—	0.031*** (4.43)	—	0.030*** (4.40)
$ocfr$	—	1.616 (1.51)	—	0.399 (0.82)	—	0.557 (0.36)	—	0.596 (0.40)
_cons	2.077*** (3.97)	-4.066*** (-4.41)	0.923*** (3.95)	-1.330*** (-3.18)	4.759*** (6.36)	-3.216** (-2.44)	4.689*** (6.50)	-2.628** (-2.06)
Industry	控制	控制	控制	控制	控制	控制	控制	控制
Year	控制	控制	控制	控制	控制	控制	控制	控制
R^2	0.117	0.174	0.095	0.131	0.134	0.190	0.128	0.180

续表

变量	gipap		gipau		gupap		gupau	
	(1)	(2)	(3)	(4)	(5)	(6)	(7)	(8)
F	8.610	9.950	6.780	7.110	10.000	11.040	9.550	10.300
N	1780	1780	1780	1780	1780	1780	1780	1780

注：***、**、*分别表示回归系数在1%、5%和10%的水平下显著，括号内为t值，标准误为聚类稳健标准误。

资料来源：笔者根据Stata软件OLS回归结果整理获得。

二 环境规制对企业绿色创新：企业寻租作用检验

环境制度规制下，因行政审批、处罚等，企业为减少规制成本，借由"政商"互动的灰色地带，为自身寻租。因此，本书此部分分析企业在不同环境规制形式下通过寻租是促进绿色创新，抑或是对其产生抑制作用，具体的回归模型仍采用公式（4-3）。

表4-14展示了企业内部寻租视角下，命令型环境规制与企业绿色创新间的作用关系，第（1）、（3）、（5）、（7）列为基准回归结果，第（2）、（4）、（6）、（8）列为加入相关控制变量的扩展回归结果。表4-14结果显示，命令型环境规制与企业寻租交乘项（$lnbuse \times cer$）与企业绿色发明专利回归系数在5%的水平下为负，对企业绿色实用专利系数结果在1%的水平下显著为负，且与绿色实用专利的系数均大于绿色发明专利，验证了本书提出的假设H4a，企业通过寻租的方式规避环境规制惩罚，对企业绿色创新产生抑制作用。可能由于更为严苛的命令型环境规制制度导致了企业更多的环境治理成本，为减少利益流出，企业以"业务招待"的形式与政治官员产生联结，双方通过"协议"达成"互利共赢"，但并未将谋取的"利益"投入环境创新，而是对此种形式产生依赖心理，大大降低了通过创新减少环境污染的积极性，导致对企业绿色创新产生抑制作用。对于影响企业绿色创新的其他控制变量结果，与上文基本回归中类似，在此不予赘述。

表 4-14　命令型环境规制对企业绿色创新影响：企业寻租的调节效应

变量	gipap (1)	gipap (2)	gipau (3)	gipau (4)	gupap (5)	gupap (6)	gupau (7)	gupau (8)
cer	0.515*** (2.81)	0.425** (2.45)	0.211** (2.22)	0.176* (1.93)	0.984*** (3.13)	0.872*** (2.93)	0.914*** (3.03)	0.811*** (2.84)
lnbuse	-0.012 (-0.85)	-0.005 (-0.35)	-0.001 (-0.10)	0.002 -0.32	-0.015 (-0.73)	-0.008 (-0.42)	-0.019 (-0.97)	-0.013 (-0.67)
lnbuse × cer	-0.030** (-2.53)	-0.027** (-2.36)	-0.012** (-1.97)	-0.011* (-1.83)	-0.063*** (-3.07)	-0.057*** (-2.93)	-0.058*** (-2.94)	-0.053*** (-2.81)
miib	—	0.063*** (2.65)	—	0.026** (2.21)	—	-0.012 (-0.42)	—	-0.007 (-0.29)
lev	—	-1.613*** (-4.00)	—	-0.598*** (-3.51)	—	-2.573*** (-4.37)	—	-2.230*** (-3.95)
dual	—	0.412* (1.93)	—	0.094 (1.00)	—	0.314 (1.16)	—	0.336 (1.20)
car	—	0.018*** (3.94)	—	0.005** (2.52)	—	0.022*** (4.36)	—	0.017*** (4.06)
indr	—	1.199 (0.97)	—	0.346 (0.55)	—	0.965 (0.61)	—	1.033 (0.69)
il	—	0.000** (2.45)	—	0.000* (1.90)	—	0.000*** (2.72)	—	0.000** (2.43)
hci	—	0.449*** (7.58)	—	0.181*** (6.69)	—	0.584*** (7.09)	—	0.510*** (6.49)
far	—	2.191*** (4.68)	—	0.585*** (2.65)	—	3.285*** (4.64)	—	3.035*** (4.37)
ec	—	0.014*** (3.00)	—	0.004** (2.03)	—	0.024*** (3.74)	—	0.024*** (3.64)
ocfr	—	1.773** (2.49)	—	0.468 (1.33)	—	0.961 (0.97)	—	0.988 (0.98)

续表

变量	gipap		gipau		gupap		gupau	
	(1)	(2)	(3)	(4)	(5)	(6)	(7)	(8)
_cons	2.981*** (3.14)	-3.393*** (-4.02)	1.233*** (2.80)	-1.117*** (-2.75)	5.647*** (3.68)	-2.182* (-1.80)	5.478*** (3.54)	-1.673 (-1.42)
Industry	控制	控制	控制	控制	控制	控制	控制	控制
Year	控制	控制	控制	控制	控制	控制	控制	控制
R^2	0.136	0.189	0.111	0.145	0.184	0.230	0.177	0.218
F	6.380	4.850	5.120	3.950	4.350	3.810	3.950	3.760
N	1854	1854	1854	1854	1854	1854	1854	1854

注：***、**、* 分别表示回归系数在1％、5％和10％的水平下显著，括号内为t值，标准误为聚类稳健标准误。

资料来源：笔者根据Stata软件OLS回归结果整理获得。

表4-15展示了市场型环境规制与企业绿色创新中企业寻租的调节效应，结果显示，基准回归模型中企业寻租与市场型环境规制交乘项（lnbuse × mer）与企业绿色创新的回归系数分别为-1.033、-0.425、-1.975和-1.754，除对企业发明专利授权量在5％的水平下显著，其余变量回归系数均在1％的水平下显著，且对绿色实用专利的回归系数更大，说明对企业绿色实用技术改进的抑制效应更强。在加入相关控制变量的扩展回归结果中，同样除对企业发明专利授权量在5％的水平下显著为负外，对其他绿色专利产出变量回归系数均在1％的水平下显著为负，随系数相对基准回归稍有下降，整体结果类似，因而验证了本书的假设H4b，企业寻租对市场型环境规制与企业绿色创新之间起到负向调节作用。通俗意义上讲，市场型环境规制下，通过业务招待等形式的寻租将为企业获得更多的环境补贴、价格优势或是污染许可等，企业即可将获取更多"利益"投入创新研发，刺激绿色创新产出的增长。但谢乔昕[1]认为，企业寻租方式下，将本该投入环境治理创新的人力、物力和资金转而投入规制俘获，对绿色

---

[1] 谢乔昕：《环境规制、规制俘获与企业研发创新》，《科学学研究》2018年第10期。

创新形成了"挤出效应";此外,企业寻租对企业家精神和公平竞争信念的严重侵蚀,在企业内形成了机会主义氛围,从而阻断了市场型环境规制对企业绿色创新的激励路径。从上述结果可以看出,寻租对企业内部积极创新文化的侵蚀作用大于牟利效应,导致企业寻租下市场型环境规制对企业绿色创新的抑制作用。

表4-15 市场型环境规制对企业绿色创新的影响:企业寻租的调节效应

变量	*gipap*		*gipau*		*gupap*		*gupau*	
	(1)	(2)	(3)	(4)	(5)	(6)	(7)	(8)
mer	15.653*** (2.95)	12.867** (2.58)	6.974** (2.51)	5.958** (2.23)	29.358*** (3.03)	25.888*** (2.81)	26.035*** (2.78)	22.792** (2.56)
ln*buse*	0.024 (1.08)	0.027 (1.24)	0.015 (1.40)	0.016 (1.49)	0.049 (1.34)	0.050 (1.39)	0.035 (1.00)	0.037 (1.04)
ln*buse* × *mer*	-1.033*** (-2.84)	-0.916*** (-2.64)	-0.425** (-2.24)	-0.384** (-2.08)	-1.975*** (-3.03)	-1.806*** (-2.88)	-1.754*** (-2.78)	-1.597*** (-2.63)
miib	—	0.068*** (2.80)	—	0.026** (2.17)	—	-0.007 (-0.21)	—	0.001 (0.04)
lev	—	-1.647*** (-4.03)	—	-0.602*** (-3.48)	—	-2.630*** (-4.43)	—	-2.292*** (-4.02)
dual	—	0.371* (1.70)	—	0.080 (0.84)	—	0.240 (0.86)	—	0.269 (0.93)
car	—	0.017*** (3.61)	—	0.005** (2.14)	—	0.019*** (3.67)	—	0.015*** (3.34)
indr	—	1.118 (0.90)	—	0.332 (0.53)	—	0.818 (0.51)	—	0.844 (0.55)
il	—	0.000** (2.33)	—	0.000* (1.91)	—	0.000*** (2.65)	—	0.000** (2.39)
hci	—	0.452*** (7.64)	—	0.181*** (6.70)	—	0.591*** (7.22)	—	0.519*** (6.61)

续表

变量	gipap		gipau		gupap		gupau	
	(1)	(2)	(3)	(4)	(5)	(6)	(7)	(8)
far	—	2.149*** (4.64)	—	0.559** (2.58)	—	3.197*** (4.67)	—	2.966*** (4.40)
ec	—	0.013*** (2.97)	—	0.004* (1.92)	—	0.024*** (3.80)	—	0.023*** (3.72)
ocfr	—	1.952*** (2.72)	—	0.562 (1.57)	—	1.322 (1.29)	—	1.290 (1.25)
_cons	2.914*** (3.10)	-3.420*** (-4.04)	1.181*** (2.71)	-1.126*** (-2.78)	5.531*** (3.67)	-2.238* (-1.83)	5.397*** (3.53)	-1.749 (-1.47)
Industry	控制	控制	控制	控制	控制	控制	控制	控制
Year	控制	控制	控制	控制	控制	控制	控制	控制
R^2	0.137	0.190	0.116	0.149	0.185	0.231	0.173	0.215
F	6.220	4.790	5.090	3.990	4.330	3.860	3.990	3.850
N	1854	1854	1854	1854	1854	1854	1854	1854

注：***、**、*分别表示回归系数在1%、5%和10%的水平下显著，括号内为t值，标准误为聚类稳健标准误。

资料来源：笔者根据Stata软件OLS回归结果整理获得。

公众参与型环境规制对企业绿色创新并未产生实质性作用，本部分研究中加入企业寻租的内部治理方式，探究公众参与型环境规制与企业绿色创新间的关系是否会产生显著变化，表4-16展示了具体的回归结果。

表4-16　　公众参与型环境规制对企业绿色创新的影响：企业寻租的调节效应

变量	gipap		gipau		gupap		gupau	
	(1)	(2)	(3)	(4)	(5)	(6)	(7)	(8)
ver	-5.578** (-2.47)	-4.389** (-2.19)	-1.870** (-2.16)	-1.384* (-1.85)	3.842 -0.33	4.926 -0.43	5.580 -0.46	6.621 -0.55

续表

变量	gipap		gipau		gupap		gupau	
	(1)	(2)	(3)	(4)	(5)	(6)	(7)	(8)
lnbuse	−0.074*** (−3.71)	−0.057*** (−3.29)	−0.024*** (−2.72)	−0.018** (−2.28)	−0.077 (−1.55)	−0.058 (−1.23)	−0.069 (−1.36)	−0.051 (−1.05)
lnbuse × ver	0.411 (1.51)	0.349 (1.44)	0.140 (1.29)	0.114 (1.09)	−0.214 (−0.28)	−0.269 (−0.36)	−0.321 (−0.41)	−0.372 (−0.48)
miib	—	0.079*** (3.29)	—	0.034*** (2.84)	—	0.030 (0.95)	—	0.036 (1.24)
lev	—	−1.695*** (−4.02)	—	−0.632*** (−3.47)	—	−2.712*** (−4.24)	—	−2.351*** (−3.82)
dual	—	0.405* (1.89)	—	0.091 (0.97)	—	0.325 (1.20)	—	0.352 (1.26)
car	—	0.021*** (4.31)	—	0.006*** (2.86)	—	0.024*** (4.25)	—	0.019*** (3.80)
indr	—	0.686 −0.54	—	0.131 −0.2	—	−0.025 (−0.01)	—	0.088 −0.05
il	—	0.000*** (2.69)	—	0.000** (2.09)	—	0.000*** (3.14)	—	0.000*** (2.78)
hci	—	0.476*** (7.63)	—	0.193*** (6.62)	—	0.662*** (6.93)	—	0.586*** (6.32)
far	—	2.291*** (4.78)	—	0.624*** (2.76)	—	3.412*** (4.47)	—	3.145*** (4.22)
ec	—	0.016*** (3.38)	—	0.006** (2.35)	—	0.030*** (3.91)	—	0.028*** (3.77)
ocfr	—	1.567** (2.21)	—	0.388 (1.12)	—	0.726 (0.74)	—	0.790 (0.81)
_cons	3.273*** (3.17)	−3.516*** (−4.23)	1.351*** (2.78)	−1.180*** (−2.99)	6.109*** (3.59)	−2.760** (−2.22)	5.904*** (3.46)	−2.263* (−1.86)
Industry	控制	控制	控制	控制	控制	控制	控制	控制
Year	控制	控制	控制	控制	控制	控制	控制	控制

续表

变量	$gipap$		$gipau$		$gupap$		$gupau$	
	(1)	(2)	(3)	(4)	(5)	(6)	(7)	(8)
R^2	0.112	0.174	0.090	0.131	0.137	0.195	0.134	0.187
F	6.380	4.920	5.380	4.050	4.270	3.760	3.860	3.700
N	1854	1854	1854	1854	1854	1854	1854	1854

注：***、**、*分别表示回归系数在1%、5%和10%的水平下显著，括号内为t值，标准误为聚类稳健标准误。

资料来源：笔者根据Stata软件OLS回归结果整理获得。

从表4-16结果可以看出，企业寻租与公众参与型环境规制交乘项（$lnbuse \times ver$）与企业绿色创新回归系数在基准回归及加入控制变量的扩展回归中均不显著，本书的假设H4c并未得到验证，但说明企业寻租并未导致公众参与型环境规制与企业绿色创新间的作用关系。

三 环境规制对企业绿色创新：管理层激励异质性检验

本章前述分析指出，企业外部媒体监督下环境规制对绿色创新为正向激励作用，内部寻租反而不利于绿色创新产出，但内部治理的形式除寻租的非正规形式外，企业还可能采取正向的高管激励的治理方式。娄昌龙等研究指出，高管薪酬激励在民营企业中对环境规制与企业科技创新产生调节作用，且薪酬激励越大，企业内生环境规制对技术产生更高强度的补偿效应，而对于外生环境规制通过减少挤出效应的形式，促进技术创新。[①] 于金等从薪酬激励和股权激励两种内部治理方式出发，研究指出，无论是短期薪酬激励还是股权激励方式对环境规制与企业技术创新均具有正向调节作用。[②] 但对于不同的环境规制形式，高管激励的形式和强度的异质性，是否会导致环境规制与企业绿色创新作用效果产生不同影响呢？下文将从

---

① 娄昌龙、冉茂盛：《高管激励对波特假说在企业层面的有效性影响研究——基于国有企业与民营企业技术创新的比较》，《科技进步与对策》2015年第9期。

② 于金、李楠：《高管激励、环境规制与技术创新》，《财经论丛》2016年第8期。

高管股权激励和薪酬激励两个方面,以分组回归检验的形式,探究不同环境规制形式对绿色创新的作用效果。

(一)高管股权激励下环境规制对企业绿色创新的影响

表 4-17 展示了高管高低股权激励下三种环境规制对企业绿色创新的分组回归结果,通过回归系数的大小比较,以检验企业基于高管高低不同的股权激励形式,对环境规制作用下绿色创新产出的差异性。

表 4-17　环境规制对企业绿色创新的影响:高管股权激励异质性作用

变量	绿色创新 (green innovation)					
	命令型环境规制 (cer)		市场型环境规制 (mer)		公众参与型环境规制 (ver)	
	高股权激励	低股权激励	高股权激励	低股权激励	高股权激励	低股权激励
	(1)	(2)	(3)	(4)	(5)	(6)
cer	0.011 (0.35)	0.206* (1.78)	—	—	—	—
mer	—	—	-0.256 (-0.22)	5.770** (2.34)	—	—
ver	—	—	—	—	0.090 (0.14)	-0.141 (-0.09)
miib	0.048 (1.63)	0.106*** (2.75)	0.051* (1.69)	0.111* (1.79)	0.050* (1.68)	0.142** (2.34)
lev	0.356 (1.23)	-3.753*** (-4.46)	0.354 (1.01)	-3.666*** (-4.60)	0.355 (1.01)	-3.886*** (-4.88)
dual	0.196 (1.56)	0.556 (1.11)	0.194 (1.32)	0.533 (1.36)	0.197 (1.33)	0.472 (1.20)
car	0.026 (0.84)	0.020*** (3.52)	0.026 (0.32)	0.019 (0.88)	0.026 (0.32)	0.020 (0.91)
indr	-1.101 (-0.98)	2.615 (1.17)	-1.152 (-1.09)	2.387 (1.10)	-1.129 (-1.07)	2.390 (1.09)

续表

变量	绿色创新 (green innovation)					
	命令型环境规制 (cer)		市场型环境规制 (mer)		公众参与型环境规制 (ver)	
	高股权激励	低股权激励	高股权激励	低股权激励	高股权激励	低股权激励
	(1)	(2)	(3)	(4)	(5)	(6)
il	0.000 (0.30)	0.000 (-0.09)	0.000 (0.05)	0.000 (-0.05)	0.000 (0.06)	0.000 (-0.08)
hci	0.157*** (3.62)	0.817*** (6.41)	0.156*** (2.85)	0.825*** (6.06)	0.156*** (2.86)	0.868*** (6.37)
far	2.130*** (4.56)	1.855** (2.32)	2.132*** (4.94)	1.819** (2.09)	2.132*** (4.94)	1.947** (2.23)
ec	-0.003 (-0.70)	0.026*** (3.40)	-0.003 (-0.77)	0.027*** (3.05)	-0.003 (-0.79)	0.029*** (3.21)
ocfr	0.560 (0.94)	3.551** (2.42)	0.559 (0.68)	3.558* (1.72)	0.565 (0.69)	3.282 (1.58)
_cons	-1.656*** (-2.70)	-7.701*** (-4.88)	-1.649* (-1.89)	-7.991*** (-4.83)	-1.655* (-1.89)	-8.366*** (-5.06)
Dif (P-value)	-0.195***		-6.026***		0.232	
Industry	控制	控制	控制	控制	控制	控制
Year	控制	控制	控制	控制	控制	控制
R^2	0.181	0.216	0.181	0.214	0.181	0.209
F	3.870	3.340	5.640	6.910	5.640	6.710
N	930	924	930	924	930	924

注：***、**、*分别表示回归系数在1%、5%和10%的水平下显著，括号内为t值，标准误为聚类稳健标准误。

资料来源：笔者根据Stata软件OLS回归结果整理获得。

命令型环境规制与企业绿色创新在企业高股权激励条件下的回归系数为0.011，但不显著；在低股权激励条件下回归系数在10%的水平下为0.206。说明在更低的股权激励方式下，命令型环境规制对企业绿色创新促进作用更强，而高股权激励下，命令型环境规制对企业绿色创新的补偿效应不再显著，且通过样本组间差异性的进一步检验结果可以看出，高低股权激励间系数差异为 -0.195，且在 1% 的水平下显著。类似的回归结果出现在与市场型环境规制与企业绿色创新间作用关系上，表 4-17 第（3）列展示了高股权激励方式下，市场型环境规制与企业绿色创新的回归系数为 -0.256，但并不显著；低股权激励分组下，回归系数在 5% 的水平下为 5.770，且进一步的分组回归的差异性检验结果显示，两分组回归系数差异在 1% 的水平下为 -6.026，进一步说明了相较于高股权激励，反而更低的股权激励方式更利于规制条件下企业的绿色创新行为。反观不同股权激励强度下，公众参与型环境规制与企业绿色创新的回归系数分别为 0.090 和 -0.141，但两者系数均不显著，与上述结论一致，验证了本书的假设 H5a。更低的股权激励反而更利于不同环境规制下的企业绿色创新行为，可能是由于绿色创新的风险性、不确定性相较于一般创新更大，而结果的收益性相对更小，且创新成果具有双重外部性，而创新成本却需要内化为企业自身承担。因此，在高股权激励方式下，高管以股东身份考虑环境治理行为，为达到企业价值最大化目标，绿色创新意愿明显下降；而低股权激励方式下，高管以社会整体效益最大化为出发点，以期在不同环境规制下均通过绿色创新的形式从根源上切断环境污染源，因而对企业绿色创新产出起到了更强的促进作用。

（二）高管薪酬激励下环境规制对企业绿色创新的影响

鉴于技术创新的高风险特性，以及可能导致失败的结果造成高管声誉受损，为规避风险，高管更倾向于采取末端治理的方式，而非技术创新。于金等认为，更高的薪酬能够激励高管更勤勉地进行工作，有更高的积极性开展创新活动，从公司的长远利益出发制定发展战略。[①] 基于上述分析，本书将上市高管前三名薪酬总额取自然对数的形式作为高管薪酬激励指标变量，并通过对其取中位数的形式，将高于中位数的样本归为高薪酬激励组，低于中位数的样本归为低薪酬激励组，形成表 4-18。表 4-18 展示

---

① 于金、李楠：《高管激励、环境规制与技术创新》，《财经论丛》2016 年第 8 期。

了高管薪酬激励异质性下，不同环境规制形式对企业绿色创新影响的分组检验结果。

表4-18中第（1）、（2）列展示了不同薪酬激励强度下命令型环境规制对企业绿色创新的回归系数，高薪酬激励方式下回归系数为0.200，在5%的水平下显著；低薪酬激励方式下回归系数为0.041，但不显著，说明高管薪酬激励对命令型环境规制与企业绿色创新具有正向的调节作用。进一步分组回归系数差异性检验结果显示，高薪酬激励方式相比低薪酬激励方式对企业绿色创新的作用大0.158，且在10%的水平下显著，说明给予高管更高的薪酬为企业带来更大的绿色产出效应。表4-18中第（3）、（4）列结果显示，高薪酬激励方式下市场型环境规制对企业绿色创新的回归系数为7.771，且在1%的水平下显著；低薪酬激励方式下回归系数为-0.0184，但不显著，分组回归系数检验结果显示，两组回归的系数差异为7.995，在5%的水平下显著，验证了本书的假设H5b，高管薪酬激励能显著促进市场型环境规制对企业绿色创新的补偿效应。而对于公众参与型环境规制，无论是低薪酬激励方式，还是高薪酬激励方式均对企业绿色创新的作用不显著，与上述结论一致。上述结果说明，高管薪酬激励下，鉴于价值与身份的认同感，高管在工作中更富有热情，更多地从企业和社会的长期利益目标出发，相对于仅能够解决短期环境治理问题的末端治理方式，强环境规制下，更倾向于采取绿色创新方式，从源头遏制环境问题的再发生。

表4-18　环境规制对企业绿色创新的影响：高管薪酬激励异质性作用

变量	绿色创新（green innovation）					
	命令型环境规制（cer）		市场型环境规制（mer）		公众参与型环境规制（ver）	
	高薪酬激励	低薪酬激励	高薪酬激励	低薪酬激励	高薪酬激励	低薪酬激励
	（1）	（2）	（3）	（4）	（5）	（6）
cer	0.200** (2.13)	0.041 (1.22)	—	—	—	—

续表

变量	绿色创新（green innovation）					
	命令型环境规制（cer）		市场型环境规制（mer）		公众参与型环境规制（ver）	
	高薪酬激励	低薪酬激励	高薪酬激励	低薪酬激励	高薪酬激励	低薪酬激励
	(1)	(2)	(3)	(4)	(5)	(6)
mer	—	—	7.771*** (2.68)	-0.184 (-0.12)	—	—
ver	—	—	—	—	-0.036 (-0.07)	0.237 (0.66)
miib	0.099*** (2.87)	0.032 (0.96)	0.097*** (2.79)	0.040 (1.23)	0.135*** (3.92)	0.040 (1.22)
lev	-2.314*** (-3.35)	-1.166** (-2.52)	-2.403*** (-3.40)	-1.196** (-2.54)	-2.337*** (-3.32)	-1.186** (-2.55)
dual	0.291 (0.85)	0.362 (1.62)	0.320 (0.94)	0.355 (1.59)	0.257 (0.74)	0.358 (1.60)
car	-0.201 (-1.57)	0.020*** (3.41)	-0.152 (-1.16)	0.020*** (3.40)	-0.205 (-1.59)	0.019*** (3.38)
indr	0.894 (0.48)	1.915 (1.04)	0.731 (0.38)	1.817 (0.99)	0.450 (0.24)	1.815 (0.99)
il	-0.003 (-0.15)	0.000 (-0.16)	-0.005 (-0.27)	0.000 (-0.13)	-0.004 (-0.21)	0.000 (-0.13)
hci	0.382*** (4.65)	0.570*** (5.62)	0.388*** (4.68)	0.570*** (5.60)	0.407*** (4.77)	0.571*** (5.60)
far	4.168*** (4.43)	0.486 (1.09)	4.043*** (4.39)	0.518 (1.17)	4.218*** (4.44)	0.514 (1.15)
ec	0.022*** (2.78)	0.004 (0.90)	0.021*** (2.70)	0.004 (0.99)	0.024*** (2.89)	0.004 (1.00)
ocfr	1.577 (1.32)	1.181 (1.42)	1.897 (1.61)	1.197 (1.44)	1.363 (1.13)	1.203 (1.45)
_cons	-1.471 (-1.10)	-6.646*** (-4.84)	-1.492 (-1.12)	-6.661*** (-4.85)	-1.659 (-1.26)	-6.687*** (-4.85)
Dif（P-value）	0.158*		7.955**		-0.273	

续表

变量	绿色创新（green innovation）					
	命令型环境规制（cer）		市场型环境规制（mer）		公众参与型环境规制（ver）	
	高薪酬激励	低薪酬激励	高薪酬激励	低薪酬激励	高薪酬激励	低薪酬激励
	(1)	(2)	(3)	(4)	(5)	(6)
Industry	控制	控制	控制	控制	控制	控制
Year	控制	控制	控制	控制	控制	控制
R^2	0.245	0.186	0.249	0.185	0.237	0.186
F	3.360	2.960	3.360	2.910	3.450	2.910
N	930	924	930	924	930	924

注：***、**、*分别表示回归系数在1%、5%和10%的水平下显著，括号内为t值，标准误为聚类稳健标准误。

资料来源：笔者根据Stata软件OLS回归结果整理获得。

第四节　稳健性检验

为保证本章上述研究结论的稳健性，首先，笔者采用了替换变量指标的方式对不同环境规制形式对企业绿色创新作用效果的检验，分别采取了替换解释变量三种环境规制形式指标的方式和替换被解释变量企业是否存在绿色创新的方式；其次，考虑2015年新环境保护法的实施，其规制范围更为广泛、规制强度更为严格，因此，将三种环境规制变量替换为新环境保护法实施前后指标变量，检验新环境保护法的实施是否促进了企业绿色创新产出的增长；最后，将上述的最小二乘回归模型替换为固定效应模型，重新回归检验环境规制异质性对企业绿色创新产出影响的差异。

一　替换变量指标

（一）替换环境规制形式指标变量

借鉴何兴邦[①]的处理方式，采用地区环境处罚案件数与地区人口之比

---

① 何兴邦：《环境规制与城镇居民收入不平等——基于异质型规制工具的视角》，《财经论丛》2019年第6期。

($cer\ 1$)衡量命令型环境规制;借鉴弓媛媛[①]的做法,选取地区环境污染治理投资额取对数($mer\ 1$)为指标量化市场型环境规制变量;借鉴肖汉雄[②]研究中的处理方式,采用地区政协环境提案数($ver\ 1$)为指标衡量公众参与型环境规制。然后仍然采用模型公式(4-1)形式对三种环境规制变量与企业绿色发明专利申请量度量下的企业绿色创新变量展开回归,具体结果见表4-19。

表4-19　　　　环境规制形式替换变量的稳健性检验结果

变量	绿色创新 (green innovation)					
	命令型环境规制 (cer)		市场型环境规制 (mer)		公众参与型环境规制 (ver)	
	(1)	(2)	(3)	(4)	(5)	(6)
cer 1	0.228 *** (4.12)	0.136 *** (2.70)	—	—	—	—
mer 1	—	—	0.161 * (1.87)	0.177 ** (2.07)	—	—
ver 1	—	—	—	—	-0.148 (-0.09)	0.924 (0.54)
miib	—	0.074 *** -2.98	—	0.114 *** (4.33)	—	0.099 *** -3.98
lev	—	-1.831 *** (-4.10)	—	-1.846 *** (-4.09)	—	-1.863 *** (-4.12)
dual	—	0.353 * (1.70)	—	0.381 * (1.81)	—	0.371 * (1.76)
car	—	0.018 *** -4.1	—	0.017 *** -3.32	—	0.018 *** -3.78

[①] 弓媛媛:《环境规制对中国绿色经济效率的影响——基于30个省份的面板数据的分析》,《城市问题》2018年第8期。

[②] 肖汉雄:《不同公众参与模式对环境规制强度的影响——基于空间杜宾模型的实证研究》,《财经论丛》2019年第1期。

续表

变量	绿色创新（green innovation）					
	命令型环境规制（cer）		市场型环境规制（mer）		公众参与型环境规制（ver）	
	(1)	(2)	(3)	(4)	(5)	(6)
$indr$	—	1.239 (0.97)	—	1.066 (0.84)	—	1.015 (0.80)
il	—	0.000** (2.28)	—	0.000** (2.44)	—	0.000** (2.35)
hci	—	0.475*** (7.62)	—	0.482*** (7.62)	—	0.489*** (7.60)
far	—	2.453*** (4.76)	—	2.371*** (4.69)	—	2.446*** (4.74)
ec	—	0.017*** (3.37)	—	0.016*** (3.31)	—	0.017*** (3.35)
$ocfr$	—	1.464** (2.06)	—	1.775** (2.42)	—	1.590** (2.23)
$\_cons$	1.328 (1.48)	-4.846*** (-5.43)	2.877*** (2.91)	-4.253*** (-5.09)	3.158*** (3.08)	-3.939*** (-4.80)
Industry	控制	控制	控制	控制	控制	控制
Year	控制	控制	控制	控制	控制	控制
R^2	0.104	0.167	0.098	0.167	0.097	0.165
F	6.590	5.010	7.000	5.070	7.060	5.070
N	1854	1854	1854	1854	1854	1854

注：***、**、*分别表示回归系数在1%、5%和10%的水平下显著，括号内为t值，标准误为聚类稳健标准误。

资料来源：笔者根据Stata软件OLS回归结果整理获得。

根据表4-19的回归结果可以看出，命令型环境规制对企业绿色创新在基准回归和加入控制变量的扩展回归系数分别为0.228和0.136，且在1%的水平下显著；市场型环境规制与企业绿色创新在基准回归中系数为0.161，在10%的水平下显著，加入控制变量后系数在5%的水平下为

0.177；而公众参与型环境规制与企业绿色创新产出在有无控制变量加入时，回归系数均不显著。其结果与环境规制与企业绿色创新直接效应回归结果一致，命令型环境规制和市场型环境规制均对企业绿色创新产生显著的促进作用，而公众参与型环境规制方式作用不显著，上述结果不受变量度量方式的改变而产生影响，因此上述环境规制的基本作用效果结论稳健。

（二）替换企业绿色创新产出指标变量

将企业绿色发明专利申请量按照是否为 0，构造了企业是否存在绿色创新变量（green），替换掉原有的四种绿色专利量，采用构建的回归模型公式（4-1）与三种不同环境规制形式展开回归，具体的结果见表 4-20。表 4-20 中第（1）、（2）列结果展示了命令型环境规制与企业是否开展绿色创新活动的回归系数，在无控制变量和有控制变量下系数分别为 0.015 和 0.008，且 5% 和 10% 的水平下显著；在基准回归下，市场型环境规制与企业是否开展绿色创新活动的回归系数在 10% 的水平下为 0.312，加入相关控制变量后，回归系数在 5% 的水平下为 0.098；公众参与型环境规制与企业是否开展绿色创新活动的回归系数不显著。上述结果说明，命令型环境规制和市场型环境规制政策能够促使企业开展绿色创新活动，与上文的基本回归结果类似，研究结论稳健。

表 4-20　　　　企业绿色创新替换变量的稳健性检验结果

变量	是否存在绿色创新（green）					
	命令型环境规制（cer）		市场型环境规制（mer）		公众参与型环境规制（ver）	
	无	有	无	有	无	有
	(1)	(2)	(3)	(4)	(5)	(6)
cer	0.015** (2.54)	0.008* (1.67)	—	—	—	—
mer	—	—	0.312* (1.74)	0.098** (2.05)	—	—

续表

变量	是否存在绿色创新（green）					
	命令型环境规制（cer）		市场型环境规制（mer）		公众参与型环境规制（ver）	
	无	有	无	有	无	有
	(1)	(2)	(3)	(4)	(5)	(6)
ver	—	—	—	—	-0.021 (-0.28)	0.072 (0.90)
miib	—	0.011** -2.51	—	0.012*** (2.71)	—	0.013*** -2.94
lev	—	-0.024 (-0.47)	—	-0.025 (-0.47)	—	-0.026 (-0.50)
dual	—	0.073*** (2.99)	—	0.073*** (2.94)	—	0.073*** (2.97)
car	—	0.002*** (5.15)	—	0.002 (0.99)	—	0.002*** (5.03)
indr	—	-0.035 (-0.22)	—	-0.048 (-0.31)	—	-0.056 (-0.36)
il	—	0.000 (1.62)	—	0.000 (0.34)	—	0.000 (1.62)
hci	—	0.072*** (-8.45)	—	0.072*** (-8.28)	—	0.073*** (-8.51)
far	—	0.279*** (4.76)	—	0.280*** (4.47)	—	0.282*** (4.78)
ec	—	0.001 (1.63)	—	0.001 (1.61)	—	0.001* (1.76)
ocfr	—	0.316** (2.48)	—	0.316** (2.35)	—	0.313** (2.46)
_cons	0.302*** (4.55)	-0.655*** (-5.65)	0.297*** (4.76)	-0.662*** (-5.79)	0.311*** (4.70)	-0.664*** (-5.72)
Industry	控制	控制	控制	控制	控制	控制
Year	控制	控制	控制	控制	控制	控制
R^2	0.127	0.197	0.125	0.196	0.124	0.197
F	17.630	14.430	10.450	12.700	17.160	14.320

续表

变量	是否存在绿色创新（green）					
	命令型环境规制（cer）		市场型环境规制（mer）		公众参与型环境规制（ver）	
	无	有	无	有	无	有
	(1)	(2)	(3)	(4)	(5)	(6)
N	1854	1854	1854	1854	1854	1854

注：***、**、*分别表示回归系数在1%、5%和10%的水平下显著，括号内为t值，标准误为聚类稳健标准误。

资料来源：笔者根据Stata软件OLS回归结果整理获得。

二　新环境法实施的环境规制效应检验

为保证经济的可持续发展，我国逐步加大了生态环境建设的进程，于2014年4月对《中华人民共和国环境保护法》进行了修订，并于2015年1月1日开始施行。相对于旧法，新法加大了环境污染违法违规行为的惩罚力度，扩展了环境污染治理形式，拓宽了环境监管的主体力量，说明新环保法更具严格性、多样性和参与性，与本书环境规制三种形式——对应。因此，将新构建《中华人民共和国环境保护法》实施前后虚拟变量替换三种环境规制形式变量，利用最小二乘法和固定效应回归模型与企业绿色创新进行回归，具体结果见表4－21。结果显示，在最小二乘法下，《中华人民共和国环境保护法》实施变量企业绿色创新的回归系数为1.000和0.762，在1%和5%的水平下显著；在固定效应模型下，无控制变量和加入控制变量后的回归系数分别为0.599和0.479，且在1%的水平下显著，说明环境规制对企业绿色创新具有显著的促进作用，上述研究结果稳健。

表4－21　《中华人民共和国环境保护法》实施对企业绿色创新影响的稳健性检验结果

变量	绿色创新（gipap）			
	最小二乘法		固定效应模型	
	(1)	(2)	(3)	(4)
treat	1.000*** (2.96)	0.762** (2.38)	0.599*** (6.13)	0.479*** (4.32)

续表

变量	绿色创新（$gipap$）			
	最小二乘法		固定效应模型	
	(1)	(2)	(3)	(4)
$miib$	—	0.100*** (4.03)	—	0.082** (2.07)
lev	—	-1.864*** (-4.12)	—	-0.509 (-0.94)
$dual$	—	0.367* (1.75)	—	0.214 (1.07)
car	—	0.018*** (3.80)	—	0.002 (0.17)
$indr$	—	1.004 (0.79)	—	2.015 (1.57)
il	—	0.000** (2.33)	—	0.000 (-0.85)
hci	—	0.486*** (7.61)	—	0.050 (0.41)
far	—	2.444*** (4.74)	—	0.855 (1.33)
ec	—	0.017*** (3.35)	—	0.001 (0.16)
$ocfr$	—	1.613** (2.26)	—	-0.586 (-0.69)
_cons	3.159*** (3.08)	-3.924*** (-4.79)	0.617*** (10.60)	-1.111 (-0.91)
R^2	0.097	0.165	0.023	0.031
F	7.312	5.173	37.574	4.501
N	1854	1854	1854	1854

注：***、**、*分别表示回归系数在1%、5%和10%的水平下显著，括号内为t值，标准误为聚类稳健标准误。

资料来源：笔者根据Stata软件OLS回归结果整理获得。

三 固定效应模型

为防止回归模型选择差异导致结果的错误性,笔者将基本效应回归的最小二乘法替换为固定效应模型,重新检验三种环境规制形式对企业绿色创新的影响。表4-22中第(1)、(2)列结果显示,命令型环境规制对企业绿色创新存在促进作用,且在10%的水平下显著;第(3)、(4)列展示了市场型环境规制对企业绿色创新的影响,未加入控制变量的回归系数为6.547,加入相关控制变量后系数变化为6.453,且均在1%的水平下显著;而公众参与型环境规制与企业绿色创新的回归系数不显著。此外,相对于命令型环境规制,市场型环境规制与企业绿色创新的回归系数更大,说明市场型环境规制对企业绿色创新的促进作用更强。因此,固定效应模型下的回归结果与最小二乘法下的回归结果一致,结论稳健。

表4-22 环境规制与企业绿色创新影响的面板固定效应模型稳健性检验

变量	绿色创新 (green innovation)					
	命令型环境规制 (cer)		市场型环境规制 (mer)		公众参与型环境规制 (ver)	
	(1)	(2)	(3)	(4)	(5)	(6)
cer	0.142* (1.72)	0.140* (1.74)	—	—	—	—
mer	—	—	6.547*** (3.65)	6.453*** (3.58)	—	—
ver	—	—	—	—	1.669 (1.19)	1.718 (1.24)
miib	—	-0.036 (-0.99)	—	-0.032 (-0.58)	—	-0.013 (-0.23)
lev	—	-0.805 (-1.19)	—	-0.782 (-1.31)	—	-0.801 (-1.34)
dual	—	0.158 (0.63)	—	0.170 (0.73)	—	0.153 (0.65)

续表

变量	绿色创新（green innovation）					
	命令型环境规制（cer）		市场型环境规制（mer）		公众参与型环境规制（ver）	
	(1)	(2)	(3)	(4)	(5)	(6)
car	—	0.001 (0.39)	—	0.001 (0.07)	—	0.001 (0.05)
indr	—	-0.381 (-0.13)	—	-0.446 (-0.30)	—	-0.797 (-0.53)
il	—	-0.000** (-2.34)	—	0.000 (-0.23)	—	0.000 (-0.27)
hci	—	0.248** (2.28)	—	0.254** (2.16)	—	0.262** (2.23)
far	—	0.722 (-0.56)	—	0.666 (-0.94)	—	0.798 (-1.12)
ec	—	0.011 (0.94)	—	0.011 (1.30)	—	0.012 (1.42)
ocfr	—	0.548 (-1)	—	0.635 (-0.61)	—	0.513 (-0.49)
_cons	3.874 (1.23)	1.071 (0.40)	3.630*** (4.10)	0.819 (0.52)	3.964*** (4.47)	0.986 (0.62)
rho	0.550	0.530	0.550	0.530	0.550	0.530
N	1854	1854	1854	1854	1854	1854

注：***、**、*分别表示回归系数在1%、5%和10%的水平下显著，括号内为t值，标准误为聚类稳健标准误。

资料来源：笔者根据Stata软件OLS回归结果整理获得。

第五节 本章小结

环境污染具有显著的负外部性，污染治理的根本解决方式——绿色创新具有显著的双重正外部性，因此，在环境生态治理下，仅通过污染主体——企业自主治理显然其缺乏主动性，此时环境规制的强制性成为生态环境建设中必不可少的措施。而不同的环境规制手段对企业绿色创新的作用机制和效果又存在显著差异，命令型环境规制手段借由法律的强制性，惩戒环境污染的违法违规行为，对企业环境污染产生威慑力，企业为规避惩戒风险，主动将污染治理成本内化，从长期利益出发开展绿色创新活动；市场型环境规制手段借由政策的认证性，企业采取积极主动的环境治理方式将获得更多的资金、价格及数量的支持，从而为企业绿色创新积累了更多的资源；公众参与型环境规制借由民众参与的广泛性和传播机制的声誉性，企业为维护经营中的群众基础，尽量通过环境根源创新的方式满足公众期望，以实现口碑效应。因此，本章中笔者选取污染行业上市公司2008—2017年数据为样本，通过实证验证分析环境规制形式和强度异质性对企业绿色创新产生的差异性影响，并分析了企业内外部截然不同的治理方式是否导致了环境规制对企业绿色创新的效果发生变化。最终实证研究结果表明以下几点。

第一，环境规制形式异质性对企业绿色创新的作用效果存在差异性，命令型环境规制和市场型环境规制方式对企业绿色创新具有显著的促进作用，且市场型环境规制的绿色创新补偿效应大于命令型环境规制，而公众参与型环境规制对企业绿色创新不产生影响。

第二，鉴于适度性原则，环境规制强度异质性对企业绿色创新影响产生显著差异，命令型环境规制与企业绿色创新呈现倒"U"形的非线性结构关系，存在命令型环境规制最优值使得企业绿色创新产出最大化，不及或超过此值，仍存在绿色创新边际效应提升空间；而市场型环境规制与企业绿色创新间仅为单调递增的线性关系。

第三，外部媒体监管对环境规制与企业绿色创新起到正向的调节作用，且在命令型规制和市场型规制手段下均成立，说明外部媒体与政府的协同监管，更利于企业绿色创新产出的增加。

第四，企业内部寻租治理对命令型环境规制和市场型环境规制与企业绿色创新具有负向的调节效应，但公众参与型环境规制不显著。此外，企业内部高管股权激励和薪酬激励均对环境规制下企业的绿色创新产生促进作用，且越高的薪酬激励则企业绿色创新产出效应越大，但越高的股权激励反而会导致高管规避绿色创新风险，采取更为保守的环境污染治理方式应对环境规制压力。

为减少变量形式设置和回归模型选择对回归结果产生的系统性误差，首先，本书通过替换环境规制形式和企业绿色创新产出指标度量方式的做法，对环境规制与企业绿色创新重新回归，结论与主回归结果一致；其次，通过构建《中华人民共和国环境保护法》实施前后规制变量，以单一指标形式验证环境规制变化对企业绿色创新的影响，研究结果未发生实质性变化；最后，采用固定效应模型回归验证不同环境规制形式对绿色创新产出的实质性影响，结果显示其作用关系并未受到模型设置差异的干扰。因此，本书上述的研究结论稳健。

通过以往文献的梳理，现有研究主要基于单一环境规制形式出发，研究其对企业创新的影响，而本书从绿色创新与一般科技创新差异性特征出发，研究不同环境规制形式对企业绿色创新产出的影响，并从环境协同治理视角出发，研究内外部不同治理主体参与下，迥异的治理方式下对环境规制与企业绿色创新关系的影响。本章研究结论指出，对于命令型环境规制政策应适度，过犹不及；相对于其他手段，以期通过绿色创新方式改善生态环境应更多地采取市场型环境规制手段；以及逐步加强公众参与型环境规制建设，发挥绿色创新中的公众参与性。此外，外部媒体对企业各类信息的关注和报道，给企业污染治理造成更大的压力，激发了其绿色创新动力；而内部治理上，应避免违规的寻租治理方式，选择给予高管更多薪酬和适当的股权激励相结合的方式，实现环境污染根源治理下绿色创新产出最大化的目标。

第五章 环境规制对企业环境绩效的实证分析

第一节 研究设计

一 样本选择与数据来源

鉴于和讯网上市公司社会责任数据披露的起始年份为2010年,而环境规制数据为上市公司注册地所在省份的对应数据,其统计时间存在滞后性,最近的统计数据仅到2017年,因此,本章选取2010—2017年中国A股污染行业上市公司为研究样本。同第四章中污染行业上市公司样本筛选过程和标准一致。最终剔除ST和ST*上市公司,共计得到273家上市公司样本,样本量共计1714个(见表5-1)。

表5-1 污染企业环境绩效样本整理

行业	行业代码	公司个数(家)	观察值(个)	占比(%)
煤炭开采和洗选业	B 06	12	81	4.73
黑色金属矿采选业	B 08	4	23	1.34
有色金属矿采选业	B 09	13	77	4.49
农副食品加工业	C 13	12	80	4.67
纺织业	C 17	12	65	3.79
皮革、毛皮、羽毛及制品业	C 19	2	16	0.93
造纸业和纸制品业	C 22	11	56	3.27

续表

行业	行业代码	公司个数（家）	观察值（个）	占比（%）
石油加工、炼焦和核燃料加工业	C25	5	39	2.28
化学原料和化学制品制造业	C26	45	274	15.99
医药制造业	C27	44	274	15.99
化学纤维制造业	C28	5	36	2.10
非金属矿物制造业	C30	22	133	7.76
黑色金属冶炼和压延加工业	C31	16	102	5.95
有色金属冶炼和压延加工业	C32	29	191	11.14
金属制品业	C33	10	57	3.33
电力、热力生产和供应业	D44	31	210	12.25
共计	—	273	1714	100.00

资料来源：笔者根据Excel软件整理获得。

本章的数据来源主要为以下五个部分：第一，环境绩效数据主要来源于和讯网，筛选上市公司社会责任中的环境责任得分作为企业的环境绩效数据；第二，环境规制中的命令型环境规制、市场型环境规制及公众参与型环境规制变量数据主要来源于2009—2018年《中国环境年鉴》和《中国环境统计年鉴》；第三，媒体关注数据来源于百度新闻网，鉴于百度新闻网中的新闻源来源于500多个权威热点网站，且其搜索方式更为智能化，本书通过其高级搜索功能，设置"包含以下任意一个关键词"的方式，关键词包含上市公司的股票代码、公司简称和公司全称三种，时间设置为一年，然后检索得到上市公司每年的媒体新闻报道总数；第四，上市公司的高新技术企业认证信息来自锐思数据库（Resset）；第五，其他上市公司的财务信息数据均通过CSMAR数据库计算整理获得。对于文章中个别缺失数据则通过上下两年的数据取均值的方式进行手工填补。

二 变量选取及定义

（一）被解释变量

环境绩效（Inhxh）。现有研究中对环境绩效的衡量主要为多指标的体系构建方式和单一指标的替代研究。而指标体系的构建基于行业和角度不同，存在很大差异。同时不利于横向对比研究，且指标多具有主观性。因此，本书选取单一指标的衡量方法，借鉴唐鹏程和杨树旺[1]的做法，选取和讯网公开披露的上市公司社会责任中环境责任得分加一取自然对数的形式加以衡量。和讯网数据连续多年公开披露，且已经得到国际的认可，更为客观且便于比较。

（二）解释变量

命令型环境规制（cer）。现有研究中对命令型规制的量化方法为，各地区颁布的环境行政法律法规数量[2]、基于"三同时"制度的环保投资额，抑或各地区的行政处罚案件数量。[3] 本书考虑到命令型规制的惩戒特性，采用王云等和周小亮等的处理方式[4]，选择用地区行政处罚案件数加以量化。

市场型环境规制（mer）。现有研究中对市场型环境规制的量化指标选取方法相对统一，以排污费收缴额和环境污染治理投资额两种量化方法为主导[5]，本书考虑数据的可获得性和代表性，采用地区环境污染治理投资总额与地区生产总值之比为指标衡量市场型环境规制强度。

---

[1] 唐鹏程、杨树旺：《环境保护与企业发展真的不可兼得吗?》，《管理评论》2018年第8期。

[2] 王书斌、徐盈之：《环境规制与雾霾脱钩效应——基于企业投资偏好的视角》，《中国工业经济》2015年第4期。

[3] 李树、翁卫国：《中国地方环境管制与全要素生产率增长——基于地方立法和行政规章实际效率的实证分析》，《财经研究》2014年第2期；王云等：《媒体关注、环境规制与企业环保投资》，《南开管理评论》2017年第6期；蔡乌赶、周小亮：《中国环境规制对绿色全要素生产率的双重效应》，《经济学家》2017年第9期。

[4] 王云等：《媒体关注、环境规制与企业环保投资》，《南开管理评论》2017年第6期；蔡乌赶、周小亮：《中国环境规制对绿色全要素生产率的双重效应》，《经济学家》2017年第9期。

[5] 蔡乌赶、周小亮：《中国环境规制对绿色全要素生产率的双重效应》，《经济学家》2017年第9期；薄文广、徐玮、王军锋：《地方政府竞争与环境规制异质性：逐底竞争还是逐顶竞争?》，《中国软科学》2018年第11期；孙玉阳、宋有涛、杨春荻：《环境规制对经济增长质量的影响：促进还是抑制?——基于全要素生产率视角》，《当代经济管理》2019年第10期。

公众参与型环境规制（ver）。学术界对公众参与型环境规制也称为自愿型或自主型环境规制，因公众参与环境治理形式的多样性，该指标的量化方式存在较大差异，主要呈现形式为，地区环境污染上访人数①、地区环保部门各种渠道的投诉数②、地区生态类环境非政府人员总数③、人大及政协提案数量④及环境管理系统 ISO 14001 标准审核认证情况。⑤ 本书从数据的连续性、披露时期的存续性及指标的代表性角度出发，最终借鉴了肖汉雄的处理方式⑥，选取了地区承办的人大建议数与地区人口总数之比为指标衡量公众参与型环境规制强度。

（三）调节变量

媒体关注（lnnetm）。现有研究中对媒体关注的度量有两种主要方式：其一为报纸期刊等对企业年报道次数的纸质媒体关注度计量方式；⑦ 其二为百度新闻源下上市公司年报道次数的网络媒体关注度计量方式。⑧ 因现阶段网络信息高速传播，而纸质媒体关注度逐渐下降，本书借鉴尹美群等

---

① 黄清煌、高明：《环境规制的节能减排效应研究——基于面板分位数的经验分析》，《科学学与科学技术管理》2017 年第 1 期。

② 马勇等：《公众参与型环境规制的时空格局及驱动因子研究——以长江经济带为例》，《地理科学》2018 年第 11 期。

③ 肖汉雄：《不同公众参与模式对环境规制强度的影响——基于空间杜宾模型的实证研究》，《财经论丛》2019 年第 1 期。

④ 王红梅：《中国环境规制政策工具的比较与选择——基于贝叶斯模型平均（BMA）方法的实证研究》，《中国人口·资源与环境》2016 年第 9 期。

⑤ 任胜钢、项秋莲、何朵军：《自愿型环境规制会促进企业绿色创新吗？——以 ISO 14001 标准为例》，《研究与发展管理》2018 年第 6 期。

⑥ 肖汉雄：《不同公众参与模式对环境规制强度的影响——基于空间杜宾模型的实证研究》，《财经论丛》2019 年第 1 期。

⑦ 梁上坤：《媒体关注、信息环境与公司费用粘性》，《中国工业经济》2017 年第 2 期；李大元等：《舆论压力能促进企业绿色创新吗?》，《研究与发展管理》2018 年第 6 期；唐亮等：《非正式制度压力下的企业社会责任抉择研究——来自中国上市公司的经验证据》，《中国软科学》2018 年第 12 期；吴芃、卢珊、杨楠：《财务舞弊视角下媒体关注的公司治理角色研究》，《中央财经大学学报》2019 年第 3 期。

⑧ 刘向强、李沁洋、孙健：《互联网媒体关注度与股票收益：认知效应还是过度关注》，《中央财经大学学报》2017 年第 7 期；韩少真等：《网络媒体关注、外部环境与非效率投资——基于信息效应与监督效应的分析》，《中国经济问题》2018 年第 1 期；尹美群、李文博：《网络媒体关注、审计质量与风险抑制——基于深圳主板 A 股上市公司的经验数据》，《审计与经济研究》2018 年第 4 期。

的做法,① 采用网络媒体关注度的衡量方式测度媒体对上市公司的关注程度,具体指标为百度新闻网上当年上市公司新闻报道总量。

企业寻租(lnbuse)。现有研究对于企业寻租的度量方式主要基于以下两种形式:其一,以职务寻租方式度量,企业利用管理层或董事兼职的政治职务关系的便利性,因此采用上市公司高管中是否曾任职政府官员;② 其二,以费用寻租方式度量,企业通过过度的业务费或业务招待费的形式寻租。③ 本书参照张璇等④的做法,采用上市公司管理费用下的业务费或业务招待费用的对数来衡量企业寻租的情况。

产权性质(soe)。本书借鉴于金和李楠⑤的做法,当上市公司由国有企业控股时,赋值为1;否则赋值为0。

绿色创新(green)。本书借鉴齐绍洲等⑥的做法,构造虚拟变量green,当上市公司存在绿色专利产出时,赋值为1;否则赋值为0。

高新技术企业(high)。本书借鉴王兰芳等⑦的做法,当上市公司被认证为高新技术企业时,赋值为1;否则赋值为0。

(四)控制变量

通过梳理以往学者的研究成果发现,公司的盈利能力、成长能力、发展能力、公司规模及代理关系均有可能对企业环境绩效产生影响。因此,

---

① 尹美群、李文博:《网络媒体关注、审计质量与风险抑制——基于深圳主板A股上市公司的经验数据》,《审计与经济研究》2018年第4期。

② 申宇、傅立立、赵静梅:《市委书记更替对企业寻租影响的实证研究》,《中国工业经济》2015年第9期;李四海、江新峰、张敦力:《组织权力配置对企业业绩和高管薪酬的影响》,《经济管理》2015年第7期。

③ Hongbin C., Hanming F. and X. Lixin, "Eat, Drink, Firms, Government an Investigation of Corruption from the Entertainment and Travel Costs of Chinese Firms", *Journal of Law and Economics*, Vol. 54, No. 1, 2011, pp. 55–78;黄玖立、李坤望:《吃喝、腐败与企业订单》,《经济研究》2013年第6期。

④ 张璇、王鑫、刘碧:《吃喝费用、融资约束与企业出口行为——世行中国企业调查数据的证据》,《金融研究》2017年第5期。

⑤ 于金、李楠:《高管激励、环境规制与技术创新》,《财经论丛》2016年第8期。

⑥ 齐绍洲、林屾、崔静波:《环境权益交易市场能否诱发绿色创新?——基于中国上市公司绿色专利数据的证据》,《经济研究》2018年第12期。

⑦ 王兰芳、王悦、侯青川:《法制环境、研发"粉饰"行为与绩效》,《南开管理评论》2019年第2期。

本书从上述几个方面选取以下控制变量放入回归模型来控制相应影响因素。一是资本结构（lev），借鉴陈璇和钱维[①]的做法，采用上市公司资产负债率作为指标加以量化；二是经营能力（tat），借鉴申慧慧和吴联生[②]的做法，选取上市公司总资产周转率来衡量；三是两职合一（$dual$），借鉴于连超等[③]的做法，采用上市公司董事长与总经理兼任情况为指标，兼任时赋值为1，否则赋值为0；四是发展能力（car），借鉴于克信等[④]的做法，采用上市公司资本积累率为指标进行量化；五是成长能力（$tagr$），借鉴王旭和杨有德[⑤]的做法，以上市公司总资产周转率为指标考量；六是经营风险（il），借鉴徐莉萍等[⑥]的做法，选取上市公司经营杠杆指数作为考量指标；七是人力资本密集度（hci），借鉴苏昕和周升师[⑦]的做法，采用上市公司员工总数与营业收入之比作为指标加以量化；八是股权集中度（ec），借鉴王旭和杨有德[⑧]的做法，以上市公司前三大股东持股比例为指标方式衡量；九是企业规模（$size$），借鉴危平和曾高峰[⑨]的做法，通过上市公司期末资产总额加一取自然对数的方式进行衡量。另外，通过在回归模型中加入行业和年份虚拟变量以控制行业和年度异质性对企业环境绩效的影响。

[①] 陈璇、钱维：《新〈环保法〉对企业环境信息披露质量的影响分析》，《中国人口·资源与环境》2018年第12期。

[②] 申慧慧、吴联生：《股权性质、环境不确定性与会计信息的治理效应》，《会计研究》2012年第8期。

[③] 于连超、张卫国、毕茜：《盈余信息质量影响企业创新吗？》，《现代财经》（天津财经大学学报）2018年第12期。

[④] 于克信、胡勇强、宋哲：《环境规制、政府支持与绿色技术创新——基于资源型企业的实证研究》，《云南财经大学学报》2019年第4期。

[⑤] 王旭、杨有德：《企业绿色技术创新的动态演进：资源捕获还是价值创造》，《财经科学》2018年第12期。

[⑥] 徐莉萍等：《企业高层环境基调、媒体关注与环境绩效》，《华东经济管理》2018年第12期。

[⑦] 苏昕、周升师：《双重环境规制、政府补助对企业创新产出的影响及调节》，《中国人口·资源与环境》2019年第3期。

[⑧] 王旭、杨有德：《企业绿色技术创新的动态演进：资源捕获还是价值创造》，《财经科学》2018年第12期。

[⑨] 危平、曾高峰：《环境信息披露、分析师关注与股价同步性——基于强环境敏感型行业的分析》，《上海财经大学学报》2018年第2期。

本章选用的变量定义及说明见表 5-2。

表 5-2　　变量说明及定义

变量类型	变量名称	变量代码	变量说明	文献依据
被解释变量	环境绩效	lnhxh	和讯网企业环境责任得分+1取自然对数	唐鹏程和杨树旺①
解释变量	命令型环境规制	cer	上市公司注册地当年环境行政处罚案件数	蔡乌赶和周小亮②
	市场型环境规制	mer	上市公司注册地当年环境污染治理投资总额与地区生产总值比	薄文广等③
	公众参与型环境规制	ver	上市公司注册地当年承办的人大建议数	肖汉雄④
调节变量	媒体关注	lnnetm	上市公司当年百度新闻中报道量总合	尹美群和李文博⑤
	企业寻租	lnbuse	管理费用中业务招待费+1取自然对数	张璇等⑥
	产权性质	soe	当上市公司为国有控股时，赋值为1；否则赋值为0	于金和李楠⑦
	绿色创新	green	当上市公司当年存在绿色专利产出时，赋值为1；否则赋值为0	齐绍洲等⑧

---

① 唐鹏程、杨树旺：《环境保护与企业发展真的不可兼得吗？》，《管理评论》2018年第8期。
② 蔡乌赶、周小亮：《中国环境规制对绿色全要素生产率的双重效应》，《经济学家》2017年第9期。
③ 薄文广、徐玮、王军锋：《地方政府竞争与环境规制异质性：逐底竞争还是逐顶竞争？》，《中国软科学》2018年第11期。
④ 肖汉雄：《不同公众参与模式对环境规制强度的影响——基于空间杜宾模型的实证研究》，《财经论丛》2019年第1期。
⑤ 尹美群、李文博：《网络媒体关注、审计质量与风险抑制——基于深圳主板A股上市公司的经验数据》，《审计与经济研究》2018年第4期。
⑥ 张璇、王鑫、刘碧：《吃喝费用、融资约束与企业出口行为——世行中国企业调查数据的证据》，《金融研究》2017年第5期。
⑦ 于金、李楠：《高管激励、环境规制与技术创新》，《财经论丛》2016年第8期。
⑧ 齐绍洲、林屾、崔静波：《环境权益交易市场能否诱发绿色创新？——基于中国上市公司绿色专利数据的证据》，《经济研究》2018年第12期。

续表

变量类型	变量名称	变量代码	变量说明	文献依据
调节变量	高新技术企业	high	当上市公司被认定为高新技术企业时，赋值为1；否则赋值为0	王兰芳等[①]
控制变量	资本结构	lev	上市公司资产负债率	陈璇和钱维[②]
	经营能力	tat	上市公司总资产周转率	申慧慧和吴联生[③]
	两职合一	dual	上市公司董事长与总经理若兼任时，赋值为1；否则赋值为0	于连超等[④]
	发展能力	car	上市公司资本积累率	于克信等[⑤]
	成长能力	tagr	上市公司总资产增长率	王旭和杨有德[⑥]
	经营风险	il	上市公司经营杠杆指数	徐莉萍等[⑦]
	人力资本密集度	hci	上司公司员工总数与营业收入之比	苏昕等[⑧]
	股权集中度	ec	前三大股东持股比例	王旭和杨有德[⑨]
	企业规模	size	上市公司资产总额+1取对数	危平和曾高峰[⑩]

[①] 王兰芳、王悦、侯青川：《法制环境、研发"粉饰"行为与绩效》，《南开管理评论》2019年第2期。

[②] 陈璇、钱维：《新〈环保法〉对企业环境信息披露质量的影响分析》，《中国人口·资源与环境》2018年第12期。

[③] 申慧慧、吴联生：《股权性质、环境不确定性与会计信息的治理效应》，《会计研究》2012年第8期。

[④] 于连超、张卫国、毕茜：《盈余信息质量影响企业创新吗?》，《现代财经》（天津财经大学学报）2018年第12期。

[⑤] 于克信、胡勇强、宋哲：《环境规制、政府支持与绿色技术创新——基于资源型企业的实证研究》，《云南财经大学学报》2019年第4期。

[⑥] 王旭、杨有德：《企业绿色技术创新的动态演进：资源捕获还是价值创造》，《财经科学》2018年第12期。

[⑦] 徐莉萍等：《企业高层环境基调、媒体关注与环境绩效》，《华东经济管理》2018年第12期。

[⑧] 苏昕、周升师：《双重环境规制、政府补助对企业创新产出的影响及调节》，《中国人口·资源与环境》2019年第3期。

[⑨] 王旭、杨有德：《企业绿色技术创新的动态演进：资源捕获还是价值创造》，《财经科学》2018年第12期。

[⑩] 危平、曾高峰：《环境信息披露、分析师关注与股价同步性——基于强环境敏感型行业的分析》，《上海财经大学学报》2018年第2期。

续表

变量类型	变量名称	变量代码	变量说明	文献依据
控制变量	行业虚拟变量	Industry	按照《上市公司行业分类指引（2012年修订）》污染行业分类的16个子行业，设置16个行业虚拟变量	于连超等[①]
	年份虚拟变量	Year	和讯网披露年份2010—2017年，设置8个年份虚拟变量	于连超等[②]

资料来源：笔者整理获得。

三 模型构建

（一）环境规制对企业环境绩效的直接效应分析

为检验环境规制形式异质性对企业环境绩效的影响，本书构建基本的最小二乘回归模型加以验证，具体的模型见公式（5-1）。

$$\ln hxh_{it} = \alpha_0 + \alpha_1 Er_{it} + \alpha_2 lev_{it} + \alpha_3 tat_{it} + \alpha_4 car_{it} + \alpha_5 tagr_{it} + \alpha_6 ol_{it} + \alpha_7 hci_{it} + \alpha_8 dual_{it} + \alpha_9 ec_{it} + \alpha_{10} size_{it} + \varepsilon_{it} \quad (5-1)$$

其中，$\ln hxh_{it}$ 为被解释变量企业环境绩效；Er_{it} 表示环境规制，包含解释变量中的命令型环境规制（cer）、市场型环境规制（mer）和公众参与型环境规制（ver）；其他变量为控制变量，α_0 表示回归的截距项，α_1—α_{10} 为解释变量和控制变量系数，ε_{it} 为随机扰动项。

（二）环境规制对企业环境绩效的动态效应分析

为检验环境规制与企业环境绩效间的动态作用关系，构建公式（5-2）的差分GMM模型，在其中加入环境规制和企业环境绩效的滞后值。

$$\ln hxh_{it} = \beta_0 + \beta_1 \ln hxh_{it-1} + \beta_2 \ln hxh_{it-2} + \beta_3 Er_{it} + \beta_4 Er_{it-1} + \beta_5 lev_{it} + \beta_6 tat_{it} + \beta_7 car_{it} + \beta_8 tagr_{it} + \beta_9 ol_{it} + \beta_{10} hci_{it} + \beta_{11} dual_{it} + \beta_{12} ec_{it} + \beta_{13} size_{it} + \sigma_{it} \quad (5-2)$$

其中，$\ln hxh_{it}$ 为被解释变量企业的环境绩效，$\ln hxh_{it-1}$ 和 $\ln hxh_{it-2}$ 分别

---

① 于连超、张卫国、毕茜：《环境税会倒逼企业绿色创新吗？》，《审计与经济研究》2019年第2期。

② 于连超、张卫国、毕茜：《环境税会倒逼企业绿色创新吗？》，《审计与经济研究》2019年第2期。

为企业环境绩效的一期和二期滞后值；Er_{it} 为解释变量企业环境规制，Er_{it-1} 为环境规制形式的一期滞后值；其他变量为控制变量，β_0 表示回归的截距项，β_1—β_{13} 为解释变量和控制变量系数，σ_{it} 为随机扰动项。

（三）内外部影响因素对环境规制与企业环境绩效的调节效应分析

为检验内外部影响因素差异对环境规制与企业环境绩效的影响关系，在基本效应模型中加入环境规制与影响因素交乘项，构建公式（5-3）回归模型，验证媒体关注和企业寻租对环境规制与企业环境绩效间关系的影响。

$$\ln hxh_{it} = \gamma_0 + \gamma_1 Er_{it} + \gamma_2 Govern_{it} + \gamma_3 Er \times Govern_{it} + \gamma_4 lev_{it} + \gamma_5 tat_{it} + \gamma_6 car_{it} + \gamma_7 tagr_{it} + \gamma_8 ol_{it} + \gamma_9 hci_{it} + \gamma_{10} dual_{it} + \gamma_{11} ec_{it} + \gamma_{12} size_{it} + \mu_{it} \quad (5-3)$$

其中，$\ln hxh_{it}$ 为企业环境绩效；Er_{it} 为环境规制形式；$Govern_{it}$ 为内外部不同的影响因素，包含外部媒体关注（$\ln netm$）和企业内部寻租（$\ln buse$）；$Er \times Govern_{it}$ 为各种环境规制形式与不同内外部影响因素的交乘项；其他变量为控制变量，γ_0 表示回归的截距项，γ_1—γ_{13} 为解释变量和控制变量系数，μ_{it} 为随机扰动项。

第二节 实证过程及结果分析

一 描述性统计分析

表5-3展示了污染上市公司研究样本相关变量的描述性统计分析结果。其中，和讯网按照行业类别差异，将服务业、制造业和其他行业的环境得分总值定为10分、30分和20分三档，鉴于本书上市公司所选样本限定为污染行业，均属于制造业，因而以和讯网环境责任得分量化的企业环境绩效得分的最大值为30.00。此外，根据分析结果显示，企业环境绩效得分（hxh）的均值为9.68，标准差为8.54，最小值和25%分位数均为0.00，中位数为11.00，75%分位数为17.00，说明污染行业企业间环境绩效差距较大，大部分企业对环境责任的重视程度均处于较低水平，有待逐步提高完善。命令型环境规制（cer）的均值为1.11，最小值为0.01，最

大值为11.15，标准差为1.78，表明整体上环境规制惩戒性强度不大，仅个别地区因产业结构形式差异，可能污染相对严重而环境强度出现极端值；市场型环境规制（mer）的均值为0.07，最大值为0.31；公众参与型环境规制（ver）的均值为0.07，最小值为0.00，最大值为1.79，说明各地区的此两种环境规制强度较小，且区域间差别不大，规制有待逐步完善。企业产权性质变量（en）的中位数为0.00，且75%分位点为0.00，说明了仅有极少数不足25%的企业为国有企业，其余大部分为非国有控股企业。此种情形同样存在于企业是否存在绿色创新（green）中，其中位数和75%分位数均为0.00，验证了仅有少数企业开展了绿色创新活动，大部分仅采用末端治理的方式。而企业基础科研能力认证变量（high）的中位数为0.00，均值为0.42，75%分位数为1.00，说明了近40%的企业为高新技术企业，具备较强的科技创新能力。企业寻租（lnbuse）的均值为10.74，最小值为0.00，最大值为20.55，标准差为7.22，说明企业间变量差距较大，且呈现右偏的分布状态。媒体关注（lnnetm）的均值为3.07，中位数为3.09，25%分位数为2.40，75%分位数为3.85，最大值为12.11，说明各个企业的媒体关注分布比较均匀，仅出现极个别极端较大值。公司基本特征变量除人力资本密集度（hci）和股权集中度（ec）变量差距较大外，其余变量偏差较小，分布较均匀。

表 5-3　　　　　　　　变量描述性统计分析

变量	样本量	均值	标准差	最小值	p 25	中位数	p 75	最大值
hxh	1714	9.68	8.54	0.00	0.00	11.00	17.00	30.00
cer	1714	1.11	1.78	0.01	0.26	0.61	1.07	11.15
mer	1714	0.07	0.06	0.00	0.03	0.05	0.08	0.31
ver	1714	0.07	0.09	0.00	0.04	0.06	0.08	1.79
en	1714	0.17	0.38	0.00	0.00	0.00	0.00	1.00
high	1714	0.42	0.49	0.00	0.00	0.00	1.00	1.00
green	1714	0.22	0.41	0.00	0.00	0.00	0.00	1.00
lnbuse	1714	10.74	7.22	0.00	0.00	14.75	15.90	20.55

续表

变量	样本量	均值	标准差	最小值	p 25	中位数	p 75	最大值
lnnetm	1714	3.07	1.19	0.00	2.40	3.09	3.85	12.11
lev	1714	0.48	0.21	0.01	0.33	0.49	0.64	1.35
tat	1714	0.77	0.65	0.03	0.41	0.63	0.92	7.87
car	1714	0.11	4.08	-157.40	0.01	0.07	0.17	56.26
tagr	1714	0.14	0.25	-0.83	0.01	0.09	0.19	3.19
ol	1714	1.52	2.92	-72.87	1.20	1.44	1.83	50.17
hci	1714	11.87	9.80	0.10	4.94	9.39	15.27	73.38
dual	1714	0.16	0.37	0.00	0.00	0.00	0.00	1.00
ec	1714	52.19	16.39	8.43	40.88	52.30	63.48	94.26
size	1714	22.99	1.40	19.97	21.96	22.83	23.95	27.07

资料来源：笔者根据 Stata 软件描述性统计分析结果整理获得。

二 相关性分析

表 5-4 展示了被解释变量企业环境绩效、解释变量三种环境规制形式（命令型环境规制、市场型环境规制、公众参与型环境规制）及基本控制变量的相关分析结果，其中，表格中上三角为 Spearman 相关性系数，下三角为 Pearson 相关性系数。由表 5-4 结果可以看出，在 Spearman 相关性分析中，三种环境规制与企业环境绩效的相关系数均在 1% 的水平下为 0.10300、0.15200 和 0.15800，说明环境规制与企业环境绩效间存在显著的正相关关系，本书的假设 H6 基本得到验证。企业寻租与环境绩效相关系数在 1% 的水平下为 0.08610，说明企业寻租带来了企业环境绩效的改善。而媒体关注与企业环境绩效相关系数为 -0.3080，且在 1% 的水平下显著，指明了两者间的负相关关系，与本书基本假设相悖，有待进一步验证分析。企业特征异质性变量下，产权性质、高新技术企业认证与环境绩效的相关系数分别为 0.03060 和 0.02190，但均不显著，而企业是否存在绿色创新与企业环境绩效的相关系数为 0.05520，在 10% 的水平下显著，验证了绿色创新显著带来了企业环境绩效的改善。此外，企业股权集中度、资产增长率、经营杠杆、人力资本密集度及资本积累率等均与企业环

境绩效存在正相关关系,说明企业经营能力越好则越将更多的资源投入环境治理,环境绩效明显改善。但公司规模与环境绩效存在负相关关系,可能由于公司规模越大,生产规模越大,产品附加条件下,污染排放越多,导致环境绩效呈下降趋势。

表5-4　　　　　　　　　　变量相关性分析结果

变量	hxh	cer	mer	ver	en	lnbuse
hxh	1.00000	0.10300 ***	0.15200 ***	0.15800 ***	0.03840	0.08610 ***
cer	0.02840	1.00000	0.60600 ***	0.24400 ***	0.04800 *	0.04290
mer	0.04470	0.68000 ***	1.00000	0.36600 ***	0.06570 **	0.02840
ver	0.10200 ***	0.02170	0.05830 *	1.00000	-0.05600 *	0.01740
en	0.03930	0.06910 **	0.09580 **	0.00368	1.00000	0.02520
lnbuse	0.03060	0.02840	-0.06110 *	0.06310 **	-0.05520 *	1.00000
lnnetm	-0.30800 ***	0.02560	0.02360	-0.10000 ***	0.01050	0.01330
high	0.02190	0.00299	0.02760	0.00015	-0.14000 ***	0.13600 ***
green	0.05520 *	0.04840 *	0.05000 *	0.02210	0.02530	0.01380
lev	0.00603	0.04710	0.03960	-0.05210 *	0.11300 ***	0.06330 **
dual	-0.06860 **	0.03390	-0.05420 *	0.04670	-0.13100 ***	0.06000 **
car	0.04400	0.00992	0.02840	0.02350	0.02730	0.04100
ec	0.05490 *	0.12800 ***	0.14700 ***	0.04030	0.18400 ***	-0.07030 **
tat	0.09620 ***	0.03800	-0.07740 **	0.01220	0.02980	0.01160
tagr	0.08460 ***	0.00280	0.04120	0.00221	0.03760	0.04500
ol	0.06670 **	0.02510	0.01010	0.02420	0.02200	0.00470
hci	0.02160	-0.08330 ***	0.04320	0.08100 ***	-0.16000 ***	0.03280
size	0.04490	0.10500 ***	0.12300 ***	-0.13100 ***	0.22800 ***	-0.06940 **

变量	lnnetm	high	green	lev	dual	car
hxh	-0.33400 ***	0.02240	0.06390 **	0.01620	-0.06670 **	0.04980 *
cer	0.00382	0.07020 **	0.02480	-0.06700 **	0.00154	0.05200 *
mer	-0.16700 ***	0.00019	0.04720	0.00619	0.04210	0.02880
ver	-0.18100 ***	0.08420 ***	0.00243	0.00869	-0.05680 *	-0.06940 **

续表

变量	lnnetm	high	green	lev	dual	car
en	0.01050	-0.14000 ***	0.02530	0.12400 ***	-0.13100 ***	0.02540
lnbuse	0.06300 *	0.05960 *	0.08920 ***	0.18800 ***	0.03640	0.07380 **
lnnetm	1.00000	0.01500	0.14200 ***	0.00169	0.11000 ***	0.12000 ***
high	0.02390	1.00000	0.02950	-0.32400 ***	0.07370 **	0.05980 *
green	0.14100 ***	0.02950	1.00000	0.15600 ***	0.00678	0.03820
lev	0.00739	-0.32400 ***	0.15100 ***	1.00000	-0.14800 ***	-0.18600 ***
dual	0.09280 ***	0.07370 **	0.00678	-0.15200 ***	1.00000	0.08470 ***
car	0.03580	0.05980 *	0.00100	0.01120	0.01280	1.00000
ec	0.08130 ***	-0.17900 ***	0.12300 ***	0.11000 ***	-0.09120 ***	0.01890
tat	0.01510	0.16700 ***	0.07030 **	-0.06410 **	0.00981	0.01400
tagr	0.02500	0.08610 ***	-0.06160 *	-0.10300 ***	0.12700 ***	0.15900 ***
ol	0.02440	-0.11800 ***	0.00538	0.00499	-0.06400 **	0.00007
hci	-0.20700 ***	0.08430 ***	-0.18400 ***	-0.15100 ***	0.01520	0.02140
size	0.31600 ***	-0.30600 ***	0.33500 ***	0.50000 ***	-0.10400 ***	0.03500

变量	ec	tat	tagr	ol	hci	size
hxh	0.04840 *	0.12300 ***	0.10700 ***	0.07940 **	0.04810 *	0.02970
cer	0.10500 ***	0.04330	0.05500 *	0.02500	-0.07680 **	0.02240
mer	0.13700 ***	0.04140	0.02140	0.01940	0.01930	0.04830 *
ver	-0.05330 *	0.01830	0.04130	0.02410	0.09690 ***	-0.17100 ***
en	0.19200 ***	0.04100	0.02460	0.08930 ***	-0.16400 ***	0.22900 ***
lnbuse	0.01690	0.10300 ***	0.12200 ***	0.02250	0.01890	0.20800 ***
lnnetm	0.06840 **	0.00324	0.05300 *	-0.08340 ***	-0.20500 ***	0.31400 ***
high	-0.17900 ***	0.16700 ***	0.08610 ***	-0.11800 ***	0.08430 ***	-0.30600 ***
green	0.10600 ***	0.13200 ***	-0.06470 **	0.10700 ***	-0.22300 ***	0.32800 ***
lev	0.14300 ***	-0.08250 ***	-0.07240 **	0.20300 ***	-0.22700 ***	0.51700 ***
dual	-0.09470 ***	0.03070	0.11300 ***	-0.12400 ***	0.00847	-0.10300 ***
car	0.00452	0.11400 ***	0.58500 ***	-0.24600 ***	-0.06770 **	0.00318
ec	1.00000	0.07400 **	0.00728	0.00938	-0.21100 ***	0.38200 ***
tat	0.05080 *	1.00000	0.06910 **	-0.06170 *	-0.34200 ***	-0.06770 **

续表

变量	ec	tat	tagr	ol	hci	size
tagr	0.00213	0.00407	1.00000	-0.21800 ***	0.01450	0.03510
ol	0.01440	0.00808	0.02560	1.00000	0.00098	0.07760 **
hci	-0.14400 ***	-0.28300 ***	0.03400	0.05060 *	1.00000	-0.40900 ***
size	0.38300 ***	-0.07390 **	-0.05660 *	0.02050	-0.33200 ***	1.00000

注：表格上三角为 Spearman 系数，下三角为 Pearson 系数；***、**、* 分别代表在 1%、5% 和 10% 的水平下显著。

资料来源：笔者根据 Stata 相关性分析结果整理获得。

三 环境规制对企业环境绩效的直接效应

环境政策制度的首要目的即改善企业污染治理水平，提升环保意识。因此，鉴于规制政策的初衷，环境规制应与企业环境绩效呈现显著的正相关关系，那么不同环境规制形式对企业环境绩效的改善作用效果如何呢？本书从命令型环境规制、市场型环境规制和公众参与型环境规制出发，选用上文构建的模型公式（5-1），研究其与污染企业环境绩效的作用关系，具体的回归结果见表5-5。表5-1中第（1）、（2）列结果显示，在基准回归和加入控制变量后，命令型环境规制与企业环境绩效的回归系数分别为 0.044 和 0.053，且分别在 1% 的水平下显著，验证了本书的假设 H6a，命令型环境规制对企业环境绩效起到显著的促进作用。表5-1中第（3）、（4）列展示了市场型环境规制对企业环境绩效的影响，基准回归系数在 5% 的水平下为 1.447，加入控制变量后回归系数增大到 1.863，且在 1% 的水平下显著，说明了市场型环境规制的实施利于企业环境绩效的改善，验证了本书的假设 H6b。此外，比较命令型环境规制和市场型环境规制与企业环境绩效回归系数的大小发现，市场型环境规制因其制度上的补贴性和治理方式上的许可性，相较于命令型环境规制的强制性和惩戒性，为企业环境治理提供了更多的资源，并通过增强企业污染治理自信的形式，更为有效地提升了企业环境绩效表现。在基准和加入控制变量后的回归模型中，公众参与型环境规制与企业环境绩效的回归系数在 1% 的水平下分别为 1.603 和 1.346，表明公众参与型环境规制对企业环境绩效改善均具有显著的促进作用,验证了本书的假设 H6c。其回归系数显著大于命令型环境规制,但与市场型环境规制方式类似,说明惩戒性的规制政策虽可敦促企业改善环境治理,但其表现并不如非强制制度压力下的鼓励性和自主性措施。此外,更多治理主体的监督,迫使企业不得不主动开展环境治理活动,对污染治理更具有动力和决心,更倾向多样性的治理措施,更易受到公众的认可和追捧,因此,公众参与型环境规制作用大于命令型环境规制。

表 5-5　　　　　环境规制对企业环境绩效影响的直接效应

变量	环境绩效 ($lnhxh$)					
	命令型环境规制 (cer)		市场型环境规制 (mer)		公众参与型环境规制 (ver)	
	(1)	(2)	(3)	(4)	(5)	(6)
cer	0.044*** (2.67)	0.053*** (3.19)	—	—	—	—
mer	—	—	1.447** (2.40)	1.863*** (3.04)	—	—
ver	—	—	—	—	1.603*** (4.09)	1.346*** (3.73)
lev	—	0.347* (1.90)	—	0.361** (1.97)	—	0.281 (1.55)
tat	—	0.196*** (4.08)	—	0.202*** (4.18)	—	0.183*** (3.86)
car	—	0.006** (2.53)	—	0.005** (2.21)	—	0.006** (2.43)
$tagr$	—	0.588*** (4.72)	—	0.608*** (4.85)	—	0.589*** (4.70)
ol	—	0.026*** (3.59)	—	0.026*** (3.59)	—	0.025*** (3.15)
hci	—	0.006* (1.66)	—	0.006 (1.56)	—	0.005 (1.33)

续表

变量	环境绩效 (Inhxh)					
	命令型环境规制 (cer)		市场型环境规制 (mer)		公众参与型环境规制 (ver)	
	(1)	(2)	(3)	(4)	(5)	(6)
dual	—	-0.213** (-2.40)	—	-0.208** (-2.35)	—	-0.204** (-2.31)
ec	—	0.007*** (3.14)	—	0.006*** (3.06)	—	0.007*** (3.35)
size	—	-0.126*** (-4.16)	—	-0.129*** (-4.26)	—	-0.108*** (-3.56)
_cons	1.665*** (43.03)	3.727*** (5.67)	1.620*** (31.52)	3.734*** (5.69)	1.601*** (37.04)	3.304*** (5.00)
Industry	控制	控制	控制	控制	控制	控制
Year	控制	控制	控制	控制	控制	控制
R^2	0.003	0.047	0.004	0.049	0.012	0.051
F	7.140	11.990	5.760	11.890	16.690	11.780
N	1712	1712	1712	1712	1712	1712

注：***、**、*分别表示回归系数在1%、5%和10%的水平下显著，括号内为t值，标准误为聚类稳健标准误。

资料来源：笔者根据 Stata 软件 OLS 回归结果整理获得。

对于控制变量，在三种环境规制形式下，企业资本结构（lev）与企业环境绩效的回归系数分别为 0.347、0.361 和 0.281；经营能力（tat）与企业环境绩效的回归系数在 1% 的水平下分别为 0.196、0.202 和 0.183；成长能力（tagr）与企业环境绩效回归系数为 0.588、0.608 和 0.589，均在 1% 的水平下显著；企业发展能力（car）与环境绩效回归系数在 5% 的水平下为正；以上结果说明污染企业经营状况良好对企业环境污染治理责任的履行和完善更有力。但企业规模（size）与环境绩效回归系数在三种规制形式中分别为 -0.126、-0.129 和 -0.108，且均在 1% 的水平下显著，说明公司规模的扩大并不利于环境绩效的改善，可能规模逐渐扩大，内部治理传达效率降低，责任落实缓慢；此外，随着规模的扩大，污染排放量也随之增长，抑或产生新的环境污染排放物，导致环境绩效下降。

四　环境规制对企业环境绩效的动态效应

鉴于前期企业环境责任履行情况对企业当期环境治理行为可能产生的影响，且规制的跨期影响性，本书采用前文构建的动态面板模型公式（5-2）回归检验不同环境规制形式对企业环境绩效的影响作用，具体结果见表5-6。三种环境规制形式下，企业环境绩效的一期滞后值和二期滞后值与企业当期环境绩效在1%的水平下呈负相关关系，说明以往企业环境表现良好并未敦促企业持续维持良好状态，反而使得后期环境表现呈现下降的趋势。主要由于环境规制要求下，企业被迫完善环境责任以满足要求，进而避免惩罚或获取补贴许可，但环境治理一旦达到标准，导致产生懈怠心理，则对污染治理放松警惕，使得环境绩效大不如前。表5-6中第（1）列展示了命令型环境规制对企业环境绩效的影响，其前期值与环境绩效的回归系数为-0.249，当期值回归系数为0.115，且均在1%的水平下显著，说明惩戒性环境规制仅存在当期惩戒性，迫使其在治理期内进行末端治理以达到基本规范；而若两期规制惩戒形成积累性，环境治理目标持续无法完成，可能会形成"压在骆驼上的稻草"，将企业污染治理的决心击垮，反而不利于环境绩效的提升。市场型环境规制对企业环境绩效的影响结果见表5-6中第（2）列，前期市场型环境规制与企业绩效回归系数在1%的水平下为-18.634，说明前期市场型环境规制不利于当期环境绩效的改善，可能由于企业达到前期的规制要求后，放任自流，认为改善环境绩效也不会产生持续型许可，而采取消极的环境治理行为；而企业为获取当期的补贴或环境污染排放许可，必然加强当期环境绩效治理要求以达到标准，因而利于当期环境绩效的改善。表5-6中第（3）列展示了公众参与型环境规制与企业环境绩效的回归结果，当期公众参与型环境规制与企业环境绩效的回归系数为2.351，且在1%的水平下显著，表明更多利益相关者的共同参与和监督对企业环境绩效的改善具有显著的促进作用；然而前期公众参与型环境规制与企业环境绩效的回归系数为负，但不显著。

上述结果说明，环境绩效的改善属于环境末端治理行为，企业缺乏长远的规划和从根源切断污染源的决心，导致环境规制仅在当期提升企业环境表现，而一旦当期责任目标实现，则产生消极的污染治理心态，不利于后期环境治理责任的履行，对后期环境绩效提升产生抑制作用，从而得到环境规制与企业环境绩效表现的动态博弈关系，如图 5 – 1 所示。对于相关控制变量的回归系数结果与前述基本效应研究类似，为避免重复性，在此不予赘述。

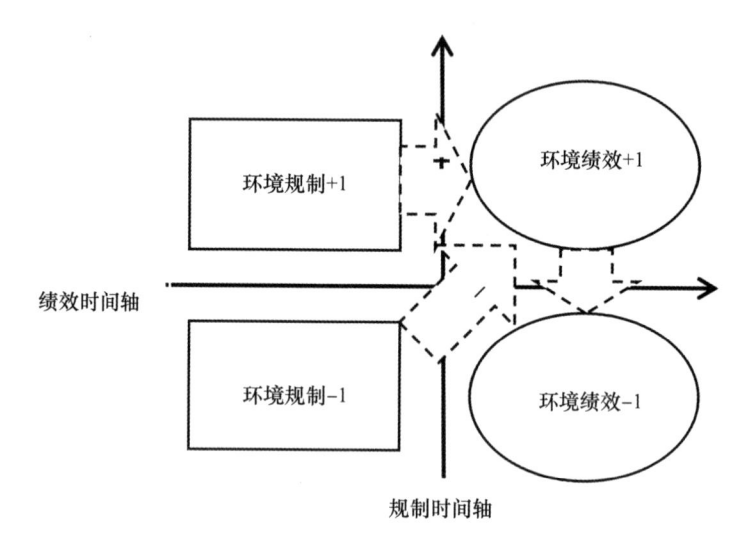

图 5 – 1 环境规制与企业环境绩效动态博弈关系

资料来源：笔者整理获得。

表 5 – 6　　　　　环境规制对企业环境绩效的动态效应分析

变量	环境绩效（Inhxh）		
	（1）	（2）	（3）
L.Inhxh	-0.085** (-2.50)	-0.155*** (-4.63)	-0.094*** (-2.81)
L2.Inhxh	-0.188*** (-4.57)	-0.199*** (-4.98)	-0.257*** (-6.34)

续表

变量	环境绩效（lnhxh）		
	（1）	（2）	（3）
cer	0.115*** (7.64)	—	—
L.cer	-0.249*** (-10.16)	—	—
mer	—	0.635* (1.78)	—
L.mer	—	-18.634*** (-8.36)	—
ver	—	—	2.351*** (4.32)
L.ver	—	—	-0.022 (-0.05)
lev	1.119 (1.48)	0.319 (0.41)	1.072 (1.48)
tat	0.244 (0.53)	0.429 (0.92)	0.461 (1.00)
car	0.001 (0.15)	0.007 (1.58)	0.000 (-0.10)
tagr	1.435*** (5.74)	0.971*** (3.92)	1.382*** (5.11)
ol	0.041*** (2.63)	0.043*** (2.76)	0.042*** (2.71)
hci	0.041*** (3.26)	0.033*** (2.73)	0.043*** (3.39)
dual	0.146 (0.62)	0.106 (0.42)	-0.025 (-0.10)
ec	0.070*** (5.18)	0.060*** (4.64)	0.073*** (5.10)

续表

变量	环境绩效（Inhxh）		
	(1)	(2)	(3)
size	-2.743*** (-10.76)	-2.221*** (-8.78)	-2.736*** (-10.36)
_cons	60.524*** (10.10)	50.643*** (8.83)	59.772*** (9.71)
N	918	918	918

注：***、**、*分别表示回归系数在1%、5%和10%的水平下显著，括号内为t值，标准误为聚类稳健标准误。

资料来源：笔者根据Stata软件差分GMM回归结果整理获得。

第三节 各因素调节效应检验

一 环境规制对企业环境绩效：媒体关注作用检验

媒体是生态环境建设中重要的治理主体，通过媒体报道信息的传递，其他利益相关者也将参与企业污染治理，污染企业处于各主体舆论压力之下，不得不改进环境治理方式，因此，媒体的关注在环境治理中的作用不容小觑。此外，法治建设需要在实践中逐步完善，其对现实中的主体行为约束具有滞后性，而媒体舆论的导向能够有效弥补制度措施的不足。[①] 因此，本书从外部媒体监管视角出发，采用前文构建的模型公式（5-3），研究媒体关注对环境规制与企业环境绩效的作用关系，具体结果见表5-7。表5-7中第（1）列回归结果显示，命令型环境规制与企业环境绩效的回归系数为0.058，在1%的水平下显著为正；加入控制变量后的回归结果如第（2）列所示，系数在1%的水平下为0.059，说明媒体关注对命令型环境规制与企业环境绩效的促进作用起到正向的调节作用。媒体关注下市场型环境规制对企业环境绩效的作用如表5-7中第（3）列和第（4）

---

① Dyck A., Volchkova N. and L. Zingales, "The Corporate Governance Role of the Media: Evidence from Tussia", *Journal of Finance*, Vol. 63, No. 3, 2008, pp. 1093-1135.

列所示，在基础回归模型中系数为 2.353，且在 1% 的水平下显著；加入相关企业特征控制变量后，回归系数稍有下降，在 1% 的水平下为 2.254，表明媒体关注正向促进了市场型环境规制对企业环境绩效改善的作用效果。此外，表 5-7 中第（5）列和第（6）列展示了基础回归和加入控制变量的扩展回归模型下媒体关注对公众参与型环境规制与企业环境绩效的调节效应，媒体关注与公众参与型环境规制交乘项（ln$netm$ × ver）回归系数均在 1% 的水平下为正，分别为 2.327 和 2.204，说明舆论媒体给予企业更多关注，加强了公众参与型环境规制对企业环境绩效的提升效果。上述结果验证了本书的基本假设 H7a、H7b 和 H7c，其作用机理为信号传递机制下，网络信息传递更快速、更便捷，媒体的关注给企业带来严重的舆论压力，为维护自身声誉，企业必然强化内部环境治理责任机制以满足规制需求，避免对企业基本生产经营造成影响。相对命令型环境规制中参与治理主体仅为司法等部门，市场型环境规制和公众参与型环境规制参与主体更为多元化，加入媒体关注后监管压力更大，从而导致媒体关注下市场型环境规制和公众参与型环境规制对企业环境绩效的促进作用大于命令型环境规制。对于控制变量对企业环境绩效的影响与上述研究类似，在此予以省略。

表 5-7　环境规制对企业环境绩效的影响：媒体关注的调节效应

变量	环境绩效（lnhxh）					
	命令型环境规制（cer）		市场型环境规制（mer）		公众参与型环境规制（ver）	
	(1)	(2)	(3)	(4)	(5)	(6)
ln$netm$	-0.465*** (-14.39)	-0.476*** (-13.30)	-0.549*** (-14.30)	-0.556*** (-13.04)	-0.512*** (-12.04)	-0.525*** (-11.66)
cer	-0.123*** (-2.84)	-0.132*** (-3.00)	—	—	—	—
ln$netm$ × cer	0.058*** (4.34)	0.059*** (4.40)	—	—	—	—

续表

变量	环境绩效（lnhxh）					
	命令型环境规制（cer）		市场型环境规制（mer）		公众参与型环境规制（ver）	
	(1)	(2)	(3)	(4)	(5)	(6)
mer	—	—	-6.910*** (-4.53)	-6.594*** (-4.19)	—	—
lnnetm × mer	—	—	2.353*** (6.00)	2.254*** (5.66)	—	—
ver	—	—	—	—	-4.974*** (-2.69)	-4.721** (-2.51)
lnnetm × ver	—	—	—	—	2.327*** (3.73)	2.204*** (3.45)
lev	—	-0.404** (-2.03)	—	-0.426** (-2.15)	—	-0.402** (-2.03)
tat	—	0.211*** (2.80)	—	0.195** (2.56)	—	0.195*** (2.71)
car	—	0.004 (1.58)	—	0.003 (1.27)	—	0.003 (1.22)
tagr	—	0.628*** (5.07)	—	0.628*** (5.01)	—	0.589*** (4.83)
ol	—	0.022*** (3.19)	—	0.022*** (3.06)	—	0.022** (2.52)
hci	—	0.006 (1.39)	—	0.005 (1.09)	—	0.004 (1.01)
dual	—	-0.060 (-0.68)	—	-0.069 (-0.79)	—	-0.061 (-0.71)
ec3	—	0.005** (2.23)	—	0.005** (2.25)	—	0.005** (2.31)
size	—	0.051 (1.50)	—	0.053 (1.57)	—	0.064* (1.90)
_cons	3.137*** (16.36)	1.460* (1.87)	3.466*** (15.60)	1.759** (2.24)	3.302*** (15.94)	1.341* (1.71)

续表

变量	环境绩效（lnhxh）					
	命令型环境规制（cer）		市场型环境规制（mer）		公众参与型环境规制（ver）	
	(1)	(2)	(3)	(4)	(5)	(6)
Industry	控制	控制	控制	控制	控制	控制
Year	控制	控制	控制	控制	控制	控制
R^2	0.139	0.168	0.145	0.174	0.150	0.177
F	14.890	14.590	15.390	14.610	14.460	14.130
N	1644	1644	1644	1644	1644	1644

注：***、**、*表示回归系数在1%、5%和10%的水平下显著，括号内为t值，标准误为聚类稳健标准误。

资料来源：笔者根据Stata软件OLS回归结果整理获得。

二　环境规制对企业环境绩效：企业寻租作用检验

李雪灵等研究指出，并非仅在正式制度环境中才存在企业的寻租活动，在非正式制度环境中企业同样采取寻租行动，且活跃程度相较于正式制度环境下更为活跃，因其受到政府权力距离和集体主义程度的影响。[①] 但寻租并不一定导致企业预期的正向目标结果，反而可能形成"腐败悖论"。[②] 以此研究为基础，本书研究正式制度环境下的命令型环境规制和市场型环境规制手段与非正式制度环境下的公众参与型环境规制与企业环境绩效的作用关系下，企业寻租起到何种作用关系，采用前文的模型公式（5-3）展开回归验证，最终的研究结果见表5-8。表5-8中第（1）、（2）列展示了基础回归模型和加入控制变量的扩展模型下企业寻租对命令型环境规制与企业环境绩效的调节作用关系，企业寻租与命令型环境规制交乘项（lnbuse×cer）的回归系数在1%和5%的水平下均为0.003，说明企业寻租对命令型环境规制与企业环境绩效关系起到正向的调节作用，寻

---

① 李雪灵等：《制度环境与寻租活动：源于世界银行数据的实证研究》，《中国工业经济》2012年第11期。

② 刘锦、王学军：《寻租、腐败与企业研发投入——来自30省12367家企业的证据》，《科学学研究》2014年第10期。

租提升了环境绩效的正向评价。基础回归模型下,企业寻租与市场型环境规制交乘项(lnbuse×mer)的回归系数为0.129,且在1%的水平下显著;加入相关控制变量后,回归系数在1%的水平下为0.127,基本未发生变化,说明企业寻租正向调节市场型环境规制与企业环境绩效的关系。反观,表5-8中第(5)列基础模型中公众参与型环境规制与企业寻租交乘项(lnbuse×ver)与企业环境绩效的回归系数在10%的水平下为-0.046;扩展模型中回归系数增加为-0.110,且在5%的水平下显著,表明企业寻租对公众参与型环境规制与企业环境绩效的作用关系起到负向调节作用。上述结果验证了本书的假设H8a、H8b和H8c,说明在不同环境规制形式下企业寻租导致环境绩效的差异性结果。命令型和市场型正式环境制度规制下,寻租目标主体单一,企业能够以明确的寻租支出替代更多的污染治理成本,为自身谋取利益,从"表面"形式上满足污染排放标准,以树立良好的环境治理形象,提升企业环境绩效表现。然而,非正式环境制度规制下,公众参与主体更加多元化,寻租方向呈现不确定性,且寻租目标主体的制度权力较弱,导致寻租结果的不良风险增加,企业内部寻租成本增加,环境绩效"形式上"并未改善,反而因寻租行为破坏企业形象,造成公众环境绩效评价下降。对此,相关企业基础特征等控制变量对环境绩效的回归结果不予赘述。

表5-8 环境规制对企业环境绩效的影响:企业寻租的调节效应

变量	环境绩效(lnhxh)					
	命令型环境规制(cer)		市场型环境规制(mer)		公众参与型环境规制(ver)	
	(1)	(2)	(3)	(4)	(5)	(6)
lnbuse	-0.003 (-1.03)	-0.002 (-0.63)	-0.009** (-2.15)	-0.007 (-1.60)	0.003 (1.12)	0.007 (1.16)
cer	-0.045*** (-2.86)	-0.048*** (-2.86)	—	—	—	—
lnbuse×cer	0.003*** (2.71)	0.003** (2.52)	—	—	—	—

续表

变量	环境绩效（lnhxh）					
	命令型环境规制（cer）		市场型环境规制（mer）		公众参与型环境规制（ver）	
	(1)	(2)	(3)	(4)	(5)	(6)
mer	—	—	-2.208*** (-3.51)	-2.361*** (-3.71)	—	—
ln$buse$ × mer	—	—	0.129*** (2.81)	0.127*** (2.79)	—	—
ver	—	—	—	—	0.520 (1.41)	2.935*** (3.88)
ln$buse$ × ver	—	—	—	—	-0.046* (-1.69)	-0.110** (-2.00)
lev	—	-0.335*** (-2.66)	—	-0.585*** (-4.17)	—	0.013 (0.06)
tat	—	0.054 (1.53)	—	0.040 (1.01)	—	0.198*** (3.63)
car	—	0.003 (0.98)	—	0.004* (1.68)	—	0.007*** (3.02)
$tagr$	—	0.027 (0.31)	—	0.013 (0.15)	—	0.608*** (4.67)
ol	—	0.013 (1.58)	—	0.010 (1.18)	—	0.022*** (2.80)
hci	—	-0.003 (-1.18)	—	-0.002 (-0.66)	—	0.008* (1.80)
$dual$	—	-0.074 (-1.26)	—	-0.073 (-1.23)	—	-0.177* (-1.96)
ec	—	0.000 (-0.09)	—	0.000 (-0.32)	—	0.006*** (2.76)

续表

变量	环境绩效（lnhxh）					
	命令型环境规制（cer）		市场型环境规制（mer）		公众参与型环境规制（ver）	
	（1）	（2）	（3）	（4）	（5）	（6）
size	—	0.012 (0.59)	—	0.029 (1.33)	—	-0.103 *** (-3.15)
_cons	2.681 *** (60.27)	2.546 *** (5.59)	2.851 *** (25.57)	2.464 *** (4.53)	2.630 *** (26.27)	3.367 *** (4.16)
Industry	控制	控制	控制	控制	控制	控制
Year	控制	控制	控制	控制	控制	控制
R^2	0.562	0.567	0.576	0.583	0.573	0.068
F	674.930	379.500	280.560	223.390	300.700	6.860
N	1712	1712	1712	1712	1712	1712

注：***、**、*分别表示回归系数在1%、5%和10%的水平下显著，括号内为t值，标准误为聚类稳健标准误。

资料来源：笔者根据Stata软件OLS回归结果整理获得。

三 环境规制对企业绿色创新：企业特征异质性检验

（一）企业产权异质性

产权性质的异质性导致企业采取不同的内部治理方式，因而在面临不同环境规制情形下，国有企业和民营企业的环境污染治理意识和行动力存在差异，造成企业间迥异的环境绩效表现。因国有企业宏观政策战略导向性，在环境规制压力下，其相对非国有企业污染防治意识更强，环境绩效表现更好。[1] 但国有企业同样存在"政治"的隐性优势，相对于非国有企业环境约束力降低[2]，反而造成了其欠佳的环境绩效表现。因而，不同环

---

[1] 唐国平、万仁新：《"工匠精神"提升了企业环境绩效吗》，《山西财经大学学报》2019年第5期。

[2] 沈洪涛、周艳坤：《环境执法监督与企业环境绩效：来自环保约谈的准自然实验证据》，《南开管理评论》2017年第6期。

境制度形式下,企业产权性质异质性与环境绩效的影响如何,有待深入验证,本书通过分组回归的形式加以检验,具体结果见表5-9。表5-9中第(1)列中国有企业命令型环境规制与企业环境绩效的回归结果为0.040,但并不显著;第(2)列中非国有企业命令型环境规制的回归系数在1%的水平下为0.058,表明命令型环境规制对国有企业环境绩效的促进作用不如非国有企业显著。此外,在进一步分组回归系数差异性检验下,两组的回归系数差异为-0.018,且在10%的水平下显著,上述结论成立。市场型环境规制对国有企业环境绩效的回归系数如第(3)列所示,系数为0.832,但仍未通过显著性检验;第(4)列非国有企业的回归系数为2.095,在1%的水平下显著;分组回归系数的差异性检验结果显示两组在5%的水平下系数差异为-1.263,同命令型环境规制结论相似,市场型环境规制对非国有企业环境绩效的改善作用强于非国有企业。表5-9中第(5)、(6)列展示了产权性质差异性下公众参与型环境规制对企业环境绩效的作用效果,国有企业的回归系数在5%的水平下为1.315;非国有企业的回归系数在1%的水平下为1.346,仅通过系数大小比较,仍为对非国有企业作用大于国有企业,分组回归系数的进一步差异性检验结果支持上述结论,两组系数差异为-0.032,在10%的水平下通过检验。上述研究结果验证了本书的假设H9,说明正式环境规制制度下国有企业借用其政治关联优势,寻租牟利,使得环境制度压力相较于非国有企业有所降低,仅采取"敷衍"的内部污染治理行为应对政治规制标准,自然环境绩效评分较低。反观非国有企业,在正式环境规制下,为避免规制的行政处罚或排放不达标下的停产等情况出现,对企业基本生产经营造成的影响,不断强化内部污染治理制度建设,因而环境责任履行情况评价较国有企业更高。但比较两类企业的规模,国有企业更具优势,其污染排放量必将更多,对生态环境建设的损害更大,而国有企业却并未起到政治引导作用,因此应加强国有企业环境治理建设。但非正式环境制度下的公众参与型环境规制对国有企业与非国有企业环境绩效表现差异不大,主要是多元化治理的共同参与下国有企业的政治优势丧失的结果。

表 5-9　产权异质性下环境规制对企业环境绩效的影响

变量	环境绩效 (lnhxh)					
	命令型环境规制 (cer)		市场型环境规制 (mer)		公众参与型环境规制 (ver)	
	国有企业	非国有企业	国有企业	非国有企业	国有企业	非国有企业
	(1)	(2)	(3)	(4)	(5)	(6)
cer	0.040 (1.26)	0.058*** (2.93)	—	—	—	—
mer	—	—	0.832 (0.66)	2.095*** (2.97)	—	—
ver	—	—	—	—	1.315** (2.36)	1.346*** (2.84)
lev	0.582 (1.23)	0.311 (1.57)	0.597 (1.21)	0.312 (1.58)	0.584 (1.25)	0.231 (1.16)
tat	0.264* (1.72)	0.195*** (3.83)	0.256* (1.67)	0.202*** (3.94)	0.262* (1.71)	0.181*** (3.58)
car	-0.006 (-0.65)	0.005* (1.69)	-0.007 (-0.76)	0.004 (1.50)	-0.008 (-0.87)	0.005* (1.70)
tagr	1.279*** (2.67)	0.495*** (3.94)	1.288*** (2.68)	0.521*** (4.12)	1.343*** (2.79)	0.489*** (3.88)
ol	0.154*** (3.19)	0.020*** (2.66)	0.153*** (3.15)	0.019*** (2.66)	0.146*** (3.06)	0.019** (2.22)
hci	0.036** (2.43)	0.005 (1.35)	0.034** (2.33)	0.005 (1.25)	0.033** (2.24)	0.004 (1.03)
dual	-0.047 (-0.13)	-0.199** (-2.15)	-0.066 (-0.19)	-0.195** (-2.11)	-0.106 (-0.30)	-0.186** (-2.02)
ec	0.007 (1.23)	0.006*** (2.78)	0.008 (1.31)	0.006*** (2.64)	0.009 (1.54)	0.007*** (2.90)
size	-0.067 (-0.78)	-0.139*** (-4.22)	-0.069 (-0.80)	-0.141*** (-4.28)	-0.054 (-0.63)	-0.121*** (-3.67)

续表

变量	环境绩效（lnhxh）					
	命令型环境规制（cer）		市场型环境规制（mer）		公众参与型环境规制（ver）	
	国有企业	非国有企业	国有企业	非国有企业	国有企业	非国有企业
	(1)	(2)	(3)	(4)	(5)	(6)
_cons	1.714 (0.89)	4.050*** (5.67)	1.743 (0.91)	4.036*** (5.65)	1.301 (0.68)	3.661*** (5.08)
Dif (P-value)	-0.018*		-1.263**		-0.032*	
Industry	控制	控制	控制	控制	控制	控制
Year	控制	控制	控制	控制	控制	控制
R^2	0.105	0.046	0.103	0.049	0.114	0.048
F	14.500	9.210	14.960	9.060	14.700	8.780
N	296	1416	296	1416	296	1416

注：***、**、*分别表示回归系数在1%、5%和10%的水平下显著，括号内为t值，标准误为聚类稳健标准误。

资料来源：笔者根据Stata软件OLS回归结果整理获得。

(二) 企业绿色创新异质性

袁宝龙指出，我国经济的绿色发展不仅要依靠制度规范的创新，还需要科技创新的双向驱动，制度与技术的双"解锁"才可实现可持续发展。[①] 鉴于此，本部分研究绿色创新对不同环境规制形式对企业环境绩效的影响作用，将污染上市公司划分为存在绿色创新和不存在绿色创新两组，具体的划分标准为企业当年是否有绿色发明专利申请，最终的分组回归结果见表5-10。表5-10中第(1)列显示存在绿色创新企业的命令型环境规制对企业环境绩效的回归系数为0.055，在10%的水平下显著；不存在绿色创新企业的命令型环境规制对企业环境绩效回归系数在1%的水平下为

---

① 袁宝龙：《制度与技术双"解锁"是否驱动了中国制造业绿色发展？》，《中国人口·资源与环境》2018年第3期。

0.053；进一步的分组回归系数差异性检验结果在 10% 的水平下为 0.002，说明命令型环境规制下企业是否开展绿色创新，对环境绩效的改善效果存在差异，但差距较小。由于命令型规制措施惩戒性压力较大，企业为减少违规成本，无论开展绿色创新活动与否，均尽力改善环境治理行为，以避免行政处罚。存在绿色创新时，市场型环境规制对环境绩效的回归系数在 5% 的水平下为 2.302，不存在绿色创新时，市场型环境规制对环境绩效的回归系数为 2.045，在 1% 的水平下显著；分组回归系数差异为 0.257，且结果在 10% 的水平下显著为正，表明市场型环境规制下企业若开展绿色创新，则拓宽获取资源禀赋的渠道，可将更多的资金投入环境绩效提升上，因此两组存在显著差异。但因其隶属于正式制度规制措施，环境绩效表现需满足基本标准要求，因此，绿色创新的调节作用差异不大。反观非正式的公众参与型环境规制手段下，存在绿色创新与环境绩效的回归系数在 5% 的水平下为 2.397；不存在绿色创新分组下的回归系数为 1.219，在 1% 的水平下显著；分组系数差异性检验结果在 10% 的水平下为 1.178，说明非正式制度压力下，若企业开展绿色创新活动，其环保意识更高，内外污染治理机制更为完善，因而环境绩效表现显著好于不存在绿色创新的企业。综上所述，无论何种环境规制形式下，企业开展绿色创新活动对环境绩效的改善均起到显著的促进作用，验证了本书的假设 H10，但在公众参与型环境规制下的作用大于市场型环境规制与命令型环境规制。此外，对于控制变量的作用效果不予详述。

表 5-10　绿色创新异质性下环境规制对企业环境绩效的影响

变量	环境绩效 （lnhxh)					
	命令型环境规制 （cer）		市场型环境规制 （mer）		公众参与型环境规制 （ver）	
	存在绿色创新	不存在绿色创新	存在绿色创新	不存在绿色创新	存在绿色创新	不存在绿色创新
	(1)	(2)	(3)	(4)	(5)	(6)
cer	0.055* (1.68)	0.053*** (2.70)	—	—	—	—

续表

变量	环境绩效 (lnhxh)					
	命令型环境规制 (cer)		市场型环境规制 (mer)		公众参与型环境规制 (ver)	
	存在绿色创新	不存在绿色创新	存在绿色创新	不存在绿色创新	存在绿色创新	不存在绿色创新
	(1)	(2)	(3)	(4)	(5)	(6)
mer	—	—	2.302** (2.06)	2.045*** (2.90)	—	—
ver	—	—	—	—	2.397** (2.51)	1.219*** (3.49)
lev	-0.039 (-0.07)	0.399** (2.01)	-0.113 (-0.22)	0.427** (2.15)	-0.24 (-0.47)	0.368* (1.87)
tat	0.101 (0.62)	0.207*** (4.11)	0.09 (0.56)	0.215*** (4.22)	0.083 (0.53)	0.198*** (3.96)
car	-0.640 (-1.40)	0.006*** (2.59)	-0.644 (-1.40)	0.005** (2.23)	-0.531 (-1.16)	0.006** (2.42)
$tagr$	0.742 (1.12)	0.633*** (4.98)	0.761 (1.13)	0.655*** (5.13)	0.560 (0.83)	0.643*** (5.03)
ol	0.017** (2.48)	0.035** (2.13)	0.017** (2.48)	0.034** (2.10)	0.018** (2.53)	0.030* (1.68)
hci	0.008 (0.63)	0.006 (1.50)	0.008 (0.59)	0.005 (1.40)	0.010 (0.76)	0.004 (1.12)
$dual$	-0.457** (-2.16)	-0.165* (-1.68)	-0.455** (-2.16)	-0.158 (-1.61)	-0.435** (-2.07)	-0.159 (-1.63)
ec	0.012** (2.26)	0.005** (2.33)	0.012** (2.21)	0.005** (2.24)	0.012** (2.22)	0.006** (2.54)
$size$	-0.207** (-2.56)	-0.131*** (-3.77)	-0.198** (-2.46)	-0.136*** (-3.91)	-0.147* (-1.80)	-0.120*** (-3.46)
$\_cons$	5.807*** (3.26)	3.830*** (5.04)	5.638*** (3.18)	3.859*** (5.09)	4.410** (2.39)	3.569*** (4.70)
Dif (P-value)	0.002*		0.257*		1.178*	

续表

变量	环境绩效（lnhxh）					
	命令型环境规制（cer）		市场型环境规制（mer）		公众参与型环境规制（ver）	
	存在绿色创新	不存在绿色创新	存在绿色创新	不存在绿色创新	存在绿色创新	不存在绿色创新
	(1)	(2)	(3)	(4)	(5)	(6)
Industry	控制	控制	控制	控制	控制	控制
Year	控制	控制	控制	控制	控制	控制
R^2	0.056	0.053	0.054	0.056	0.061	0.056
F	3.176	10.113	2.972	10.215	3.820	10.138
N	372	1340	372	1340	372	1340

注：***、**、*分别表示回归系数在1%、5%和10%的水平下显著，括号内为t值，标准误为聚类稳健标准误。

资料来源：笔者根据Stata软件OLS回归结果整理获得。

（三）企业科技创新能力异质性

企业若具有良好的科技创新能力基础，即使不通过绿色创新的方式防治污染问题，仅依靠末端治理的方式改善环境绩效，其手段也更趋于多元化，如通过设备的技术改造、产品的升级换代等，成本更低廉，防治效果更佳。表5-11展示了污染企业是否被认证为高新技术企业对不同环境规制形式下企业环境绩效影响的分组检验结果。表5-11中第（1）列命令型环境规制与高新技术企业环境规制的回归系数在1%的水平下为0.115；第（2）列与非高新技术企业环境绩效的回归系数为0.085，在1%的水平下显著；分组系数差异性检验结果在10%的水平下为0.031，说明相对于非高新技术企业，在命令型环境规制下高新技术企业环境绩效更佳。表5-11中第（3）、（4）列展示了市场型环境规制与企业环境绩效的高新技术企业认证分组回归差异，高新技术企业分组下两者的回归系数为2.678，且在1%的水平下显著；非高新技术企业分组下两者的回归系数为1.183，但并不显著，说明科技创新能力对市场型环境规制与企业环境绩效具有正向的调节作用，且进一步分组系数差异性检验结果指出上述结论，在10%的水平下，高新技术企业系数较非高新技术企业大1.495。高新技术企业分组下公众参与型环境规制与企业环境绩效的回归系数为 2.688，非高新技术企业分组下回归系数结果为 1.184，两组系数均在 1% 的水平下显著，同命令型环境规制和市场型环境规制效果类似，公众参与型环境规制下高新技术企业的环境绩效较非高新技术企业更高，验证了本书的假设 H11。可能由以下两个方面的原因导致：其一，高新技术企业具有更强的科技创新能力，因而企业可选择的环境治理方案路径更广，污染治理自信度更高，能够采取治理成本最小化的方式，以达到环境绩效最大化效果；其二，我国高新技术企业通过认证方式获得，认证效应机制下高新技术企业为维护积极正面的声誉形象，规制压力下较非高新技术企业更为积极开展环境治理行动，因而环境绩效更优。此外，表 5-11 中各分组回归中样本量统计结果可以看出，高新技术企业分组下样本为 721 个，非高新技术企业样本为 991 个，表明各组样本相对均衡，样本选择误差对结果造成影响很小，结论稳健。而相关控制变量结果与上述结果差异不显著，在此不予赘述。

表 5-11　科技创新能力异质性下环境规制对企业环境绩效的影响

变量	环境绩效 （lnhxh）					
	命令型环境规制 （cer）		市场型环境规制 （mer）		公众参与型环境规制 （ver）	
	高新技术企业	非高新技术企业	高新技术企业	非高新技术企业	高新技术企业	非高新技术企业
	（1）	（2）	（3）	（4）	（5）	（6）
cer	0.115*** (2.80)	0.085*** (2.72)	—	—	—	—
mer	—	—	2.678*** (2.68)	1.183 (1.51)	—	—
ver	—	—	—	—	2.688*** (3.39)	1.184*** (3.56)
lev	1.684*** (2.65)	0.696 (1.38)	0.689** (2.25)	0.260 (1.10)	0.591* (1.94)	0.227 (0.97)
tat	-0.330 (-1.02)	0.307* (1.71)	0.153** (2.29)	0.288*** (4.42)	0.108 (1.61)	0.286*** (4.46)

续表

变量	环境绩效 (ln*hxh*)					
	命令型环境规制 (*cer*)		市场型环境规制 (*mer*)		公众参与型环境规制 (*ver*)	
	高新技术企业	非高新技术企业	高新技术企业	非高新技术企业	高新技术企业	非高新技术企业
	(1)	(2)	(3)	(4)	(5)	(6)
car	-0.137 (-1.58)	0.009 (1.01)	-0.179*** (-4.13)	0.008*** (4.29)	-0.184*** (-4.41)	0.008*** (4.36)
tagr	0.874*** (3.62)	0.658*** (3.11)	0.868*** (4.26)	0.689*** (3.35)	0.842*** (4.14)	0.681*** (3.31)
ol	0.027* (1.77)	0.047** (2.54)	0.029*** (4.75)	0.026 (1.60)	0.030*** (5.19)	0.023 (1.28)
hci	-0.009 (-0.66)	0.012 (1.21)	0.005 (1.05)	0.006 (1.23)	0.004 (0.70)	0.006 (1.13)
dual	-0.027 (-0.14)	-0.037 (-0.20)	-0.222* (-1.77)	-0.209* (-1.65)	-0.227* (-1.81)	-0.194 (-1.54)
ec	0.030*** (3.49)	0.014 (1.55)	0.009*** (2.95)	0.004 (1.45)	0.010*** (2.99)	0.005* (1.65)
size	-1.643*** (-9.52)	-1.406*** (-10.01)	-0.224*** (-4.27)	-0.068* (-1.78)	-0.217*** (-4.13)	-0.045 (-1.17)
_*cons*	36.668*** (9.00)	32.799*** (9.52)	5.593*** (4.91)	2.459*** (2.89)	5.512*** (4.83)	1.899** (2.22)
Dif (P-value)	0.031*		1.495*		1.504*	
Industry	控制	控制	控制	控制	控制	控制
Year	控制	控制	控制	控制	控制	控制
R^2	0.230	0.178	0.078	0.041	0.079	0.047
F	17.619	17.91	8.887	15.863	9.980	15.345
N	721	991	721	991	721	991

注：***、**、*分别表示回归系数在1%、5%和10%的水平下显著，括号内为 t 值，标准误为聚类稳健标准误。

资料来源：笔者根据 Stata 软件 OLS 回归结果整理获得。

第四节　稳健性检验

为保证不同环境规制形式对企业环境绩效的作用效果的可靠性，本书从替换环境绩效指标变量、考虑新环保实施的环境规制影响效果和变换回归模型三种方式展开稳健性检验。

一　替换变量指标

（一）企业环境绩效指标体系法

本书从巨潮咨询网站收集污染行业上市公司社会责任报告或环境治理报告，借鉴沈洪涛和马正彪以及龙文滨等做法[①]，从污染排放、环境管理和社会影响三个维度构建企业环境表现指数（ep），依次从报告中手工收集整理各项指标得分，再乘以相应权重计算得到企业的环境绩效得分，其中指标权重确定方法直接采用龙文滨等中层次分析法下确定的权重得分[②]，具体指标选择、变量定义和权重得分见表5-12。

表 5-12　　　　　　　　　环境表现指数指标体系

分类	指标	定义	权重
污染排放	达标排放	污染行业的每个排放口主控污染因子达标率大于或等于80%，赋值为1，否则为0	0.294
环境管理	环境管理制度	设置环保机构、人员和制定环保管理制度，或建设项目符合规定程序或遵守"三同时"制度，赋值为1，否则为0	0.079
	固体废物处置与利用	污染行业的固体废物处置处理率达100%，或综合利用率大于等于80%，赋值为1，否则为0	0.052

---

① 沈洪涛、马正彪：《地区经济发展压力、企业环境表现与债务融资》，《金融研究》2014年第2期；龙文滨、李四海、丁绒：《环境政策与中小企业环境表现：行政强制抑或经济激励》，《南开经济研究》2018年第3期。

② 龙文滨、李四海、丁绒：《环境政策与中小企业环境表现：行政强制抑或经济激励》，《南开经济研究》2018年第3期。

续表

分类	指标	定义	权重
环境管理	清洁生产审核	污染行业通过清洁生产审核，赋值为1，否则为0	0.034
	环境管理体系认证	获得ISO 14001环境管理体系认证的，赋值为1，否则为0	0.034
社会影响	突然环境事件	无突发环境事件，赋值为1，否则为0	0.193
	严重环境违法	无严重环境违法行为，赋值为1，否则为0	0.193
	行政处罚	无因环境行为的行政处罚，赋值为1，否则为0	0.122

资料来源：龙文滨、李四海、丁绒：《环境政策与中小企业环境表现：行政强制抑或经济激励》，《南开经济研究》2018年第3期。

依据表 5 – 12 指标体系变量和权重计算得到的污染行业上市公司环绩效得分与不同环境规制形式变量进行回归分析，其结果见表 5 – 13。表 5 – 13 中第（1）、（2）列展示了命令型环境规制与企业环境表现指数回归结果，基础模型下两者的回归系数为 0.086，扩展模型下两者的回归系数为 0.092，稍有增加，且两系数均在 1% 的水平下为正，与上述基本效应回归结论一致，说明命令型环境规制对企业环境绩效改善的促进作用稳健。市场型环境规制与企业环境表现基础回归系数为 0.177，在 5% 的水平下显著；加入相关控制变量后，在 5% 的水平下的回归系数为 0.162，系数稍有下降，但仍验证了两者的正相关关系。表 5 – 13 中第（5）列公众参与型环境规制企业环境表现指数的回归系数为 2.090，加入控制变量后扩展模型下的回归系数为 1.878，两系数均在 5% 的水平下显著，验证了公众参与型环境规制对企业环境绩效的正向影响。据此，不同环境规制形式均能显著促进企业环境绩效表现的改善，替换环境绩效表现后结论仍成立，本章结果稳健。

表 5 – 13　　　　　　企业环境绩效指标体系稳健性检验

变量	环境表现指数（ep）					
	命令型环境规制（cer）		市场型环境规制（mer）		公众参与型环境规制（ver）	
	(1)	(2)	(3)	(4)	(5)	(6)
cer	0.086*** (2.92)	0.092*** (3.00)	—	—	—	—

续表

变量	环境表现指数（ep）					
	命令型环境规制（cer）		市场型环境规制（mer）		公众参与型环境规制（ver）	
	(1)	(2)	(3)	(4)	(5)	(6)
mer	—	—	0.177** (2.25)	0.162** (2.08)	—	—
ver	—	—	—	—	2.090** (2.45)	1.878** (2.29)
lev	—	-0.336* (-1.73)	—	0.001 (0.08)	—	-0.413** (-2.16)
tat	—	0.269*** (5.29)	—	0.007*** (3.11)	—	0.265*** (5.29)
car	—	-0.001 (-0.28)	—	0.000 (-0.28)	—	-0.001 (-0.35)
tagr	—	0.031 (0.21)	—	-0.004 (-0.61)	—	0.039 (0.26)
ol	—	-0.002 (-0.15)	—	0.000 (-1.19)	—	-0.004 (-0.36)
hci	—	0.007* (1.82)	—	0.000** (2.09)	—	0.005 (1.40)
dual	—	-0.222** (-2.40)	—	-0.011* (-1.96)	—	-0.198** (-2.14)
ec	—	0.001 (0.23)	—	0.000 (0.40)	—	0.000 (0.08)
size	—	0.007 -0.21	—	-0.002 (-1.13)	—	0.023 -0.71

续表

变量	环境表现指数（ep）					
	命令型环境规制（cer）		市场型环境规制（mer）		公众参与型环境规制（ver）	
	(1)	(2)	(3)	(4)	(5)	(6)
_cons	6.544*** (27.11)	6.216*** (8.90)	0.931*** (439.87)	0.959*** (31.95)	7.213*** (187.46)	6.644*** (9.58)
Industry	控制	控制	控制	控制	控制	控制
Year	控制	控制	控制	控制	控制	控制
R^2	0.005	0.024	0.001	0.010	0.002	0.020
F	8.540	5.090	5.050	2.430	6.030	4.920
N	1714	1714	1714	1714	1714	1714

注：***、**、*分别表示回归系数在1%、5%和10%的水平下显著，括号内为t值，标准误为聚类稳健标准误。

资料来源：笔者根据 Stata 软件 OLS 回归结果整理获得。

（二）企业环境绩效高低分组

本书借鉴马东山和韩亮亮[①]的做法，构建企业环境绩效替代指标（hj），具体做法为，对和讯网企业环境责任评分按照中位数分组，高于中位数时，环境绩效（hj）指标赋值为1；低于中位数时，环境绩效（hj）赋值为0。采用模型公式（5-1）对不同环境规制形式（cer、mer、ver）与环境绩效（hj）展开回归分析，具体回归结果见表5-14。命令型环境规制形式与企业环境绩效的回归系数在基础模型和扩展模型下系数分别为0.020和0.023，均在1%的水平下显著为正。市场型环境规制的回归结果同样在1%的水平下显著为正，回归系数分别为0.599和0.766。表5-14中第（5）列结果显示，公众参与型环境规制与替换后的企业环境绩效指标回归系数为0.565，且在1%的水平下显著；第（6）列加入控制变量后系数下降为0.460，仍在1%的水平下显著。此外，通过三种环境规制形式

---

① 马东山、韩亮亮：《经济政策不确定性与审计费用——基于代理成本的中介效应检验》，《当代财经》2018年第11期。

回归系数的横向比较可以看出，市场型环境规制和公众参与型环境规制对企业环境绩效的提升作用显著大于命令型环境规制，与上文结论一致，保证本章结果的稳健性。

表 5-14 替换环境绩效指标的稳健性检验

变量	环境绩效（hj）					
	命令型环境规制（cer）		市场型环境规制（mer）		公众参与型环境规制（ver）	
	(1)	(2)	(3)	(4)	(5)	(6)
cer	0.020*** (3.29)	0.023*** (3.87)	—	—	—	—
mer	—	—	0.599*** (2.72)	0.766*** (3.41)	—	—
ver	—	—	—	—	0.565*** (4.44)	0.460*** (4.01)
lev	—	0.121* (1.86)	—	0.125* (1.91)	—	0.092 (1.43)
tat	—	0.061*** (3.56)	—	0.063*** (3.66)	—	0.056*** (3.30)
car	—	0.002* (1.81)	—	0.001 (1.33)	—	0.002 (1.63)
tagr	—	0.232*** (5.15)	—	0.241*** (5.28)	—	0.232*** (5.10)
ol	—	0.008*** (3.26)	—	0.008*** (3.25)	—	0.008*** (2.75)
hci	—	0.002* (1.72)	—	0.002 (1.58)	—	0.002 (1.35)
dual	—	-0.062* (-1.95)	—	-0.061* (-1.90)	—	-0.060* (-1.89)

续表

变量	环境绩效（hj）					
	命令型环境规制（cer）		市场型环境规制（mer）		公众参与型环境规制（ver）	
	(1)	(2)	(3)	(4)	(5)	(6)
ec	—	0.003*** (3.60)	—	0.003*** (3.52)	—	0.003*** (3.87)
size	—	-0.055*** (-5.12)	—	-0.056*** (-5.22)	—	-0.048*** (-4.46)
_cons	0.599*** (43.66)	1.551*** (6.69)	0.582*** (31.51)	1.551*** (6.69)	0.582*** (38.83)	1.398*** (5.98)
Industry	控制	控制	控制	控制	控制	控制
Year	控制	控制	控制	控制	控制	控制
R^2	0.005	0.055	0.005	0.056	0.011	0.055
F	10.860	13.020	7.400	12.350	19.690	12.310
N	1714	1714	1714	1714	1714	1714

注：***、**、*分别表示回归系数在1%、5%和10%的水平下显著，括号内为t值，标准误为聚类稳健标准误。

资料来源：笔者根据Stata软件OLS回归结果整理获得。

二 新《环保法》实施的环境规制效应检验

2015年实施的《中华人民共和国环境保护法》（以下简称新《环保法》）被称为史上最严格的环保法。本书通过构建新《环保法》规制变量（treat），验证环境规制对企业环境绩效的作用关系，具体做法为，当新《环保法》实施前，将treat变量赋值为0；新《环保法》实施后，将treat变量赋值为1。鉴于前文指出新《环保法》的严格性、鼓励性和参与性，以新《环保法》规制变量替换三种环境规制形式变量，类似于将三种变量合成环境规制综合指数的做法，如于斌斌等[①]的做法，不过本书方式更为

---

① 于斌斌、金刚、程中华：《环境规制的经济效应："减排"还是"增效"》，《统计研究》2019年第2期。

简便。最终新《环保法》规制与企业环境绩效的回归结果见表5-15。表5-15中第（1）、（2）列采用最小二乘回归法，基础回归模型下，新《环保法》实施与企业环境绩效的回归系数在1%的水平下为0.454，加入控制变量后，回归系数降至0.449，仍在1%的水平下显著。固定效应模型下，新《环保法》实施与企业环境绩效的回归系数在无控制变量和加入控制变量后的回归系数分别为0.191和0.093，均在1%的水平下为正。上述结果表明，新《环保法》实施对企业的环境绩效提升有显著的促进作用，与前文结论一致，环境规制强度增强对企业环境绩效具有改善作用，结果稳健得以验证。

表5-15　　　　新《环保法》实施对企业环境绩效影响检验

变量	环境绩效（lnhxh）			
	最小二乘法		固定效应模型	
	（1）	（2）	（3）	（4）
treat	0.454*** (13.61)	0.449*** (13.10)	0.191*** (9.02)	0.093*** (3.55)
lev	—	-0.131** (-2.38)	—	-0.300** (-2.33)
tat	—	0.027* (1.80)	—	0.003 (0.06)
car	—	0.002** (2.55)	—	0.001 (0.32)
tagr	—	0.053 (1.44)	—	-0.084* (-1.79)
ol	—	0.004 (1.44)	—	0.000 (-0.04)
hci	—	-0.001 (-0.55)	—	-0.006** (-2.28)

续表

变量	环境绩效（lnhxh）			
	最小二乘法		固定效应模型	
	(1)	(2)	(3)	(4)
dual	—	-0.009 (-0.38)	—	0.089** (1.97)
ec3	—	-0.002** (-2.57)	—	-0.001 (-0.64)
size	—	0.020** (2.21)	—	0.200*** (5.07)
_cons	0.736*** (16.07)	0.414* (1.94)	0.646*** (48.91)	-3.629*** (-3.96)
R^2	0.387	0.395	0.275	0.425
F	67.540	48.710	81.360	13.200
N	1714	1714	1714	1714

注：***、**、*分别表示回归系数在1%、5%和10%的水平下显著，括号内为t值，标准误为聚类稳健标准误。

资料来源：笔者根据Stata软件OLS回归结果整理获得。

三 固定效应模型

为避免模型设置偏差和公司个体特征对本书研究结论造成的影响，本部分采用固定效应模型重新对三种环境规制形式与企业环境绩效展开回归分析，具体结果见表5-16。表5-16中第（1）、（3）、（5）列分别展示了基础回归模型下，命令型环境规制、市场型环境规制和公众参与型环境规制对企业环境绩效的回归结果，三种规制形式下的系数分别为0.105、4.461和2.009，且均在1%的水平下显著。第（2）、（4）、（6）列展示了加入相关控制变量后三种环境规制与企业环境绩效的回归结果，命令型环境规制系数在1%的水平下为0.093，市场型环境规制系数为3.754，公众参与型环境规制系数为1.561，两者均在1%的水平下为正，与本章前述的最小二乘法下环境规制形式异质性与企业环境绩效的回归结果无实质性变化。上述结果说明，三种环境规制形式均有利于企业环境绩效的提升。此外，通过对表 5-16 中 6 列系数的横向比较可以看出，市场型环境规制系数大于公众参与型环境规制，大于命令型环境规制，验证了鼓励性规制手段强于监督性措施，更强于惩戒性措施，因此，本章的环境规制对企业环境绩效的直接效应结论在何种模型下均显著成立，本章研究结论稳健。

表 5-16　　　　　　环境规制对企业环境绩效固定效应模型检验

变量	环境绩效（lnhxh）					
	（1）	（2）	（3）	（4）	（5）	（6）
cer	0.105 *** (3.85)	0.093 *** (3.78)	—	—	—	—
mer	—	—	4.461 *** (5.09)	3.754 *** (4.68)	—	—
ver	—	—	—	—	2.009 *** (4.93)	1.561 *** (4.21)
lev	—	1.079 *** (2.78)	—	1.005 *** (2.59)	—	1.042 *** (2.69)
tat	—	0.153 (0.98)	—	0.187 (1.21)	—	0.167 (1.08)
car	—	0.004 (0.53)	—	0.003 (0.38)	—	0.004 (0.48)
tagr	—	0.636 *** (4.49)	—	0.656 *** (4.64)	—	0.646 *** (4.56)
ol	—	0.033 *** (2.83)	—	0.033 *** (2.81)	—	0.030 *** (2.61)
hci	—	0.009 -1.13	—	0.007 -0.94	—	0.009 -1.12
dual	—	0.020 (-0.15)	—	0.010 (-0.07)	—	0.040 (-0.28)

续表

变量	环境绩效 （ln*hxh*）					
	（1）	（2）	（3）	（4）	（5）	（6）
ec	—	0.023*** (3.80)	—	0.023*** (3.79)	—	0.023*** (3.78)
size	—	-1.452*** (-13.63)	—	-1.433*** (-13.48)	—	-1.431*** (-13.43)
_cons	1.597*** (35.67)	32.901*** (12.87)	1.423*** (21.58)	32.361*** (12.68)	1.573*** (36.08)	32.429*** (12.69)
Industry	控制	控制	控制	控制	控制	控制
Year	控制	控制	控制	控制	控制	控制
R^2	0.010	0.194	0.018	0.198	0.017	0.196
F	14.800	34.290	25.940	35.230	24.320	34.710
N	1712	1712	1712	1712	1712	1712

注：***、**、*分别表示回归系数在1%、5%和10%的水平下显著，括号内为 t 值，标准误为聚类稳健标准误。

资料来源：笔者根据 Stata 软件面板固定效应回归结果整理获得。

第五节 本章小结

本书第四章研究了不同环境规制形式对企业绿色创新产出的作用关系，借由企业环境治理的价值链产出过程，本章着手研究环境规制对企业环境绩效的影响。首先，从环境规制形式异质性、环境规制和企业绩效表现动态性两个方面分析环境规制对企业环境绩效的直接影响；其次，分析内外部主体参与环境治理形式差异对环境规制形式与企业环境绩效作用关系的影响效果；最后，分析环境规制对不同特征类型企业环境绩效的差异性影响。因而，本书以污染行业企业为对象，采用2010—2017年上市公司A股样本数据，采用普通最小二乘法、差分 GMM 和调节效应模型对上述问题进行验证，最终结果表明以下几点。

第一,命令型环境规制、市场型环境规制和公众参与型环境规制对企业环境绩效均具有显著的促进作用,但惩戒性的命令型规制作用小于多样性的公众参与型环境规制,小于鼓励性和补贴性为主导的市场型环境规制;因此应逐步完善市场型环境规制建设步伐,同时鼓励多主体的共同参与;但强制性的命令型规制作为最后的防御底线,其作用必不可少,也不容小觑。

第二,环境规制与企业环境绩效的动态效应结果表明,前期环境绩效的改善不但未对当期环境产生改善作用,反而因绩效达标的"满足"和"得过且过"心理,对当期企业环境绩效产生抑制作用;同样当期环境规制仅对当期环境绩效目标的实现产生影响,欠缺长期利益的目标导向,反而不利于后期企业的环境治理责任的落实。

第三,外部媒体监管主体的加入,对环境制度条件下企业环境绩效的提升起到正向的调节作用,且鉴于声誉机制的传导性,媒体关注对市场型环境规制和公众参与型环境规制与企业环境绩效正向调节效应大于命令型环境规制。制度理论下,企业的内部寻租行为,借由"政商关联"下的利益互惠行为,当局以"隐性方式"帮助污染企业实现环境绩效的提升,鉴于市场型环境规制相较于命令型环境规制更好"操控",寻租对市场型环境规制的调节效应大于命令型环境规制。此外,公众参与型环境规制主体更加多元化,寻租成本支出更大,效果甚微,因此,对环境绩效改善产生负向调节作用。

第四,企业类型特征异质性下,分组回归检验结果显示,国有企业政治"隐性优势",环境制度压力降低,不同规制措施下的环境绩效表现反而较非国有企业更差;企业绿色创新意识更强的企业,制度规范下绩效表现则更优;此外,企业基础科技创新能力和高新技术企业的认证效应,使得不同环境规制形式下高新技术企业环境绩效表现相对于非高新技术企业更佳。

第五,为保证上述研究结论的稳健性,本书分别采用利用环境表现指标体系评分替换原环境绩效评分、构建环境绩效评分高低分组和新《环保法》实施环境规制变量及替换最小二乘回归模型为固定效应模型三种方式，重新回归验证上述结论，两组结果无显著性差异，说明本章的研究结果稳健。

现有研究中主要以宏观主体下环境规制对环境绩效的影响研究为主，较少以微观企业为样本展开研究。此外，本书从内外部主体的互动视角展开，差异性的治理行为对环境规制与企业环境绩效的影响作用，体现了多主体、多方式协同开展污染防治和生态经济建设的现实需求。

第六章 环境规制对企业经济绩效的实证分析

第一节 研究设计

一 样本选择与数据来源

本章除验证环境规制对企业经济绩效的作用关系外,还分析其绿色创新和环境绩效提升的传导机制,鉴于和讯网上市公司社会责任数据披露的起始年份为2010年,而环境规制数据为上市公司注册地所在省份的对应数据,其统计时间存在滞后性,最近的统计数据仅到2017年,因此,本章选取2010—2017年中国A股污染行业上市公司为研究样本。同第五章中污染行业上市公司样本筛选过程和标准一致。最终剔除ST和ST*上市公司,共计得到273家上市公司样本,样本量共计1714个。

本章的数据来源主要为以下六个部分:第一,上市公司的企业短期经济绩效、企业长期经济绩效指标及其他财务信息数据均来自国泰安(CSMAR)数据库;第二,绿色创新专利数据来自国家知识产权局,按照国际绿色创新专利IPC分类号,通过搜索上市公司股票代码和公司名称整理得到;第三,环境绩效数据来源于和讯网,筛选上市公司社会责任中的环境责任得分作为企业的环境绩效数据;第四,环境规制中的命令型环境规制、市场型环境规制及公众参与型环境规制变量数据主要来源于2009—2018年《中国环境年鉴》和《中国环境统计年鉴》;第五,媒体关注数据来源于百度新闻网,鉴于百度新闻网中的新闻源来源于500多个权威热点网站,且其搜索方式更为智能化,本书通过其高级搜索功能,设置"包含以下任意一个关键词"的方式,关键词包含上市公司的股票代码、公司简称和公司全称三种,时间设置为一年,然后检索得到上市公司每年的媒体新闻报道总数;第六,上市公司的高新技术企业认证信息来自锐思数据库(Resset)。对于本章中个别缺失数据则通过上下两年的数据取均值的方式进行手工填补。

二 变量选取及定义

(一)被解释变量

企业短期经济绩效(roa)。参照邓新明[1]的做法,选取上市公司总资产净利率作为指标量化污染企业的短期经济绩效,具体计算方式为上市公司净利润与平均资产总额的百分比。

企业长期经济绩效($lnmv$)。参照许秀梅[2]的做法,将上市公司市场价值加一取自然对数作为指标衡量企业的长期经济绩效。

(二)解释变量

命令型环境规制(cer)。现有研究中对命令型环境规制的量化方法为,各地区颁布的环境行政法律法规数量[3]、基于"三同时"制度的环保投资额,抑或是各地区的行政处罚案件数量。[4] 本书考虑到命令型环境规制的惩戒特性,采用王云等以及蔡乌赶和周小亮等的处理方式[5],选择用地区行政处罚案件数加以量化。

市场型环境规制(mer)。现有研究中对市场型环境规制的量化指标选

---

[1] 邓新明:《中国民营企业政治关联、多元化战略与公司绩效》,《南开管理评论》2011年第4期。

[2] 许秀梅:《技术资本与企业价值——基于人力资本与行业特征的双重调节》,《科学学与科学技术管理》2015年第8期。

[3] 王书斌、徐盈之:《环境规制与雾霾脱钩效应——基于企业投资偏好的视角》,《中国工业经济》2015年第4期。

[4] 李树、翁卫国:《中国地方环境管制与全要素生产率增长——基于地方立法和行政规章实际效率的实证分析》,《财经研究》2014年第2期;王云等:《媒体关注、环境规制与企业环保投资》,《南开管理评论》2017年第6期;蔡乌赶、周小亮:《中国环境规制对绿色全要素生产率的双重效应》,《经济学家》2017年第9期。

[5] 王云等:《媒体关注、环境规制与企业环保投资》,《南开管理评论》2017年第6期;蔡乌赶、周小亮:《中国环境规制对绿色全要素生产率的双重效应》,《经济学家》2017年第9期。

取方法相对统一,以排污费收缴额和环境污染治理投资额两种量化方法为主导①,本书考虑数据的可获得性和代表性,采用地区环境污染治理投资总额与地区生产总值之比为指标衡量市场型环境规制强度。

公众参与型环境规制(ver)。学术界对公众参与型环境规制也称为自愿型或自主型环境规制,因公众参与环境治理形式的多样性,该指标的量化方式存在较大差异,主要呈现形式为地区环境污染上访人数②、地区环保部门各种渠道的投诉数③、地区生态类环境非政府人员总数④、人大及政协提案数量⑤及环境管理系统 ISO 14001 标准审核认证情况⑥。本书从数据的连续性、披露时期的存续性及指标的代表性角度出发,最终借鉴了肖汉雄的处理方式,⑦ 选取了地区承办的人大建议数与地区人口总数之比为指标衡量公众参与型环境规制强度。

(三) 中介变量

绿色创新($gipap$)。本书借鉴 Andrea 等和任胜钢等的做法⑧,选用上市公司绿色发明专利申请量作为指标衡量绿色创新。

---

① 蔡乌赶、周小亮:《中国环境规制对绿色全要素生产率的双重效应》,《经济学家》2017年第 9 期;薄文广、徐玮、王军锋:《地方政府竞争与环境规制异质性:逐底竞争还是逐顶竞争?》,《中国软科学》2018 年第 11 期;孙玉阳、宋有涛、杨春荻:《环境规制对经济增长质量的影响:促进还是抑制?——基于全要素生产率视角》,《当代经济管理》2019 年第 10 期。
② 黄清煌、高明:《环境规制的节能减排效应研究——基于面板分位数的经验分析》,《科学学与科学技术管理》2017 年第 1 期。
③ 马勇等:《公众参与型环境规制的时空格局及驱动因子研究——以长江经济带为例》,《地理科学》2018 年第 11 期。
④ 肖汉雄:《不同公众参与模式对环境规制强度的影响——基于空间杜宾模型的实证研究》,《财经论丛》2019 年第 1 期。
⑤ 王红梅:《中国环境规制政策工具的比较与选择——基于贝叶斯模型平均(BMA)方法的实证研究》,《中国人口·资源与环境》2016 年第 9 期;肖汉雄:《不同公众参与模式对环境规制强度的影响——基于空间杜宾模型的实证研究》,《财经论丛》2019 年第 1 期。
⑥ 任胜钢、项秋莲、何朵军:《自愿型环境规制会促进企业绿色创新吗?——以 ISO 14001 标准为例》,《研究与发展管理》2018 年第 6 期。
⑦ 肖汉雄:《不同公众参与模式对环境规制强度的影响——基于空间杜宾模型的实证研究》,《财经论丛》2019 年第 1 期。
⑧ Andrea F., Giulio G. and Valentina M., "Green Patents, Regulatory Policies and Research Network Policies", $Research\ Policy$, Vol. 47, No. 6, 2018, pp. 1018 – 1031;任胜钢、项秋莲、何朵军:《自愿型环境规制会促进企业绿色创新吗?——以 ISO 14001 标准为例》,《研究与发展管理》2018 年第 6 期。

环境绩效（lnhxh）。本书借鉴唐鹏程和杨树旺①的做法，选取和讯网上市公司企业环境责任得分加1取自然对数的方式衡量企业环境绩效。

（四）调节变量

媒体关注（lnnetm）。现有研究中对媒体关注的度量有两种主要方式：其一为报纸期刊等对企业年报道次数的纸质媒体关注度计量方式；②其二为百度新闻源下上市公司年报道次数的网络媒体关注度计量方式。③因现阶段网络信息高速传播，而纸质媒体关注度逐渐下降，本书借鉴尹美群和李文博④的做法，采用网络媒体关注度的衡量方式测度媒体对上市公司的关注程度，具体指标为百度新闻网上当年上市公司新闻报道总量。

企业寻租（lnbuse）。现有研究对于企业寻租的度量方式主要基于以下两种形式：其一，以职务寻租方式度量，企业利用管理层或董事兼职的政治职务关系的便利性，因此采用上市公司高管中是否曾任职政府官员；⑤其二，以费用寻租方式度量，企业通过过度的业务费或业务招待费的形式寻租。⑥本书参照张璇等⑦的做法，采用上市公司管理费用下的业务费或业

---

① 唐鹏程、杨树旺：《环境保护与企业发展真的不可兼得吗?》，《管理评论》2018年第8期。

② 梁上坤：《媒体关注、信息环境与公司费用粘性》，《中国工业经济》2017年第2期；李大元等：《舆论压力能促进企业绿色创新吗?》，《研究与发展管理》2018年第6期；唐亮等：《非正式制度压力下的企业社会责任抉择研究——来自中国上市公司的经验证据》，《中国软科学》2018年第12期；吴芃、卢珊、杨楠：《财务舞弊视角下媒体关注的公司治理角色研究》，《中央财经大学学报》2019年第3期。

③ 刘向强、李沁洋、孙健：《互联网媒体关注度与股票收益：认知效应还是过度关注》，《中央财经大学学报》2017年第7期；韩少真等：《网络媒体关注、外部环境与非效率投资——基于信息效应与监督效应的分析》，《中国经济问题》2018年第1期；尹美群、李文博：《网络媒体关注、审计质量与风险抑制——基于深圳主板A股上市公司的经验数据》，《审计与经济研究》2018年第4期。

④ 尹美群、李文博：《网络媒体关注、审计质量与风险抑制——基于深圳主板A股上市公司的经验数据》，《审计与经济研究》2018年第4期。

⑤ 申宇、傅立立、赵静梅：《市委书记更替对企业寻租影响的实证研究》，《中国工业经济》2015年第9期；李四海、江新峰、张敦力：《组织权力配置对企业业绩和高管薪酬的影响》，《经济管理》2015年第7期。

⑥ Hongbin C., Hanming F. and X. Lixin, "Eat, Drink, Firms, Government an Investigation of Corruption from the Entertainment and Travel Costs of Chinese Firms", *Journal of Law and Economics*, Vol. 54, No.1, 2011, pp.55-78；黄玖立、李坤望：《吃喝、腐败与企业订单》，《经济研究》2013年第6期。

⑦ 张璇、王鑫、刘碧：《吃喝费用、融资约束与企业出口行为——世行中国企业调查数据的证据》，《金融研究》2017年第5期。

务招待费用的对数来衡量企业寻租的情况。

（五）控制变量

以往的研究指出，企业的治理关系、经营能力、发展能力、资本结构等显著影响企业的经济绩效，因此，本书从以下角度选取控制变量。一是企业规模（size），借鉴危平和曾高峰①的做法，通过上市公司资产总额加1取对数的方式加以量化；二是经营能力（tat），借鉴申慧慧和吴联生②的做法，采用上市公司总资产周转率为指标衡量；三是经营代理关系（sop），借鉴于连超等③的做法，选用上市公司两权分离度为指标对其进行量化；四是发展能力（car），借鉴于克信等④的做法，将上市公司资本积累率为指标量化；五是独董比例（indr），借鉴任胜钢等⑤的做法，以上市公司独立董事人数与董事会总人数之比的方式衡量；六是经营风险（il），借鉴徐莉萍等⑥的做法，采用上市公司综合杠杆指数作为指标进行量化；七是科技能力（high），借鉴王兰芳等⑦的做法，当上市公司被认定为高新技术企业时，赋值为1，否则赋值为0；八是资本结构（pr），借鉴陈璇和钱维⑧的做法，以上市公司产权比作为衡量指标；九是现金流（ocfr），借鉴张海玲⑨的处理方式，以上市公司经营活动现金流与期末现金流总额之比为指

---

① 危平、曾高峰：《环境信息披露、分析师关注与股价同步性——基于强环境敏感型行业的分析》，《上海财经大学学报》2018年第2期。

② 申慧慧、吴联生：《股权性质、环境不确定性与会计信息的治理效应》，《会计研究》2012年第8期。

③ 于连超、张卫国、毕茜：《盈余信息质量影响企业创新吗?》，《现代财经》（天津财经大学学报）2018年第12期。

④ 于克信、胡勇强、宋哲：《环境规制、政府支持与绿色技术创新——基于资源型企业的实证研究》，《云南财经大学学报》2019年第4期。

⑤ 任胜钢、项秋莲、何朵军：《自愿型环境规制会促进企业绿色创新吗?——以ISO 14001标准为例》，《研究与发展管理》2018年第6期。

⑥ 徐莉萍等：《企业高层环境基调、媒体关注与环境绩效》，《华东经济管理》2018年第12期。

⑦ 王兰芳、王悦、侯青川：《法制环境、研发"粉饰"行为与绩效》，《南开管理评论》2019年第2期。

⑧ 陈璇、钱维：《新〈环保法〉对企业环境信息披露质量的影响分析》，《中国人口·资源与环境》2018年第12期。

⑨ 张海玲：《技术距离、环境规制与企业创新》，《中南财经政法大学学报》2019年第2期。

标衡量。除上述指标外，为控制行业和年份影响因素，在回归模型中加入了行业和年份虚拟变量。

本章选用的相关变量及定义方式见表6-1。

表6-1　　　　　　　　　　变量说明及定义

变量类型	变量名称	变量代码	变量说明	文献依据
被解释变量	短期经济绩效	roa	上市公司总资产净利率	邓新明①
	长期经济绩效	lnmv	上市公司市场价值+1取自然对数	许秀梅②
解释变量	命令型环境规制	cer	上市公司注册地当年环境行政处罚案件数	蔡乌赶和周小亮③
	市场型环境规制	mer	上市公司注册地当年环境污染治理投资总额与地区生产总值比	薄文广等④
	公众参与环境规制	ver	上市公司注册地当年承办的人大建议数	肖汉雄⑤
调节变量	媒体关注	lnnetm	上市公司当年百度新闻中报道量总和	尹美群和李文博⑥
	企业寻租	lnbuse	管理费用中业务招待费+1取自然对数	张璇等⑦

---

① 邓新明：《中国民营企业政治关联、多元化战略与公司绩效》，《南开管理评论》2011年第4期。

② 许秀梅：《技术资本与企业价值——基于人力资本与行业特征的双重调节》，《科学学与科学技术管理》2015年第8期。

③ 蔡乌赶、周小亮：《中国环境规制对绿色全要素生产率的双重效应》，《经济学家》2017年第9期。

④ 薄文广、徐玮、王军锋：《地方政府竞争与环境规制异质性：逐底竞争还是逐顶竞争？》，《中国软科学》2018年第11期。

⑤ 肖汉雄：《不同公众参与模式对环境规制强度的影响——基于空间杜宾模型的实证研究》，《财经论丛》2019年第1期。

⑥ 尹美群、李文博：《网络媒体关注、审计质量与风险抑制——基于深圳主板A股上市公司的经验数据》，《审计与经济研究》2018年第4期。

⑦ 张璇、王鑫、刘碧：《吃喝费用、融资约束与企业出口行为——世行中国企业调查数据的证据》，《金融研究》2017年第5期。

续表

变量类型	变量名称	变量代码	变量说明	文献依据
中介变量	绿色创新	gipap	绿色发明专利申请量	Andrea 等和任胜钢等①
	环境绩效	lnhxh	和讯网上市公司企业环境责任得分+1取自然对数	唐鹏程和杨树旺②
控制变量	企业规模	size	上市公司资产总额+1取对数	危平和曾高峰③
	经营能力	tat	上市公司总资产周转率	申慧慧和吴联生④
	经营代理关系	sop	上市公司两权分离度	于连超等⑤
	发展能力	car	上市公司资本积累率	于克信等⑥
	独董比例	indr	上市公司独立董事人数与董事会总人数之比	任胜钢等⑦
	经营风险	il	上市公司综合杠杆指数	徐莉萍等⑧
	科技能力	high	上市公司被认证为高新技术企业时，赋值为1；否则赋值为0	王兰芳等⑨
	资本结构	pr	上市公司产权比	陈璇和钱维⑩

---

① Andrea F., Giulio G. and Valentina M., "Green Patents, Regulatory Policies and Research Network Policies", *Research Policy*, Vol. 47, No. 6, 2018, pp. 1018 – 1031；任胜钢、项秋莲、何朵军：《自愿型环境规制会促进企业绿色创新吗？——以ISO 14001标准为例》，《研究与发展管理》2018年第6期。

② 唐鹏程、杨树旺：《环境保护与企业发展真的不可兼得吗？》，《管理评论》2018年第8期。

③ 危平、曾高峰：《环境信息披露、分析师关注与股价同步性——基于强环境敏感型行业的分析》，《上海财经大学学报》2018年第2期。

④ 申慧慧、吴联生：《股权性质、环境不确定性与会计信息的治理效应》，《会计研究》2012年第8期。

⑤ 于连超、张卫国、毕茜：《盈余信息质量影响企业创新吗？》，《现代财经》（天津财经大学学报）2018年第12期。

⑥ 于克信、胡勇强、宋哲：《环境规制、政府支持与绿色技术创新——基于资源型企业的实证研究》，《云南财经大学学报》2019年第4期。

⑦ 任胜钢、项秋莲、何朵军：《自愿型环境规制会促进企业绿色创新吗？——以ISO 14001标准为例》，《研究与发展管理》2018年第6期。

⑧ 徐莉萍等：《企业高层环境基调、媒体关注与环境绩效》，《华东经济管理》2018年第12期。

⑨ 王兰芳、王悦、侯青川：《法制环境、研发"粉饰"行为与绩效》，《南开管理评论》2019年第2期。

⑩ 陈璇、钱维：《新〈环保法〉对企业环境信息披露质量的影响分析》，《中国人口·资源与环境》2018年第12期。

续表

变量类型	变量名称	变量代码	变量说明	文献依据
控制变量	现金流	ocfr	经营活动净现金流与现金流总额比	张海玲①
	行业虚拟变量	Industry	按照《上市公司行业分类指引（2012年修订）》污染行业分类的16个子行业，设置16个行业虚拟变量	于连超等②
	年份虚拟变量	Year	样本年份为2010—2017年，设置8个年份虚拟变量	于连超等③

资料来源：笔者根据 Excel 软件整理获得。

三　模型构建

（一）环境规制对企业经济绩效直接效应模型

为检验环境规制对企业经济绩效的作用关系，本书利用最小二乘法构建了回归模型加以验证，具体形式见公式（6-1）。

$$Performance_{it} = \alpha_0 + \alpha_1 Er_{it} + \alpha_2 size_{it} + \alpha_3 tat_{it} + \alpha_4 car_{it} + \alpha_5 dual_{it} + \alpha_6 indr_{it} + \alpha_7 sop_{it} + \alpha_8 ocfr_{it} + \alpha_9 high_{it} + \alpha_{10} pr_{it} + \vartheta_{it} \quad (6-1)$$

其中，$Performance_{it}$ 表示企业的经济绩效，包含被解释变量企业短期经济绩效（roa）和企业长期经济绩效（lnmv）；Er_{it} 表示环境规制，包含解释变量中的命令型环境规制（cer）、市场型环境规制（mer）和公众参与型环境规制（ver）；其他变量为控制变量，α_0 表示回归的截距项，α_1—α_{10} 为解释变量和控制变量系数，ϑ_{it} 为随机扰动项。

（二）绿色创新和环境绩效在环境规制与企业经济绩效间的中介效应模型

为检验绿色创新和环境绩效在环境规制与企业经济绩效间的中介效

---

① 张海玲：《技术距离、环境规制与企业创新》，《中南财经政法大学学报》2019年第2期。
② 于连超、张卫国、毕茜：《环境税对企业绿色转型的倒逼效应研究》，《中国人口·资源与环境》2019年第7期。
③ 于连超、张卫国、毕茜：《环境税对企业绿色转型的倒逼效应研究》，《中国人口·资源与环境》2019年第7期。

应,在借鉴温忠麟等的中介效应检验模型基础上①,建立以下中介效应模型,具体见公式(6-2)、公式(6-3)、公式(6-4)。

$$Performance_{it} = \alpha_0 + \alpha_1 Er_{it} + \alpha_2 size_{it} + \alpha_3 tat_{it} + \alpha_4 car_{it} + \alpha_5 dual_{it} + \alpha_6 indr_{it} + \alpha_7 sop_{it} + \alpha_8 ocfr_{it} + \alpha_9 high_{it} + \alpha_{10} pr_{it} + \varepsilon_{it} \quad (6-2)$$

$$gipap/\ln hxh_{it} = b_0 + b_1 Er_{it} + b_2 size_{it} + b_3 tat_{it} + b_4 car_{it} + b_5 dual_{it} + b_6 indr_{it} + b_7 sop_{it} + b_8 ocfr_{it} + b_9 high_{it} + b_{10} pr_{it} + \sigma_{it} \quad (6-3)$$

$$Performance_{it} = c_0 + c_1 Er_{it} + c_2 gipap/\ln hxh_{it} + c_3 size_{it} + c_4 tat_{it} + c_5 car_{it} + c_6 dual_{it} + b_7 indr_{it} + b_8 sop_{it} + b_9 ocfr_{it} + b_{10} high_{it} + b_{11} pr_{it} + \mu_{it} \quad (6-4)$$

其中,$Performance_{it}$表示企业的经济绩效;Er_{it}为环境规制形式;$gipap/\ln hxh_{it}$为中介变量,即企业绿色创新产出和环境绩效;其余变量为控制变量。a_1表示环境规制对企业经济绩效的作用关系,b_1为环境规制对企业环境绩效的作用关系,若a_1和b_1均显著,且c_2系数同样显著,则说明环境规制通过绿色创新或环境绩效改善而对企业经济绩效产生影响,存在中介效应;若b_1系数显著,而a_1或c_2中存在一个系数不显著的情形,则需要通过Bootstrap方法测度$b_1 c_1$置信区间。若置信区间内包含0,则不存在中介效应,否则中介效应成立;且若c_1系数显著,同时$b_1 c_1$与c_1符号相同,说明存在部分中介效应,符号相反,存在遮掩效应。

(三)内外部影响因素对环境规制与企业经济绩效调节效应模型

为检验内外部影响因素差异对环境规制与企业经济绩效的作用关系,本书通过构造环境规制与内外部影响因素交乘项,将其加入基本效应回归模型,形成以下调节效应模型,见公式(6-5)。

$$Performance_{it} = \beta_0 + \beta_1 Er_{it} + c_2 Govern_{it} + \beta_3 Er \times Govern_{it} + \beta_4 size_{it} + \beta_5 tat_{it} + \beta_6 car_{it} + \beta_7 dual_{it} + \beta_8 indr_{it} + \beta_9 sop_{it} + \beta_{10} ocfr_{it} + b_{11} high_{it} + b_{12} pr_{it} + \zeta_{it} \quad (6-5)$$

其中,$Performance_{it}$表示企业的经济绩效;Er_{it}为环境规制形式;$Govern_{it}$为内外部不同的影响因素,包含外部媒体关注(lnnetm)和企业内部寻

---

① 温忠麟、叶宝娟:《中介效应分析:方法和模型发展》,《心理科学进展》2014年第5期。

租 (lnbuse)，为各种环境规制形式与不同内外部影响因素的交乘项；其他变量为控制变量，β_0 表示回归的截距项，$\beta_1—\beta_{12}$ 为解释变量和控制变量系数，ζ_{it} 为随机扰动项。

第二节 实证过程及结果分析

一 描述性统计分析

表 6-2 展示了环境规制与企业经济绩效样本的描述性统计分析结果，鉴于本书为分析企业绿色创新活动与环境绩效表现对环境规制与企业经济绩效的中介影响，为保证样本区间的一致性，本书样本量与第五章类似，共计 1714 个。其中，企业短期经济绩效 (roa) 的均值为 0.05，最小值为 -0.64，中位数为 0.04，最大值为 0.67，说明污染企业的短期经济绩效整体呈现均匀分布态势，处于 5% 的合理区间，仅有部分企业表现出极端值。污染企业长期经济绩效 (lnmv) 的均值为 23.05，最小值为 0.00，25% 分位数为 22.69，最大值为 27.21，说明企业间市场价值相差不大，整体趋势平稳。对于环境规制形式 (cer、mer、ver)、企业媒体关注 (lnnetm) 和内部寻租 (lnbuse) 的情况，上述第四章和第五章均有表述，在此不予详述。企业绿色创新产出 (gipap) 的最小值、25% 分位数、中位数、75% 分位数均为 0.00，均值为 0.87，最大值为 47.00，说明仅有极少数企业开展了绿色创新活动，且收益良好，而大部分污染企业仅通过末端治理的方式进行污染防治。企业环境绩效评分 (hxh) 的均值为 9.68，75% 分位数为 17.00，最大值为 30.00，表明环境责任的履行情况处于较低水平，部分企业环保意识较强，同时兼顾企业经济利益和社会环境效益，内部积极开展污染整治行动。此外，部分控制变量整体趋势变动情况在前文均予以详细描述，如企业规模 (size)、经营能力 (tat)、发展能力 (car)、经营风险 (il)、现金流 (ocfr)、独董比例 (indr) 等，在此不予赘述。接下来，仅针对新加入的控制变量进行描述。企业两权分离度 (sop) 的均值为 5.74，但中位数为 0.00，75% 分位数为 11.09，最大值为 39.84，标准差为 8.59，说明仅少数企业存在严重的两权分离情况，可能

造成生产经营决策的分歧，大部分企业的所有权和经营权处于统一的状态。企业产权比（pr）的最小值为-340.20，最大值为39.36，均值为1.16，说明污染企业资本结构状态分布呈现扁平形结构，有些企业处于极高负债结构状态，极易引发财务风险，不利于企业经济绩效的提升。科技能力指标（high）的均值为0.42，标准差为0.49，说明企业间基础科技创新能力差距较小，势均力敌。

表6-2 变量描述性统计分析

变量	样本量	均值	标准差	最小值	p 25	中位数	p 75	最大值
roa	1714	0.05	0.07	-0.64	0.01	0.04	0.07	0.67
lnmv	1714	23.05	3.71	0.00	22.69	23.45	24.35	27.21
cer	1714	1.11	1.78	0.01	0.26	0.61	1.07	11.15
mer	1714	0.07	0.06	0.00	0.03	0.05	0.08	0.31
ver	1714	0.07	0.09	0.00	0.04	0.06	0.08	1.79
gipap	1714	0.87	3.13	0.00	0.00	0.00	0.00	47.00
hxh	1714	9.68	8.54	0.00	0.00	11.00	17.00	30.00
lnbuse	1714	10.74	7.22	0.00	0.00	14.75	15.90	20.55
lnnetm	1714	3.07	1.19	0.00	2.40	3.09	3.85	12.11
size	1714	22.99	1.40	19.97	21.96	22.83	23.95	27.07
tat	1714	0.77	0.65	0.03	0.41	0.63	0.92	7.87
car	1714	0.11	4.08	-157.4	0.01	0.07	0.17	56.26
dual	1714	0.16	0.37	0.00	0.00	0.00	0.00	1.00
indr	1714	0.37	0.06	0.00	0.33	0.33	0.40	0.67
h	1714	0.18	0.13	0.00	0.07	0.15	0.25	0.70
sop	1714	5.74	8.59	0.00	0.00	0.00	11.09	39.84
ocfr	1714	0.06	0.07	-0.32	0.02	0.06	0.10	0.47
high	1714	0.42	0.49	0.00	0.00	0.00	1.00	1.00
pr	1714	1.16	8.51	-340.20	0.49	0.96	1.75	39.36

资料来源：笔者根据Stata软件描述性统计分析结果整理获得。

二 相关性分析

表 6-3 展示了变量间的相关性分析结果，其中，表格中上三角为 Spearman 相关系数，下三角为 Pearson 相关系数。表 6-3 中结果显示，命令型环境规制（cer）与企业短期经济绩效（roa）和长期经济绩效（lnmv）的相关系数分别为 0.06170 和 0.06030，均在 10% 的水平下显著，说明命令型环境规制与企业经济绩效的正相关关系。此种正相关结果同样出现于市场型环境规制（mer）形式下，其与企业短期经济绩效的 Pearson 相关系数为 0.01110，但并不显著；与企业长期经济绩效的相关系数为 0.08110，结果在 1% 的水平下为正，表明市场型环境规制可能有利于企业经济绩效的提升。公众参与型环境规制（ver）与企业短期经济绩效和长期经济绩效的相关系数分别为 0.02670 和 0.02740，但均不显著，说明公众参与型环境规制与企业经济绩效间可能不存在相关性关系，仍有待后续进行详细论证。企业绿色创新（gipap）与短期经济绩效的 Pearson 相关系数为 -0.02760，但不显著；与短期经济绩效的 Spearman 相关系数为 -0.09340，在 1% 的水平下为负，说明绿色创新与短期经济绩效存在负相关关系；绿色创新与企业长期经济绩效的 Pearson 与 Spearman 相关系数分别为 0.13000 和 0.31200，且两者均在 1% 的水平下显著，表明企业绿色创新可能对企业长期经济绩效的提升起到促进作用。企业环境绩效（hxh）表现与短期经济绩效和长期经济绩效的相关性系数均不显著，因而规制作用下的环境绩效对企业经济绩效的中介效应有待后续予以更为翔实的论证。作用机制相关性分析下，企业寻租（lnbuse）与企业短期经济绩效和经济绩效的相关系数均为负，但不显著，同环境绩效表现结果类似；外部媒体关注（lnnetm）与企业短期经济绩效和经济绩效的相关性结果均在 1% 的水平下为正，系数分别为 0.10600 和 0.09790，表明信号传递作用下，外部媒体的监管促进了企业经济绩效的提升。企业基本特征变量对经济绩效的相关分析结果显示，两职合一因避免了决策分歧风险，与企业发展能力、经营能力、基础创新能力、现金流状况等，与企业经济绩效呈正相关关系，具体的变量系数关系和其他类似变量结果，不予赘述。

表6－3 变量相关性分析结果

变量	gipap	hxh	roa	lnmv	cer	mer
gipap	1.00000	0.06080 *	-0.09340 ***	0.31200 ***	0.03200	0.04960 *
hxh	0.01200	1.00000	0.01900	-0.06020 *	0.10300 ***	0.15200 ***
roa	0.02760	0.03500	1.00000	0.01700	0.09310 ***	0.01960
lnmv	0.13000 ***	0.02440	0.03610	1.00000	0.04320	0.05320 *
cer	0.10200 ***	0.02840	0.06170 *	0.06030 *	1.00000	0.60600 ***
mer	0.10600 ***	0.04470	0.01110	0.08110 ***	0.68000 ***	1.00000
ver	0.03950	0.10200 ***	0.02670	0.02740	0.02170	0.05830 *
lnbuse	-0.09980 ***	0.03060	0.01520	0.01850	0.02840	-0.06110 *
lnnetm	0.13900 ***	-0.30800 ***	0.10600 ***	0.09790 ***	0.02560	0.02360
dual	0.01490	-0.06860 **	0.11000 ***	0.01870	0.03390	-0.05420 *
car	0.00183	0.04400	0.05680 *	0.14100 ***	0.00992	0.02840
indr	0.01200	0.02680	0.03240	0.01890	-0.07390 **	0.03830
ocfr	0.09630 ***	0.00932	0.41900 ***	0.07460 **	0.03000	0.01340
tat	0.01150	0.09620 ***	0.16200 ***	-0.05350 *	0.03800	-0.07740 **
size	0.33500 ***	0.04490	-0.09560 ***	0.32600 ***	0.10500 ***	0.12300 ***
sop	-0.06600 **	0.03320	0.09850 ***	0.01330	-0.09960 ***	0.00767
high	0.04440	0.02190	0.17700 ***	0.04710	0.00299	0.02760
pr	0.00728	0.01750	0.00170	0.17900 ***	0.00566	0.00245

变量	ver	lnbuse	lnnetm	dual	car	indr
gipap	0.01170	0.08060 ***	0.15100 ***	0.00885	0.04390	0.01070
hxh	0.15800 ***	0.08610 ***	-0.33400 ***	-0.06670 **	0.04980 *	-0.05630 *
roa	-0.08360 ***	0.01760	0.09040 ***	0.13000 ***	0.60600 ***	0.02020
lnmv	-0.16700 ***	0.18300 ***	0.38200 ***	-0.06230 **	0.09550 ***	0.09140 ***
cer	0.24400 ***	0.04290	0.00382	0.00154	0.05200 *	-0.06720 **
mer	0.36600 ***	0.02840	-0.16700 ***	0.04210	0.02880	0.03700
ver	1.00000	0.01740	-0.18100 ***	-0.05680 *	-0.06940 **	0.01700
lnbuse	0.06310 **	1.00000	0.06300 *	0.03640	0.07380 **	0.00783
lnnetm	-0.10000 ***	0.01330	1.00000	0.11000 ***	0.12000 ***	0.09520 ***
dual	0.04670	0.06000 *	0.09280 ***	1.00000	0.08470 ***	0.04580
car	0.02350	0.04100	0.03580	0.01280	1.00000	0.00206

续表

变量	ver	lnbuse	lnnetm	dual	car	indr
indr	0.03640	-0.06830**	0.05290*	0.04050	0.01810	1.00000
ocfr	0.00060	-0.08480***	0.07390**	0.03730	0.02160	0.04000
tat	0.01220	0.01160	0.01510	0.00981	0.01400	0.07550**
size	-0.13100***	-0.06940**	0.31600***	-0.10400***	0.03500	0.01150
sop	0.01960	0.01100	0.01720	0.02760	0.00643	0.04690
high	0.00015	0.13600***	0.02390	0.07370**	0.02120	-0.08700***
pr	0.01580	0.04940*	0.03300	0.00545	0.00528	0.00835

变量	ocfr	tat	size	sop	high	pr
gipap	0.09260***	0.13500***	0.34200***	-0.06690**	0.02590	0.16000***
hxh	0.03260	0.12300***	0.02970	0.00656	0.02240	0.01580
roa	0.40300***	0.20900***	-0.15700***	0.09530***	0.19000***	-0.52100***
lnmv	0.12100***	0.04130	0.88800***	0.03420	-0.19900***	0.37200***
cer	0.08140***	0.04330	0.02240	-0.05350*	0.07020**	-0.06620**
mer	0.03110	0.04140	0.04830*	0.02780	0.00019	0.00539
ver	0.04400	0.01830	-0.17100***	0.03800	0.08420***	0.01560
lnbuse	-0.07220**	0.10300***	0.20800***	0.06160*	0.05960*	0.19600***
lnnetm	0.09220***	0.00324	0.31400***	0.01060	0.01500	0.00437
dual	0.02140	0.03070	-0.10300***	0.05450*	0.07370**	-0.14400***
car	0.18900***	0.11400***	0.00318	0.04580	0.05980*	-0.17300***
indr	0.02230	0.08870***	0.06760**	0.00384	-0.05090*	0.02450
ocfr	1.00000	0.11900***	0.04200	0.07850**	0.01420	-0.15300***
tat	0.09810***	1.00000	-0.06770**	0.07890**	0.16700***	-0.07300**
size	0.03680	-0.07390**	1.00000	0.03890	-0.30600***	0.52400***
sop	0.08340***	0.09080***	0.03160	1.00000	0.09380***	0.02450
high	0.02410	0.09640***	-0.31600***	0.06990**	1.00000	-0.31700***
pr	0.00456	0.00826	0.04180	0.01180	0.02250	1.00000

注：表格上三角为 Spearman 系数，下三角为 Pearson 系数；***、**、* 分别代表在1%、5%和10%的水平下显著。

资料来源：笔者根据 Stata 相关性分析结果整理获得。

三 环境规制对企业经济绩效的直接效应

邹国伟和周振江以中国出台的"两控区"政策准自然实验为出发点，研究指出，环境规制政策对工业企业绩效具有正向影响，尤其对规制政策严格的"硬约束"地区的积极作用更为显著。[①] 仅有严格的规范性环境措施才可带动经济绩效产出增长吗？鼓励性及自愿性环境规制手段作用如何？规制形式异质性对企业经济绩效产出是否存在显著差异？对于以上问题，本书从企业短期经济绩效和长期经济绩效双重视角出发，探究命令型、市场型和公众参与型三种环境规制异质性形式对企业经济绩效的差异性影响。

（一）环境规制对企业短期经济绩效的影响效应

本部分主要研究环境规制形式异质性对企业短期经济绩效的影响，通过采用前文构建的模型公式（6-2）进行变量间的回归，最终结果见表6-4。其中，表6-4中第（1）、（2）列展示了基础回归模型和加入控制变量后的扩展模型下命令型环境规制对企业短期经济绩效的回归结果，在1%的水平下回归系数分别为0.002和0.003，表明了命令型环境规制强度的增强，有利于企业短期经济绩效的提升，验证了本书假设H12a。结果说明，命令型环境规制因其惩戒性压力，导致污染企业不得不加大环境污染治理支出，此时对企业日常的生产经营成本产生"挤出效应"，但企业以价值最大化为目标前提，必然会通过科技创新投入或扩大生产规模等方式以抵消防治成本的增加，反而可能提升企业的生产效率，对企业绩效提升产生促进作用。市场型环境规制与企业短期经济绩效的基础模型回归结果如表6-4中第（3）列所示，在1%的水平下回归系数为0.077，加入相应控制变量后回归系数有显著增加的趋势，如表6-4中第（4）列所示，在1%的水平下系数增长为0.107，结果验证了本书假设H12b，表明市场型环境规制对企业短期经济绩效增长有显著的正向促进作用。但其可能的

[①] 邹国伟、周振江：《环境规制、政府竞争与工业企业绩效——基于双重差分法的研究》，《中南财经政法大学学报》2018年第6期。

作用机制与命令型环境规制存在显著差异，市场型环境规制因其补贴性，对其企业短期经济绩效具有直接的叠加效应；此外，市场型环境规制因其许可性和认证性，对企业日常的生产经营产生鼓励效应，导致了规模扩大下短期经济绩效增加。表6-4中第（5）、（6）列展示了公众参与型环境规制对企业短期经济绩效的影响效果，基础模型和扩展模型下两者的回归系数均为0.016，其回归结果均不显著，表明公众参与型环境规制对企业短期经济绩效并未产生实质性影响，本书假设H12c未得以验证。其作用效果可能基于以下两点原因：其一，公众参与型环境规制因其自愿性，企业内部并未对其予以充分重视，因而形成"形式"上的规范性压力，且公众对绿色创新的认知有限，此时企业可能仅以表象的末端治理方式履行环境治理责任，治理成本与公众监督认可的绩效收益提升相互抵消，造成对企业账面绩效无显著影响的效果；其二，我国的公众参与型环境规制手段还处于建设初期，其影响力相对较小，未作用到污染产生的根源主体——企业。因此，中国应逐步完善公众参与型环境规范建设。

表6-4　　环境规制对企业短期经济绩效的影响分析

变量	短期经济绩效（roa）					
	(1)	(2)	(3)	(4)	(5)	(6)
cer	0.002*** (2.98)	0.003*** (4.19)	—	—	—	—
mer	—	—	0.077*** (2.84)	0.107*** (4.51)	—	—
ver	—	—	—	—	0.016 (1.58)	0.016 (1.54)
size	—	-0.003*** (-2.66)	—	-0.002** (-2.17)	—	0.001 (1.32)
tat	—	0.010*** (4.10)	—	0.009*** (4.01)	—	0.012*** (5.27)

续表

变量	短期经济绩效（roa）					
	（1）	（2）	（3）	（4）	（5）	（6）
car	—	0.001 (1.01)	—	0.001 (1.10)	—	0.001 (0.85)
dual	—	0.019*** (4.92)	—	0.020*** (5.10)	—	0.013*** (3.65)
indr	—	0.026 (0.97)	—	0.033 (1.20)	—	-0.014 (-0.54)
h	—	-0.001 (-0.06)	—	-0.007 (-0.63)	—	-0.005 (-0.49)
sop	—	0.000*** (2.61)	—	0.000** (2.57)	—	0.000 (0.57)
ocfr	—	0.399*** (11.73)	—	0.406*** (11.94)	—	0.380*** (11.09)
high	—	0.017*** (5.39)	—	0.018*** (5.72)	—	0.006** (2.00)
pr	—	0.000 (0.23)	—	0.000 (0.10)	—	0.000 (0.26)
_cons	0.043*** (22.77)	0.052* (1.91)	0.062*** (12.37)	0.059** (2.14)	0.070*** (9.53)	0.007 (0.24)
Industry	控制	控制	控制	控制	控制	控制
Year	控制	控制	控制	控制	控制	控制
R^2	0.004	0.239	0.035	0.273	0.200	0.376
F	8.880	23.650	7.060	18.550	21.340	25.460
N	1714	1714	1714	1714	1714	1714

注：***、**、*分别表示回归系数在1%、5%和10%的水平下显著，括号内为t值，标准误为聚类稳健标准误。

资料来源：笔者根据Stata软件OLS回归结果整理获得。

企业基础特征控制变量的影响结果显示，经营能力、发展能力、科技创新能力、现金流状况等与企业短期经济绩效的回归系数均在1%的水平下为正,说明了上述变量的促进作用。此外,企业内两职合一情况,因减少了内部经营决策的分歧,而同样对企业短期经济绩效产生促进作用。但企业规模的回归系数为负,表明并非企业规模扩大产生了规模经济效应,规模的不合理扩张也可能造成内部经营管理制度的混乱,反而不利于企业短期经济绩效的提升。

(二) 环境规制对企业长期经济绩效的影响效应

孔祥利和毛毅以区域经济增长为目标,研究发现环境规制水平与地区经济发展并非呈现单一关系,因区域基础资源禀赋差异而呈现异质性特点。[1] 王杰和刘斌的研究同样指出,环境规制与企业全要素生产率间存在非典型的N型结构特征。[2] 企业视角下,环境规制促进企业技术资本投入的增加,因而带来企业价值的提升[3],但其仅以环保支出费用规制形式出发;而现阶段我国环境规制体系不断完善,异质性环境规制形式对企业价值又会产生何种影响呢?据此,本书研究命令型环境规制、市场型环境规制和公众参与型环境规制对企业市场价值的影响,具体的回归结果见表6-5。

表6-5 环境规制对企业长期经济绩效的影响分析

变量	长期经济绩效（lnmv）					
	(1)	(2)	(3)	(4)	(5)	(6)
cer	0.126*** (4.26)	0.045* (1.89)	—	—	—	—
mer	—	—	5.126*** (4.30)	2.170** (2.00)		

---

[1] 孔祥利、毛毅:《中国环境规制与经济增长关系的区域差异分析——基于东、中、西部面板数据的实证研究》,《南京师大学报》(社会科学版) 2010年第1期。

[2] 王杰、刘斌:《环境规制与企业全要素生产率——基于中国工业企业数据的经验分析》,《中国工业经济》2014年第3期。

[3] 许秀梅:《技术资本与企业价值——基于人力资本与行业特征的双重调节》,《科学学与科学技术管理》2015年第8期。

续表

变量	长期经济绩效（lnmv）					
	（1）	（2）	（3）	（4）	（5）	（6）
ver	—	—	—	—	0.862* (1.73)	0.613* (1.78)
size	—	0.893*** (15.23)	—	0.891*** (15.25)	—	0.963*** (13.19)
tat	—	-0.254 (-1.14)	—	-0.242 (-1.09)	—	-0.366 (-1.43)
car	—	0.135*** (8.07)	—	0.135*** (7.84)	—	0.131*** (7.97)
dual	—	0.128 (0.58)	—	0.136 (0.62)	—	0.134 (0.60)
indr	—	1.186 (0.83)	—	1.163 (0.81)	—	1.266 (0.75)
h	—	0.033 (0.05)	—	-0.037 (-0.05)	—	-0.382 (-0.50)
sop	—	-0.001 (-0.13)	—	-0.002 (-0.21)	—	-0.007 (-0.60)
ocfr	—	3.438*** (2.94)	—	3.459*** (2.96)	—	3.835*** (3.09)
high	—	0.479*** (2.61)	—	0.480*** (2.62)	—	0.385* (1.74)
pr	—	0.072*** (14.11)	—	0.072*** (14.00)	—	0.072*** (12.08)
_cons	22.912*** (225.63)	1.695 (1.14)	22.717*** (170.39)	1.670 (1.12)	24.750*** (86.61)	0.933 (0.52)
Industry	控制	控制	控制	控制	控制	控制
Year	控制	控制	控制	控制	控制	控制
R^2	0.004	0.166	0.007	0.167	0.026	0.181
F	18.180	50.050	18.480	45.670	8.330	47.040
N	1714	1714	1714	1714	1714	1714

注：***、**、*分别表示回归系数在1%、5%和10%的水平下显著，括号内为t值，标准误为聚类稳健标准误。

资料来源：笔者根据Stata软件OLS回归结果整理获得。

表6-5中第（1）列展示了命令型环境规制与企业长期经济绩效在基础模型下的回归系数为0.126，在1%的水平下为正；加入相关控制变量后的扩展模型回归系数稍有下降，在10%的水平下为0.045，结果表明命令型环境规制对企业长期经济绩效有显著的正向影响，验证了本书假设H13a。说明强制性规制政策下，短期内企业污染治理成本的增加，不利于企业市场价值的增长，但企业不会任其发展，通过加大科技研发投入，以及改善环境绩效的方式来降低内化的环境规制成本，创新的价值增长效应，叠加环境绩效改善的声誉效应，带动企业市场价值不断攀升。表6-5中第（3）列展示了基础模型下市场型环境规制与企业长期经济绩效的回归系数，在1%的水平下为5.126；加入控制变量后的回归系数如第（4）列所示，在5%的水平下为2.170，表明市场型环境规制对企业长期经济绩效的提升有显著的促进作用，验证了本书假设H13b。此外，通过两种类型环境规制回归系数的横向比较发现，市场型环境规制作用效果显著大于命令型环境规制。可能基于以下两点原因：其一，市场型环境规制具有补偿性和许可性，补贴下的现金流流入和许可下的经营产出增加；而命令型环境规制具有支出性，必然导致经济利益的流出，因而导致对企业市场价值的差异性结果。其二，市场型环境规制具有鼓励性，企业环境治理积极性更高，更倾向主动采取环境创新方式进行污染治理；而命令型环境规制却为惩戒性，先期以末端治理为主，压力迫使下开展绿色创新以应对，因而市场型环境规制具有绿色创新长期效益增长的"先动优势"，对企业长期经济绩效的提升作用较命令型环境规制更为显著。公众参与型环境规制与企业长期经济绩效的回归结果如表6-5中第（5）、（6）列所示，基础模型下系数为0.862，加入控制变量后系数增长为0.613，二者均在10%的水平下为正，说明公众参与型环境规制对企业市场价值提升起到正向促进作用，验证了本书假设H13c。公众参与型环境规制主体多元化、方式细微化，以全方位、多角度形式监督企业的环境治理行为，迫使企业不得不改善内部生产经营制度以履行社会责任，公众对治理行为的持续跟踪，对企业向善治理方式的认可作用，推动企业价值的提升。而对于其余控制变量的相关影响为本书非重点探讨内容，在此不予详述。

第三节 环境规制对企业经济绩效的作用机制检验

姜雨峰和田虹基于环境伦理指出,企业环境责任的履行正向推动企业竞争实力的提升。① 此外,企业战略管理理论框架下,企业组织能力架起了环境表现和价值增长的桥梁,以企业组织能力为基础的环境绩效评估为企业经济绩效增长提供了持续的内生激励动力。② 因而,环境规制压力下,企业内在环境责任履行方式的异质性对经营绩效产生差异性影响,本章此部分从绿色创新产出和环境绩效两个方面检验环境规制对企业短期经济绩效和长期经济绩效的作用机制,其可能的作用路径关系如图6-1所示。

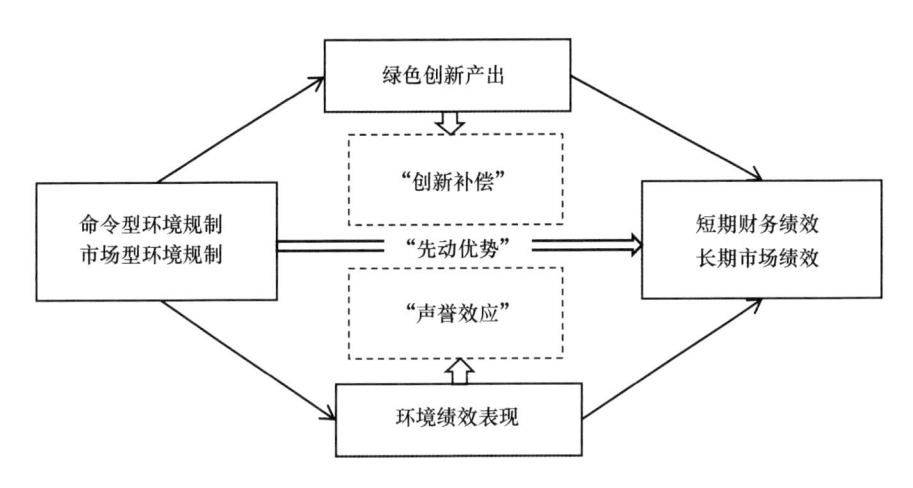

图 6-1 环境规制对企业经济绩效的作用路径

资料来源:笔者自行整理获得。

---

① 姜雨峰、田虹:《外部压力能促进企业履行环境责任吗?——基于中国转型经济背景的实证研究》,《上海财经大学学报》2014年第6期。
② 杨东宁、周长辉:《企业环境绩效与经济绩效的动态关系模型》,《中国工业经济》2004年第4期。

一 绿色创新的中介效应

(一) 环境规制与企业短期经济绩效的绿色创新中介效应

通过借鉴温忠麟和叶宝娟[①]的中介效应模型,构建了适合本书的环境规制与企业经济绩效的作用机制模型公式 (6-2)、公式 (6-3)、公式 (6-4),其中,绿色创新中介效应的回归结果见表 6-6。表 6-6 中第 (1)、(4)、(7) 列采用模型公式 (6-2),表 6-6 中第 (2)、(5)、(8) 列采用模型公式 (6-3),表 6-6 中第 (3)、(6)、(9) 列采用模型公式 (6-4) 进行回归。表 6-6 的回归结果显示,第 (1)、(2)、(3) 列为命令型环境规制对企业短期经济绩效的绿色创新中介效应回归结果,命令型环境规制与企业短期经济绩效,及绿色创新专利的回归系数在 5% 的水平下显著为正,但绿色创新与企业短期经济绩效的回归系数为 -0.002,且不显著。类似的回归结果同样出现在市场型环境规制与企业短期经济绩效的绿色创新中介效应检验结果中,市场型环境规制促进了企业短期经济绩效和绿色创新产出增长,但绿色创新对企业短期经济绩效的影响不显著。而公众参与型环境规制因其对企业短期经济绩效本身不产生显著影响,其绿色创新中介机制路径必然不显著,在此不予赘述。上述结果说明,绿色创新并非环境规制下企业短期经济绩效产出变动的作用路径,本书假设 H14 未得到验证。其中原因可能为,环境规制压力下,企业通过绿色创新的方式治理环境污染,必然导致内部大量的现金流流出,而创新竞争优势又会为企业带来大量经营现金流的流入,两者正负效应的抵消作用,导致绿色创新在环境规制与企业短期经济绩效增长中的中介效应不显著。

(二) 环境规制与企业长期经济绩效的绿色创新中介效应

基于环境治理的价值链产出视角,借以结构方程分析法研究指出,绿色创新在环保约束与企业竞争力间具有完全中介效应,实现了社会环境建

[①] 温忠麟、叶宝娟:《中介效应分析:方法和模型发展》,《心理科学进展》2014 年第 5 期。

表6-6 环境规制与企业短期经济绩效的绿色创新中介效应

	中介效应								
变量	roa (1)	gipau (2)	roa (3)	roa (4)	gipau (5)	roa (6)	roa (7)	gipau (8)	roa (9)
cer	0.003*** (4.19)	0.040** (2.15)	0.003*** (3.31)	—	—	—	—	—	—
mer	—	—	—	0.107*** (4.51)	1.644*** (2.93)	0.036 (1.46)	—	—	—
cer	—	—	—	—	—	—	0.016 (1.54)	0.360** (2.44)	0.017 (1.10)
gipau	—	—	-0.002 (-1.60)	—	—	-0.002 (-1.52)	—	—	-0.001 (-0.56)
size	-0.003*** (-2.66)	0.283*** (11.13)	-0.002** (-2.02)	-0.002** (-2.17)	0.282*** (11.10)	-0.002* (-1.89)	0.001 (1.32)	0.245*** (6.47)	0.002 (1.43)
tat	0.010*** (4.10)	0.07 (1.37)	0.011*** (4.81)	0.009*** (4.01)	0.078 (1.53)	0.011*** (4.81)	0.012*** (5.27)	0.022 (0.78)	0.012*** (5.54)
car	0.001 (1.01)	0.002 (0.22)	0.001* (1.85)	0.001 (1.10)	0.001 (0.15)	0.001* (1.84)	0.001 (0.85)	0.004* (1.90)	0.001 (1.63)
dual	0.019*** (4.92)	0.077 (0.87)	0.020*** (5.15)	0.020*** (5.10)	0.083 (0.94)	0.020*** (5.15)	0.013*** (3.65)	0.074 (0.78)	0.013*** (3.76)
indr	0.026 (0.97)	0.07 (0.12)	0.027 (1.07)	0.033 (1.20)	0.039 (0.07)	0.021 (0.85)	-0.014 (-0.54)	-0.063 (-0.09)	-0.014 (-0.58)

续表

中介效应

变量	roa (1)	gipau (2)	roa (3)	roa (4)	gipau (5)	roa (6)	roa (7)	gipau (8)	roa (9)
h	-0.001 (-0.06)	0.748*** (2.86)	0.001 (0.05)	-0.007 (-0.63)	0.703*** (2.68)	0.003 (0.22)	-0.005 (-0.49)	0.541 (1.62)	-0.005 (-0.42)
sop	0.000*** (2.61)	-0.009** (-2.33)	0.000** (2.35)	0.000** (2.57)	-0.010** (-2.54)	0.000** (1.99)	0.000 (0.57)	-0.010** (-2.04)	0.000 (0.46)
ocfr	0.399*** (11.73)	1.023** (2.09)	0.400*** (18.94)	0.406*** (11.94)	1.044** (2.14)	0.403*** (19.00)	0.380*** (11.09)	1.499*** (2.87)	0.381*** (18.87)
high	0.017*** (5.39)	0.182*** (2.60)	0.017*** (5.74)	0.018*** (5.72)	0.184*** (2.64)	0.018*** (5.85)	0.006** (2.00)	0.168*** (3.21)	0.006* (1.90)
pr	0.003 (0.23)	-0.001 (-0.22)	0.005 (0.37)	0.001 (0.10)	-0.001 (-0.23)	0.005 (0.35)	0.003 (0.26)	0.002 (0.19)	0.005 (0.34)
_cons	0.052* (1.91)	-6.512*** (-10.39)	0.041 (1.48)	0.059** (2.14)	-6.534*** (-10.44)	0.040 (1.43)	0.007 (0.24)	-4.796*** (-7.19)	0.004 (0.15)
Industry	控制	控制	控制	控制	控制	控制	控制	控制	控制
Year	控制	控制	控制	控制	控制	控制	控制	控制	控制
R^2	0.239	0.098	0.240	0.273	0.1000	0.236	0.376	0.140	0.376
F	23.650	16.860	44.720	18.550	17.260	43.770	25.460	4.830	29.770
N	1714	1714	1714	1714	1714	1714	1714	1714	1714

注：***、**、*分别表示回归系数在1%、5%和10%的水平下显著，括号内为t值，标准误为聚类稳健标准误。

资料来源：笔者根据Stata软件OLS回归结果整理求得。

设和企业绩效提升的双赢局面。[①] 其环保约束的研究仅考虑环境政策实施的严厉程度和对环保问题的重视程度，但当下我国环境制度建设逐步完善，多种环境规制形式并存，此时绿色创新在不同环境规制形式与企业市场价值的作用关系间又会产生何种差异性影响呢？本书借由模型公式（6-2）、公式（6-3）、公式（6-4）、公式（6-5）研究环境规制与企业长期经济绩效的绿色创新中介效应是否成立，具体的结果见表6-7。

表6-7中第（1）、（2）、（3）列展示了绿色创新在命令型环境规制与企业长期经济绩效的中介效应结果，命令型环境规制与企业长期经济绩效的回归系数为0.045，在10%的水平下显著；与企业绿色创新的回归系数在5%的水平下为0.040；模型公式（6-4）下命令型环境规制、绿色创新与企业长期经济绩效的回归系数分别为0.043和0.048，且在10%和5%的水平下显著，说明绿色创新在环境规制与企业长期经济绩效的影响中起到中介作用，验证了本书假设H15。命令型环境规制下，企业以长期利益为目标导向，主动开展绿色创新活动，环境污染治理成本逐渐下降，获取绿色创新的"先发"竞争优势，促进企业长期经济绩效提升。表6-7中第（4）、（5）、（6）列展示了绿色创新、市场型环境规制与企业长期经济绩效的中介效应检验结果，其中，第（4）列展示的市场型环境规制与企业长期经济绩效的回归系数在5%的水平下为2.170；第（5）列展示了市场型环境规制与企业绿色创新的回归系数为1.644，且在1%的水平下为正；命令型环境规制与绿色创新共同加入模型中与企业长期经济绩效的结果如第（6）列所示，系数均在10%的水平下分别2.097和0.044，三个中介效应检验模型下市场型环境规制、企业绿色创新的回归系数均显著且为正，表明绿色创新在市场型环境规制与企业市场价值中起到正向促进的中介效应，验证了本书假设H15。基于市场型环境规制环境治理资金的投入增加，企业享受其溢出效应，有更为充裕的资金投入绿色创新，公众鉴于其环境责任履行的主动性及治理的决心，以认购上市公司股票的形式表达

[①] 王建明、陈红喜、袁瑜：《企业绿色创新活动的中介效应实证》，《中国人口·资源与环境》2010年第6期。

表6-7 环境规制与企业长期经济绩效的绿色创新中介效应

长期经济绩效（lnmv）

变量	lnmv (1)	gipau (2)	lnmv (3)	lnmv (4)	gipau (5)	lnmv (6)	lnmv (7)	gipau (8)	lnmv (9)
cer	0.045* (1.89)	0.040** (2.15)	0.043* (1.81)	—	—	—	—	—	—
mer	—	—	—	2.170** (2.00)	1.644*** (2.93)	2.097* (1.92)	—	—	—
ver	—	—	—	—	—	—	0.712* (1.72)	0.360 (1.44)	0.708 (1.62)
gipau	—	—	0.048** (2.10)	—	—	0.044* (1.87)	—	—	0.051 (1.22)
size	0.893*** (15.23)	0.283*** (11.13)	0.880*** (14.20)	0.891*** (15.25)	0.282*** (11.10)	0.879*** (14.24)	0.905*** (15.53)	0.245*** (6.47)	0.891*** (14.46)
lat	-0.254 (-1.14)	0.07 (1.37)	-0.257 (-1.16)	-0.242 (-1.09)	0.078 (1.53)	-0.246 (-1.10)	-0.257 (-1.16)	0.022 (0.78)	-0.26 (-1.17)
car	0.135*** (8.07)	0.002 (0.22)	0.135*** (8.07)	0.135*** (7.84)	0.001 (0.15)	0.135*** (7.85)	0.135*** (8.00)	0.004* (1.90)	0.135*** (8.00)
dual	0.128 (0.58)	0.077 (0.87)	0.124 (0.56)	0.136 (0.62)	0.083 (0.94)	0.133 (0.60)	0.137 (0.62)	0.074 (0.78)	0.133 (0.60)
indr	1.186 (0.83)	0.070 (0.12)	1.182 (0.83)	1.163 (0.81)	0.039 (0.07)	1.161 (0.81)	1.020 (0.72)	-0.063 (-0.09)	1.022 (0.72)

续表

变量	长期经济绩效（lnmv）								
	lnmv (1)	gipau (2)	lnmv (3)	lnmv (4)	gipau (5)	lnmv (6)	lnmv (7)	gipau (8)	lnmv (9)
h	0.033 (0.05)	0.748*** (2.86)	-0.003 (-0.00)	-0.037 (-0.05)	0.703*** (2.68)	-0.068 (-0.09)	0.117 (0.16)	0.541 (1.62)	0.076 (0.10)
sop	-0.001 (-0.13)	-0.009** (-2.33)	-0.001 (-0.09)	-0.002 (-0.21)	-0.010** (-2.54)	-0.002 (-0.17)	-0.003 (-0.27)	-0.010** (-2.04)	-0.002 (-0.22)
ocfr	3.438*** (2.94)	1.023** (2.09)	3.389*** (2.91)	3.459*** (2.96)	1.044** (2.14)	3.413*** (2.93)	3.480*** (2.98)	1.499*** (2.87)	3.426*** (2.94)
high	0.479*** (2.61)	0.182*** (2.60)	0.470** (2.55)	0.480*** (2.62)	0.184** (2.64)	0.472** (2.57)	0.494*** (2.69)	0.168*** (3.21)	0.484*** (2.62)
pr	0.072*** (14.11)	-0.001 (-0.22)	0.072*** (13.95)	0.072*** (14.00)	-0.001 (-0.23)	0.072*** (13.85)	0.072*** (14.29)	0.000 (0.19)	0.072*** (14.12)
_cons	1.695 (1.14)	-6.512*** (-10.39)	2.006 (1.28)	1.670 (1.12)	-6.534*** (-10.44)	1.960 (1.25)	1.469 (0.99)	-4.796*** (-7.19)	1.801 (1.15)
Industry	控制	控制	控制	控制	控制	控制	控制	控制	控制
Year	控制	控制	控制	控制	控制	控制	控制	控制	控制
R²	0.166	0.098	0.166	0.167	0.100	0.167	0.166	0.140	0.166
F	50.050	16.860	59.130	45.670	17.260	56.520	47.070	4.830	58.110
N	1714	1714	1714	1714	1714	1714	1714	1714	1714

注：***、**、*分别表示回归系数在1%、5%和10%的水平下显著，括号内为t值，标准误为聚类稳健标准误。

资料来源：笔者根据Stata软件OLS回归结果整理获得。

对企业的认可，使得企业市场价值攀升。绿色创新在公众参与型环境规制与企业长期经济绩效的中介效应检验结果见表6-7中第（7）、（8）、（9）列，公众参与型环境规制与企业长期经济绩效的回归系数为0.712，结果在10%的水平下显著，与企业绿色创新的回归系数为0.360，结果不显著；第（9）列回归中公众参与型环境规制系数为0.708，绿色创新系数为0.051，上述系数结果均不显著，说明绿色创新在公众参与型环境规制与企业长期经济绩效的提升过程中未发挥中介效应作用。其主要由于，公众参与型环境规制对企业产生的制度压力性较小，为激发企业的绿色创新意识，公众对企业认可效应丧失，对其市场价值产出不造成影响。

二 环境绩效的中介效应

环境规制压力下，企业绿色创新为长期目标导向的深层治理方式，而环境绩效提升可能是绿色创新的间接成果，抑或是末端治理直接表现。绿色创新在环境规制与企业长期经济绩效间起到中介效应作用，那环境绩效的提升是否同样起到中介效应作用？接下来将予以验证分析。

（一）环境规制与企业短期经济绩效的环境绩效中介效应

表6-8展示了环境绩效在环境规制与企业短期经济绩效间的中介效应检验结果。其中，表6-8中第（1）列展示了命令型环境规制与企业短期经济绩效回归系数在1%的水平下为0.003；第（2）列中命令型环境规制与企业环境绩效的回归系数为0.049，在1%的水平下显著；第（3）列中命令型环境规制和环境绩效与企业短期经济绩效的回归系数在1%的水平下分别为0.002和0.003，表明企业环境绩效表现的改善在命令型环境规制与企业短期经济绩效提升中起到完全中介作用。表6-8中第（4）、（5）、（6）列展示了环境绩效在市场型环境规制与企业短期经济绩效的中介效应结果，市场型环境规制与企业短期经济绩效的回归系数为0.107，在1%的水平下显著；市场型环境规制与环境绩效的回归系数为1.588，在1%的水平下为正；市场型环境规制和环境绩效与企业短期经济绩效的回归系数在5%和1%的水平下分别为0.059和0.004，说明市场型环境规制

表6-8 环境规制与企业短期财务绩效的环境绩效中介效应

短期经济绩效（roa）

变量	(1) roa	(2) lnhxh	(3) roa	(4) roa	(5) lnhxh	(6) roa	(7) roa	(8) lnhxh	(9) roa
cer	0.003*** (4.19)	0.049*** (2.63)	0.002*** (3.95)	—	—	—	—	—	—
mer	—	—	—	0.107*** (4.51)	1.588*** (2.80)	0.059** (2.49)	—	—	—
ver	—	—	—	—	—	—	0.016 (1.54)	1.411*** (3.92)	0.017 (1.64)
lnhxh	—	—	0.003*** (2.61)	—	—	0.004*** (2.76)	—	—	0.004*** (2.65)
size	−0.003*** (−2.66)	−0.110*** (−4.29)	−0.002** (−2.26)	−0.002** (−2.17)	−0.110*** (−4.29)	0.001 (1.06)	0.001 (1.32)	−0.091*** (−3.54)	0.002 (1.40)
tat	0.010*** (4.10)	0.173*** (3.38)	0.010*** (3.94)	0.009*** (4.01)	0.180*** (3.52)	0.012*** (5.27)	0.012*** (5.27)	0.170*** (3.33)	0.012*** (5.17)
car	0.001 (1.01)	0.013 (1.60)	0.001 (0.96)	0.001 (1.10)	0.012 (1.55)	0.000 (0.85)	0.001 (0.85)	0.012 (1.57)	0.000 (0.84)
dual	0.019*** (4.92)	−0.207** (−2.32)	0.020*** (5.04)	0.020*** (5.10)	−0.201** (−2.26)	0.014*** (3.72)	0.013*** (3.65)	−0.187** (−2.10)	0.014*** (3.71)
indr	0.026 (0.97)	−0.459 (−0.79)	0.029 (1.04)	0.033 (1.20)	−0.518 (−0.89)	−0.010 (−0.39)	−0.014 (−0.54)	−0.679 (−1.17)	−0.013 (−0.52)

续表

变量	短期经济绩效 (roa)								
	roa (1)	lnhxh (2)	roa (3)	roa (4)	lnhxh (5)	roa (6)	roa (7)	lnhxh (8)	roa (9)
h	-0.001 (-0.06)	0.647** (2.45)	-0.004 (-0.34)	-0.007 (-0.63)	0.623** (2.35)	-0.008 (-0.77)	-0.005 (-0.49)	0.748*** (2.85)	-0.005 (-0.47)
sop	0.000*** (2.61)	0.004 (1.01)	0.000** (2.52)	0.000** (2.57)	0.003 (0.77)	0.003 (0.66)	0.001 (0.57)	0.002 (0.56)	0.001 (0.45)
ocfr	0.399*** (11.73)	-0.434 (-0.88)	0.398*** (11.64)	0.406*** (11.94)	-0.402 (-0.81)	0.378*** (10.99)	0.380*** (11.09)	-0.387 (-0.78)	0.378*** (10.96)
high	0.017*** (5.39)	-0.014 (-0.20)	0.017*** (5.46)	0.018*** (5.72)	-0.010 (-0.14)	0.006* (1.89)	0.006** (2.00)	0.007 (0.10)	0.006* (1.93)
pr	0.001 (0.23)	-0.003 (-0.69)	0.001 (0.25)	0.001 (0.10)	-0.003 (-0.71)	0.001 (0.29)	0.001 (0.26)	-0.003 (-0.66)	0.001 (0.31)
_cons	0.052* (1.91)	4.161*** (6.57)	0.039 (1.40)	0.059** (2.14)	4.132*** (6.53)	-0.003 (-0.11)	0.007 (0.24)	3.742*** (5.85)	-0.006 (-0.21)
Industry	控制	控制	控制	控制	控制	控制	控制	控制	控制
Year	控制	控制	控制	控制	控制	控制	控制	控制	控制
R^2	0.239	0.030	0.241	0.273	0.030	0.378	0.376	0.035	0.377
F	23.650	4.760	22.340	18.550	4.850	24.710	25.460	5.550	24.780
N	1714	1712	1712	1714	1712	1712	1714	1712	1712

注：***、**、* 表示回归系数在 1%、5% 和 10% 的水平下显著，括号内为 t 值，标准误为聚类稳健标准误。

资料来源：笔者根据 Stata 软件 OLS 回归结果整理求得。

有利于企业环境绩效的改善，声誉机制作用下企业产品经营规模扩大，短期经济绩效得以提升，因而企业环境绩效在市场型环境规制与短期经济绩效间具有完全中介效应，验证了本书假设 H16。而公众参与型环境规制与企业短期经济绩效的回归系数为 0.016，但不显著；因此，即使其与企业环境绩效回归系数在 1% 的水平下为 1.411，借鉴温忠麟和叶宝娟[1]的中介效应模型系数检验解释，环境绩效在公众参与型环境规制与企业短期经济绩效间不具有中介效应。对于相应控制变量结果本书在此不予赘述。综上结果可以看出，命令型环境规制下，企业为免受行政处罚，会加大内部环境管理成本投入，则内部现金流出增长；而市场型环境规制下，政府环保治理投资的加大，减少了企业环境治理成本的流出，且两种规制下外部环境绩效的改善相对于绿色创新研发更易于被公众所察觉和认可，则会提升产品竞争地位，增加绩效产出，且环境绩效改善的投入相较于绿色创新更小，因而环境绩效在规制作用下的中介效应相较于绿色创新更为显著。

（二）环境规制与企业长期经济绩效的环境绩效中介效应

王爱兰认为，企业环境绩效与经济绩效的作用依赖于企业对外部规制性条件的策略性反应，当企业能够依据动态环境合理预测竞争对手的环境策略，先于对手改善环境治理效果，将在经营时享受更多的声誉溢出效应，产品的认可度更高，市场的地位和竞争力将不断攀升。[2] 基于此，本书以实证研究检验外部规制压力下，环境绩效的改善是否能够增加企业市场上的竞争优势，具体的检验结果见表 6-9。命令型环境规制下环境绩效对企业市场价值的中介作用检验结果见表 6-9 第（1）、(2)、(3) 列，第（1）列中命令型环境规制与长期经济绩效的回归系数为 0.045，在 10% 的水平下显著；第（2）列中命令型环境规制与企业环境绩效的回归系数在 1% 的水平下为 0.049；第（3）列中命令型环境规制和环境绩效与企业长期经济绩效的回归系数分别为 0.039 和 0.129，均在 10% 的水平下显著，

---

[1] 温忠麟、叶宝娟：《中介效应分析：方法和模型发展》，《心理科学进展》2014 年第 5 期。
[2] 王爱兰：《企业的环境绩效与经济绩效》，《经济管理》2005 年第 8 期。

表6-9 环境规制与企业长期经济绩效的环境绩效中介效应

长期经济绩效（lnmv）

变量	lnmv (1)	lnhxh (2)	lnmv (3)	lnmv (4)	lnhxh (5)	lnmv (6)	lnmv (7)	lnhxh (8)	lnmv (9)
cer	0.045* (1.89)	0.049*** (2.63)	0.039* (1.68)	—	—	—	—	—	—
mer	—	—	—	2.170** (2.00)	1.588*** (2.80)	1.969* (1.85)	—	—	—
ver	—	—	—	—	—	—	0.712* (1.72)	1.411*** (3.92)	0.786* (1.65)
lnhxh	—	—	0.129* (1.94)	—	—	0.127* (1.90)	—	—	0.139** (2.07)
size	0.893*** (15.23)	-0.110*** (-4.29)	0.909*** (15.47)	0.891*** (15.25)	-0.110*** (-4.29)	0.906*** (15.49)	0.905*** (15.53)	-0.091*** (-3.54)	0.950*** (13.44)
tat	-0.254 (-1.14)	0.173*** (3.38)	-0.276 (-1.24)	-0.242 (-1.09)	0.180*** (3.52)	-0.265 (-1.19)	-0.257 (-1.16)	0.170*** (3.33)	-0.341 (-1.33)
car	0.135*** (8.07)	0.013 (1.60)	0.134*** (7.76)	0.135*** (7.84)	0.012 (1.55)	0.133*** (7.57)	0.135*** (8.00)	0.012 (1.57)	0.131*** (7.62)
dual	0.128 (0.58)	-0.207** (-2.32)	0.155 (0.71)	0.136 (0.62)	-0.201** (-2.26)	0.163 (0.74)	0.137 (0.62)	-0.187** (-2.10)	0.113 (0.51)
indr	1.186 (0.83)	-0.459 (-0.79)	1.260 (0.88)	1.163 (0.81)	-0.518 (-0.89)	1.243 (0.86)	1.020 (0.72)	-0.679 (-1.17)	1.156 (0.69)

续表

<table>
<tr><th rowspan="2">变量</th><th colspan="9">长期经济绩效 (lnmv)</th></tr>
<tr><th>lnmv
(1)</th><th>lnhxh
(2)</th><th>lnmv
(3)</th><th>lnmv
(4)</th><th>lnhxh
(5)</th><th>lnmv
(6)</th><th>lnmv
(7)</th><th>lnhxh
(8)</th><th>lnmv
(9)</th></tr>
<tr><td>h</td><td>0.033
(0.05)</td><td>0.647**
(2.45)</td><td>-0.062
(-0.08)</td><td>-0.037
(-0.05)</td><td>0.623**
(2.35)</td><td>-0.127
(-0.17)</td><td>0.117
(0.16)</td><td>0.748***
(2.85)</td><td>-0.223
(-0.30)</td></tr>
<tr><td>sop</td><td>-0.001
(-0.13)</td><td>0.004
(1.01)</td><td>-0.002
(-0.19)</td><td>-0.002
(-0.21)</td><td>0.003
(0.77)</td><td>-0.003
(-0.25)</td><td>-0.003
(-0.27)</td><td>0.002
(0.56)</td><td>-0.007
(-0.63)</td></tr>
<tr><td>ocfr</td><td>3.438***
(2.94)</td><td>-0.434
(-0.88)</td><td>3.462***
(2.95)</td><td>3.459***
(2.96)</td><td>-0.402
(-0.81)</td><td>3.479***
(2.97)</td><td>3.480***
(2.98)</td><td>-0.387
(-0.78)</td><td>3.650***
(2.92)</td></tr>
<tr><td>high</td><td>0.479***
(2.61)</td><td>-0.014
(-0.20)</td><td>0.482***
(2.63)</td><td>0.480***
(2.62)</td><td>-0.01
(-0.14)</td><td>0.483***
(2.63)</td><td>0.494***
(2.69)</td><td>0.007
(0.10)</td><td>0.368*
(1.66)</td></tr>
<tr><td>pr</td><td>0.072***
(14.11)</td><td>-0.003
(-0.69)</td><td>0.073***
(14.46)</td><td>0.072***
(14.00)</td><td>-0.003
(-0.71)</td><td>0.072***
(14.34)</td><td>0.072***
(14.29)</td><td>-0.003
(-0.66)</td><td>0.073***
(12.65)</td></tr>
<tr><td>_cons</td><td>1.695
(1.14)</td><td>4.161***
(6.57)</td><td>1.132
(0.75)</td><td>1.670
(1.12)</td><td>4.132***
(6.53)</td><td>1.122
(0.74)</td><td>1.469
(0.99)</td><td>3.742***
(5.85)</td><td>0.667
(0.38)</td></tr>
<tr><td>Industry</td><td>控制</td><td>控制</td><td>控制</td><td>控制</td><td>控制</td><td>控制</td><td>控制</td><td>控制</td><td>控制</td></tr>
<tr><td>Year</td><td>控制</td><td>控制</td><td>控制</td><td>控制</td><td>控制</td><td>控制</td><td>控制</td><td>控制</td><td>控制</td></tr>
<tr><td>R^2</td><td>0.166</td><td>0.030</td><td>0.168</td><td>0.167</td><td>0.030</td><td>0.169</td><td>0.166</td><td>0.035</td><td>0.177</td></tr>
<tr><td>F</td><td>50.050</td><td>4.760</td><td>45.920</td><td>45.670</td><td>4.850</td><td>42.540</td><td>47.070</td><td>5.550</td><td>51.530</td></tr>
<tr><td>N</td><td>1714</td><td>1712</td><td>1712</td><td>1714</td><td>1712</td><td>1712</td><td>1714</td><td>1712</td><td>1712</td></tr>
</table>

注：***、**、*表示回归系数在1%、5%和10%的水平下显著，括号内为t值，标准误差为聚类稳健标准误。

资料来源：笔者根据Stata软件OLS回归结果整理获得。

上述回归系数均显著为正，表明环境绩效对环境规制与企业长期经济绩效提升具有正向促进的中介效应。市场型环境规制与企业长期经济绩效的回归系数如表6-9中第（4）列所示，在5%的水平下为2.170；与企业环境绩效的回归系数在1%的水平下为1.588，见表6-9中第（5）列；市场型环境规制和环境绩效与企业长期经济绩效的回归系数在10%的水平下分别为1.969和0.127，验证了本书假设H17，市场型环境规制通过敦促企业改善环境绩效以提升其潜在竞争力。公众参与型环境规制与企业长期经济绩效的环境规制机制检验结果见表6-9中第（7）、（8）、（9）列，其中，第（7）列显示公众参与型环境规制与企业长期经济绩效的回归系数在10%的水平下为0.712；第（8）列其与环境绩效的系数结果为1.411，在1%的水平下显著；第（9）列中加入环境绩效中介变量后，公众参与型环境规制与长期经济绩效的回归系数增加为0.786，且在10%的水平下显著，环境绩效与经济绩效的回归系数在5%的水平下为0.139，表明环境绩效在公众参与型环境规制与企业长期经济绩效中的中介效应同样成立。上述结果说明，命令型环境规制下，企业承受的制度压力值最大，企业不得不改善环境绩效以规避环境惩治的负面风险，信号传递机制下，环境绩效的改善向公众传达了企业的环保理念和社会责任承担的决心，企业树立良好的外在形象，则上市公司股票受到投资者追捧，市场价值提升。市场型环境规制下以补贴、许可及政府代偿性的污染治理投入方式，以直接的形式获取资金流入增加和流出的减少，且相较于其他竞争对手获取政府的认证溢出效应，显著提升市场竞争力。公众参与型环境规制下更多治理主体对企业全方位的监督，企业被迫主动维护环境形象，此时公众又起到环境表现的宣传效应，利益相关者的持续追踪观察，企业不但改善经营治理方式以获取认可，"马太效应"显现，价值攀升。

此外，通过绿色创新与环境绩效的中介效应回归系数大小比较发现，环境绩效的作用更大，可能基于以下两种可能：其一，环境绩效的提升是环境治理的最终作用结果，其可能为绿色创新的最终结果，或是末端治理的直接作用，抑或是两者的叠加作用，因此，综合作用下效果更为显著；其二，因绿色创新技术的专业性，不易被公众所理解和告知，而环境绩效的提升更为表象化,声誉信息的传导性更为具象化,所以最终导致环境绩效在不同环境规制与企业长期经济绩效中的中介效应作用较绿色创新更为显著。对于控制变量作用在此予以略去。

第四节 各因素调节效应检验

本章前文分析了环境规制对企业经济绩效的作用效果及作用路径,在此进一步分析外部媒体监管及内部寻租两种影响作用下环境规制对企业经济绩效的效果。

一 环境规制对企业经济绩效:媒体关注作用检验

吉利等以新《环保法》实施作为环境规制冲击[①],研究得出金属类上市公司社会责任的履行对企业股价具有"类保险"作用[②],但其受媒体关注的影响,媒体关注越高,"类保险"效果越弱。陶文杰等研究指出,媒体关注则会督促企业社会责任的履行,且成为企业社会责任履行与经营绩效的中介桥梁。因此,媒体关注对企业社会责任履行具有正向促进作用,但不同类型及不同时期的经济绩效产生差异性影响。[③] 接下来,本书将探究媒体关注对环境规制下企业短期、长期经济绩效的调节效应。

(一)外部媒体关注视角下环境规制对企业短期经济绩效的影响

表6-10展示了采用回归模型公式(6-6)得出的,媒体关注对不同环境规制形式与企业短期经济绩效的调节效应的检验结果。其中,表6-10中第(1)、(2)列为命令型环境规制的检验结果,第(3)、(4)列为市场型环境规制的检验结果,第(5)、(6)列为公众参与型环境规制的检验结果。基础回归模型中,命令型环境规制和媒体关注交乘项($lnnetm \times cer$)

---

① 吉利、王泰玮、魏静:《企业社会责任"类保险"作用情境及机制——基于新环保法发布的事件研究》,《会计与经济研究》2018年第2期。

② Shiu Y. M. and S. Yang, "Does Engagement in Corporate Social Responsibility Provide Strategic Insurance-like Effects?", *Strategic Management Journal*, Vol. 38, No. 2, 2015, pp. 455–470.

③ 陶文杰、金占明:《媒体关注下的CSR信息披露与企业财务绩效关系研究及启示——基于中国A股上市公司CSR报告的实证研究》,《中国管理科学》2013年第4期。

与企业短期经济绩效的回归系数在 1% 的水平下为 -0.0020；加入控制变量后系数为 -0.0011，在 5% 的水平下为负，说明媒体关注对命令型环境规制与企业短期经济绩效起到负向调节作用。其可能由于，行政强制性环境规制辅之以媒体的信息传递，新闻报道的持续追踪，企业不得不在规定期限内加大污染治理投入，造成企业短期资本的大量流出，从而对企业短期经济绩效产生抑制作用。市场型环境规制和媒体关注的交乘项（ln$netm$ × mer）与企业短期经济绩效在基础模型和加入控制变量后的扩展模型下的回归系数分别为 -0.0518 和 -0.0421，均在 5% 的水平下显著，表明媒体关注对市场型环境规制与企业短期经济绩效同样产生负向的调节作用，原因可能基于以下两点：一是若市场型环境规制为补贴性质，但媒体关注下企业仍需先严格满足相应市场规制治理标准，前期治理成本较大，而补贴具有递延性，短期内难以相互抵消，造成短期经济绩效的下降；二是若市场型环境规制为许可性，企业产品生产规模扩大，但仍需大量前期投入，产出滞后性下导致短期经济绩效的减少。而对于公众参与型环境规制因其自身对企业短期经济绩效不产生显著影响，媒体监管加强后，媒体关注与公众参与型环境规制交乘项（ln$netm$ × ver）与企业短期经济绩效的回归系数见表 6-10 第（5）、（6）列，为 0.0188 和 0.0038，但均不显著，说明媒体关注并未产生调节作用，仍可能由于公众参与制度不完善导致，未对企业形成威慑力。上述结论基本验证了本书的假设 H18。

表 6-10　　环境规制与企业短期经济绩效：媒体关注调节效应

变量	短期经济绩效（roa）					
	(1)	(2)	(3)	(4)	(5)	(6)
ln$netm$	0.0081*** (4.56)	0.0069*** (4.15)	0.0092*** (5.10)	0.0085*** (5.17)	0.0080*** (4.20)	0.0069*** (3.46)
cer	0.0084*** (3.81)	0.0061*** (3.63)	—	—	—	—
ln$netm$ × cer	-0.0020*** (-3.10)	-0.0011** (-2.16)	—	—	—	—

续表

变量	短期经济绩效（roa）					
	(1)	(2)	(3)	(4)	(5)	(6)
mer	—	—	0.1969** (2.40)	0.1873*** (2.60)	—	—
lnnetm × mer	—	—	−0.0518** (−2.48)	−0.0421** (−2.28)	—	—
ver	—	—	—	—	−0.0302 (−0.71)	0.0045 (0.10)
lnnetm × ver	—	—	—	—	0.0188 (1.15)	0.0038 (0.22)
size	—	−0.0052*** (−4.44)	—	−0.0050*** (−4.30)	—	−0.001 (−0.70)
tat	—	0.0125*** (4.71)	—	0.0127*** (4.78)	—	0.0135*** (5.39)
car	—	0.0007 (1.12)	—	0.0007 (1.14)	—	0.0005 (0.90)
dual	—	0.0182*** (4.53)	—	0.0184*** (4.56)	—	0.0131*** (3.58)
indr	—	0.0206 (0.73)	—	0.0158 (0.57)	—	−0.0113 (−0.43)
h	—	0.0076 (0.69)	—	0.0078 (0.70)	—	0.0009 (0.09)
sop	—	0.0004** (2.46)	—	0.0003** (1.99)	—	0.0001 (0.69)
ocfr	—	0.3925*** (11.31)	—	0.3953*** (11.41)	—	0.3794*** (10.79)
high	—	0.0162*** (5.04)	—	0.0164*** (5.09)	—	0.0055* (1.80)
pr	—	0.0001 (0.48)	—	0.0001 (0.47)	—	0.0001 (0.53)

续表

变量	短期经济绩效（roa）					
	(1)	(2)	(3)	(4)	(5)	(6)
_cons	0.0195*** (3.44)	0.0874*** (3.06)	0.0157** (2.54)	0.0801*** (2.79)	0.0535*** (6.15)	0.0471 (1.42)
Industry	控制	控制	控制	控制	控制	控制
Year	控制	控制	控制	控制	控制	控制
R^2	0.0180	0.2540	0.0150	0.2510	0.2200	0.3890
F	10.1000	22.0600	9.0800	21.5000	20.0300	24.8500
N	1645	1645	1645	1645	1645	1645

注：***、**、*分别表示回归系数在1%、5%和10%的水平下显著，括号内为t值，标准误为聚类稳健标准误。

资料来源：笔者根据Stata软件OLS回归结果整理获得。

（二）外部媒体关注视角下环境规制对企业长期经济绩效的影响

表6-11展示了媒体关注对三种环境规制形式与企业长期经济绩效的调节效应结果，其表格的结构设置形式与表6-10类似。命令型环境规制和媒体关注交乘项（$lnnetm \times cer$）与企业长期经济绩效在基础模型下回归系数为0.0473，在10%的水平下显著，扩展模型下两者的回归系数为0.0207，结果在5%的水平下为正，验证了本书假设H19，媒体关注在命令型环境规制与企业长期经济绩效间起到正向的调节作用。说明即使对于惩戒性的命令型环境规制，媒体监督下污染企业积极履行环境治理职责，抑或是媒体更高的关注下企业不得不积极开展污染防治活动，形成了媒体关注下社会责任履行的"类保险"作用。市场型环境规制和媒体关注交乘项（$lnnetm \times cer$）与企业长期经济绩效的回归结果见表6-11中第（3）、（4）列，回归系数分别为0.1802和0.2816，且在5%水平下显著，同样说明了媒体关注在市场型环境规制与企业长期经济绩效间的调节作用。其主要传导机制与命令型环境规制有所差别，一方面为"类保险"效应的发挥，另一方面为市场型规制的鼓励性和认可性，媒体传播下将该种"认证效应"扩大，导致享受此种政策的企业股票受到利益相关者的青睐和追

捧，对长期经济绩效产生积极的促进作用。鉴于公众参与型环境规制对企业长期经济绩效的影响不显著，导致公众参与型环境规制和媒体关注交乘项（ln$netm$×cer）与企业长期经济绩效的作用结果见表6－11中第（5）、（6）列，回归系数分别为0.5551和0.2870，但均不显著，具体的作用路径与上述类似，在此不予赘述。

表6－11　环境规制与企业长期经济绩效：媒体关注调节效应

变量	长期经济绩效（lnmv）					
	（1）	（2）	（3）	（4）	（5）	（6）
ln$netm$	0.2399** (2.47)	0.0394 (0.42)	0.2940** (2.34)	0.1662 (0.90)	0.2633*** (2.61)	0.1628 (1.04)
cer	－0.0127 (－0.16)	－0.0162 (－0.26)	—	—	—	—
ln$netm$×cer	0.0473* (1.85)	0.0207** (2.09)	—	—	—	—
mer	—	—	4.7778 (1.33)	2.2653 (0.57)	—	—
ln$netm$×mer	—	—	0.1802** (2.19)	0.2816** (2.26)	—	—
ver	—	—	—	—	－2.2639 (－0.90)	1.1742 (0.45)
ln$netm$×ver	—	—	—	—	0.5551 (1.60)	0.2870 (1.30)
$size$	—	0.9042*** (14.51)	—	0.9228*** (12.23)	—	0.9324*** (12.23)
tat	—	－0.2713 (－0.99)	—	－0.4637 (－1.42)	—	－0.4729 (－1.46)
car	—	0.1353*** (8.03)	—	0.1318*** (7.75)	—	0.1318*** (7.85)

续表

变量	长期经济绩效（lnmv）					
	(1)	(2)	(3)	(4)	(5)	(6)
$dual$	—	0.0899 (0.39)	—	0.0608 (0.26)	—	0.0581 (0.25)
$indr$	—	1.0499 (0.68)	—	1.2634 (0.68)	—	1.1710 (0.64)
h	—	-0.0130 (-0.02)	—	-0.3860 (-0.50)	—	-0.3222 (-0.41)
sop	—	-0.0023 (-0.20)	—	-0.0067 (-0.58)	—	-0.0072 (-0.61)
$ocfr$	—	3.1562*** (2.86)	—	3.5123*** (3.05)	—	3.5264*** (3.03)
$high$	—	0.5223*** (2.77)	—	0.4044* (1.79)	—	0.4106* (1.81)
pr	—	0.0725*** (13.93)	—	0.0728*** (11.52)	—	0.0728*** (11.62)
$\_cons$	22.2219*** (75.92)	1.6705 (1.09)	21.8566*** (52.64)	1.7312 (1.00)	22.3445*** (73.83)	1.6553 (0.96)
Industry	控制	控制	控制	控制	控制	控制
Year	控制	控制	控制	控制	控制	控制
R^2	0.0150	0.1760	0.0170	0.1950	0.0100	0.1950
F	24.2000	56.7000	23.8000	51.4000	6.4000	48.9000
N	1645	1645	1645	1645	1645	1645

注：***、**、*分别表示回归系数在1％、5％和10％的水平下显著，括号内为t值，标准误为聚类稳健标准误。

资料来源：笔者根据Stata软件OLS回归结果整理获得。

二 环境规制对企业经济绩效：企业寻租作用检验

制度理论指出，制度对组织产生三种同构性压力，分别为强制性同构、模拟性同构和规范性同构，使得众多企业行动趋于一致性。然而，企业组织的内部具体行动是一个"黑箱"，企业可能借以寻租，以避免规制惩罚或获取政治利益，但规制"俘获"一定会带来企业价值的增长，有待进一步验证。因此，本部分检验三种环境规制形式下，企业寻租对企业短期经济绩效和长期经济绩效的影响。

（一）内部寻租视角下环境规制对企业短期经济绩效的影响

表6-12展示了企业寻租在环境规制形式异质性与企业短期经济绩效的调节效应检验结果。根据表6-12中第（1）列显示，基础回归模型下命令型环境规制和企业寻租交乘项（$lnbuse \times cer$）与企业短期经济绩效的回归系数为0.0003，在1%的水平下显著；加入控制变量后，回归系数变为0.0001，在10%的水平下为正，表明企业寻租在命令型环境规制与企业短期经济绩效间起到正向的调节作用。说明命令型环境规制同构下，企业为规避污染违规排放的惩戒风险，借以政治寻租的方式，"表象"上维护环境治理的正面形象，降低了环境整治的高昂成本，虽寻租成本增加，但其获取的利益可弥补俘获支出，因而短期内利于企业短期经济绩效的增长。表6-12中第（3）列展示了市场型环境规制和企业寻租交乘项（$lnbuse \times mer$）与企业短期经济绩效在基础模型下的回归系数为0.0092，在1%的水平下为正；第（4）列展示了加入控制变量后的回归系数为0.0046，在10%的水平下显著，表明企业寻租在市场型环境规制与企业短期经济绩效间起到正向的调节作用，上述结果验证了本书假设H20。基于价格的市场型环境规制工具下，企业寻租以减少企业内部环境治理的投资支出；基于数量的市场型环境工具下，内部寻租以获取污染许可，企业即可增加产品生产规模，两种方式对以减少流出或增加流入的形式短期增加企业经营利润，以报表的形式向外界传递良好的绩效表现。公众参与型环境规制与企业寻租交乘项（$lnbuse \times ver$）与企业短期经济绩效的回归系数见表6-12中第（5）、（6）列，分别为0.0058和0.0035，但两者均不显著，说明企业寻租在公众参与型环境规制与企业短期经济绩效间不存在调节效应，即使企业寻租后，其作用效果仍不发生改变，也可能为公众参与型环境规制参与主体众多，企业寻租成本高昂与其收益相抵，导致最终寻

租与否对企业短期经济绩效不产生显著影响。

表6-12 环境规制对企业短期经济绩效：企业寻租的调节效应

变量	短期经济绩效（roa）					
	(1)	(2)	(3)	(4)	(5)	(6)
ln$buse$	-0.0005* (-1.76)	-0.0002 (-0.84)	-0.0008** (-2.29)	-0.0003 (-1.04)	-0.0004* (-1.68)	-0.0001 (-0.61)
cer	-0.0009 (-0.89)	0.0013 (1.47)	—	—	—	—
ln$buse \times cer$	0.0003*** (3.23)	0.0001* (1.67)	—	—	—	—
mer	—	—	-0.0792** (-2.39)	0.0613* (1.87)	—	—
ln$buse \times mer$	—	—	0.0092*** (3.06)	0.0046* (1.70)	—	—
ver	—	—	—	—	-0.0852** (-2.16)	-0.0557 (-1.47)
ln$buse \times ver$	—	—	—	—	0.0058 (1.12)	0.0035 (1.30)
$size$	—	-0.0026** (-2.45)	—	-0.0021* (-1.94)	—	0.0003 (0.31)
tat	—	0.0103*** (4.04)	—	0.0093*** (3.97)	—	0.0143*** (5.50)
car	—	0.0006 (1.04)	—	0.0007 (1.14)	—	0.0005 (0.83)
$dual$	—	0.0195*** (4.92)	—	0.0204*** (5.14)	—	0.0127*** (3.39)
$indr$	—	0.0253 (0.92)	—	0.0315 (1.15)	—	-0.018 (-0.70)

续表

变量	短期经济绩效（roa）					
	(1)	(2)	(3)	(4)	(5)	(6)
h	—	-0.0007 (-0.06)	—	-0.007 (-0.65)	—	-0.0013 (-0.13)
sop	—	0.0004*** (2.60)	—	0.0004** (2.53)	—	0.0001 (0.40)
$ocfr$	—	0.3980*** (11.52)	—	0.4056*** (11.71)	—	0.3722*** (10.78)
$high$	—	0.0170*** (5.39)	—	0.0174*** (5.71)	—	0.0053* (1.69)
pr	—	0.0001 (0.24)	—	0.0000 (0.12)	—	0.0001 (0.33)
$\_cons$	0.0483*** (12.97)	0.0509* (1.82)	0.0528*** (11.85)	0.0575** (2.06)	0.0554*** (7.39)	0.0155 (0.51)
Industry	控制	控制	控制	控制	控制	控制
Year	控制	控制	控制	控制	控制	控制
R^2	0.0080	0.2390	0.0040	0.2740	0.1710	0.3450
F	4.8300	21.9800	3.1500	18.6600	22.3700	26.5800
N	1714	1714	1714	1714	1714	1714

注：***、**、*分别表示回归系数在1%、5%和10%的水平下显著，括号内为t值，标准误为聚类稳健标准误。

资料来源：笔者根据Stata软件OLS回归结果整理获得。

(二) 内部寻租视角下环境规制对企业长期经济绩效的影响

企业寻租在不同环境规制形式与企业长期经济绩效间的调节效应检验结果见表6-13，其中，第（1）、（2）列为命令型环境规制的检验结果，第（3）、（4）列为市场型环境规制的检验结果，第（5）、（6）列为公众参与型环境规制的检验结果。根据表6-13中结果，命令型环境规制和企业寻租交乘项（$lnbuse \times cer$）与企业长期经济绩效的基础模型回归系数在1%的水平下为-0.0172，加入控制变量后回归系数为-0.0031，在5%的水平下显著，表明企业寻租在环境规制与企业长期经济绩效间起到负向的调节作用，验证了本书假设 H21。市场型环境规制和企业寻租交乘项（lnbuse×mer）与企业长期经济绩效的回归系数为 -0.3409，扩展模型下系数为 -0.0511，两者均在 5% 的水平下为负，与命令型环境规制下效果类似，企业寻租在市场型环境规制与企业长期经济绩效间产生负向调节效应。公众参与型环境规制对企业长期经济绩效的基础效应不显著，加入企业寻租及其交乘项后，回归系数仍不显著，说明企业寻租在公众参与型环境规制与企业长期经济绩效间不存在调节效应。上述系数结果说明，鉴于环境规制的制度规范性，企业以寻租方式牟利，但一旦公众了解企业借以寻租的方式逃避环境治理责任，会对企业予以负面评价，导致企业股价下跌，市场价值流失；另外，寻租是侵蚀企业公平、创新文化的"蛀虫"，是一种短视的行为，损害内部企业家精神，从而不利于企业长期价值的增长，最终导致对企业长期经济绩效的抑制作用。

表 6-13　环境规制对企业长期经济绩效：企业寻租的调节效应

变量	长期经济绩效（lnmv）					
	(1)	(2)	(3)	(4)	(5)	(6)
lnbuse	0.0114 (0.79)	-0.0044 (-0.32)	0.0163 (0.86)	-0.0108 (-0.62)	-0.0134 (-0.78)	-0.0013 (-0.09)
cer	0.2997*** (6.15)	0.0380 (1.15)	—	—	—	—
lnbuse×cer	-0.0172*** (-4.51)	-0.0031** (-2.19)	—	—	—	—
mer	—	—	8.4256*** (3.61)	0.6421 (0.32)	—	—
lnbuse×mer	—	—	-0.3409** (-2.00)	-0.0511** (-2.34)	—	—
ver	—	—	—	—	-2.0936 (-0.93)	2.0463 (1.27)

续表

变量	长期经济绩效（lnmv）					
	（1）	（2）	（3）	（4）	（5）	（6）
ln$buse$×ver	—	—	—	—	0.0772 (0.51)	-0.0974 (-0.89)
$size$	—	0.9526*** (13.00)	—	0.9546*** (12.97)	—	0.9073*** (15.62)
tat	—	-0.3658 (-1.43)	—	-0.3623 (-1.41)	—	-0.2565 (-1.16)
car	—	0.1317*** (8.00)	—	0.1320*** (7.89)	—	0.1355*** (8.00)
$dual$	—	0.1335 (0.61)	—	0.1424 (0.65)	—	0.1461 (0.66)
$indr$	—	1.2790 (0.76)	—	1.2780 (0.76)	—	0.9824 (0.69)
h	—	-0.4119 (-0.54)	—	-0.4509 (-0.60)	—	0.0905 (0.12)
sop	—	-0.0063 (-0.55)	—	-0.0060 (-0.54)	—	-0.0026 (-0.24)
$ocfr$	—	3.8040*** (3.06)	—	3.7937*** (3.04)	—	3.4309*** (2.90)
$high$	—	0.3936* (1.78)	—	0.3914* (1.77)	—	0.5084*** (2.73)
pr	—	0.0723*** (11.94)	—	0.0723*** (11.90)	—	0.0728*** (14.40)
_$cons$	22.7942*** (116.83)	1.2480 (0.68)	22.5567*** (87.49)	1.1766 (0.64)	23.2815*** (97.25)	1.4348 (0.95)
Industry	控制	控制	控制	控制	控制	控制
Year	控制	控制	控制	控制	控制	控制
R^2	0.0080	0.1810	0.0080	0.1820	0.0010	0.1660

续表

变量	长期经济绩效（lnmv）					
	(1)	(2)	(3)	(4)	(5)	(6)
F	15.9600	41.7000	6.7200	41.4700	1.4800	42.2700
N	1714	1714	1714	1714	1714	1714

注：***、**、* 分别表示回归系数在1%、5%和10%的水平下显著，括号内为t值，标准误为聚类稳健标准误。

资料来源：笔者根据Stata软件OLS回归结果整理获得。

第五节 稳健性检验

为保证本章上述结论的稳健性，在此本书采用替换企业经济绩效指标变量和更换回归模型两种方式对上述结果进行稳健性检验。

一 替换变量指标

（一）替换企业短期经济绩效指标

本书借鉴冯丽艳等[①]的做法，以净资产收益率作为企业短期经济绩效指标，替换掉主效应回归中的总资产净利率，验证环境规制形式异质性对企业短期经济绩效的影响，结果见表6-14。表6-14中第（1）列基础回归模型中命令型环境规制与企业短期经济绩效的回归系数为0.008；第（2）列中加入控制变量后系数为0.007，两者均在1%的水平下为正，说明命令型环境规制有利于企业短期经济绩效的提升。市场型环境规制与企业短期经济绩效的基础模型和扩展模型回归结果见表6-14中第（3）、（4）列，在5%的水平下均为0.260，说明命令型环境规制对企业短期经济绩效有显著的正向影响。表6-14中第（5）、（6）列公众参与型环境规制与企业短期经济绩效的回归系数分别为-0.007和0.026，但结果均不显著，说明公众参与型环境规制对企业短期经济绩效不产生影响。另外，市

---

① 冯丽艳等：《企业社会责任与盈余管理治理——基于盈余管理方式和动机的综合分析》，《重庆大学学报》（社会科学版）2016年第6期。

场型环境规制系数显著大于命令型环境规制,表明市场型环境规制更具有鼓励性,促进作用更显著。上述结果与环境规制与企业短期经济绩效的直接效应回归结果一致,保证了本书环境规制促进企业短期绩效提升的研究结论的稳健性。

表6-14　　　　　替换企业短期经济绩效指标的稳健性检验

变量	短期经济绩效（roe）					
	(1)	(2)	(3)	(4)	(5)	(6)
cer	0.008*** (2.69)	0.007*** (2.65)	—	—	—	—
mer	—	—	0.260** (2.47)	0.260** (2.54)	—	—
ver	—	—	—	—	-0.007 (-0.18)	0.026 (0.59)
size	—	0.017** (2.42)	—	0.013* (1.72)	—	0.019** (2.43)
tat	—	0.033*** (4.71)	—	0.030*** (3.80)	—	0.033*** (4.77)
car	—	0.002 (0.84)	—	0.002 (1.00)	—	0.002 (0.83)
dual	—	0.037*** (3.11)	—	0.045*** (4.17)	—	0.036*** (3.10)
indr	—	0.039 (0.56)	—	0.132* (1.76)	—	0.018 (0.27)
h	—	-0.025 (-0.51)	—	-0.028 (-0.68)	—	-0.014 (-0.29)
sop	—	0.000 (0.76)	—	0.000 (0.88)	—	0.000 (0.27)

续表

变量	短期经济绩效（roe）					
	(1)	(2)	(3)	(4)	(5)	(6)
ocfr	—	0.851*** (7.80)	—	0.904*** (8.29)	—	0.853*** (7.78)
high	—	0.021 (1.48)	—	0.052*** (3.21)	—	0.022 (1.50)
pr	—	0.007*** (3.47)	—	0.007*** (3.52)	—	0.007*** (3.46)
_cons	0.137*** (9.01)	-0.382** (-2.13)	0.115*** (10.30)	-0.342* (-1.71)	0.150*** (9.50)	-0.398** (-2.12)
Industry	控制	控制	控制	控制	控制	控制
Year	控制	控制	控制	控制	控制	控制
R²	0.068	0.181	0.020	0.145	0.066	0.179
F	12.520	13.490	8.420	14.440	12.500	13.500
N	1714	1714	1714	1714	1714	1714

注：***、**、*分别表示回归系数在1%、5%和10%的水平下显著，括号内为t值，标准误为聚类稳健标准误。

资料来源：笔者根据Stata软件OLS回归结果整理获得。

（二）替换企业长期经济绩效指标

本书借鉴曲亮等的做法①，将企业长期经济绩效指标替换为上市公司的账面市值比指标（bmvr），重新采用模型公式（6-1）展开环境规制与企业长期经济绩效的回归分析，具体结果见表6-15。命令型环境规制与企业长期经济绩效的回归结果见表6-15中第（1）、（2）列，基础模型的回归系数为0.007，扩展模型的回归系数减小为0.002，但并未影响其显著性结果，两者均在10%的水平下为正，说明命令型环境规制对企业长期经

---

① 曲亮、任国良：《高管政治关系对国有企业绩效的影响——兼论国有企业去行政化改革》，《经济管理》2012年第1期。

第六章 环境规制对企业经济绩效的实证分析

济绩效的提升产生正向影响。市场型环境规制与企业长期经济绩效基础模型回归结果见表6-15中第（3）列，在10%的水平下为0.200，加入控制变量后回归系数见第（4）列，在5%的水平下为0.169，验证了市场型环境规制对企业长期经济绩效的促进作用。而对于公众参与型环境规制对企业长期经济绩效的作用效果见表6-15中第（5）、（6）列回归系数，分别为0.143和0.008，但两者均不显著，说明公众参与型环境规制对企业长期经济绩效不产生影响。同样，市场型环境规制系数大于命令型环境规制，说明了市场型环境规制对企业市场价值更高的引导作用。综上，替换企业长期经济绩效指标后的结果与主效应中的回归结果一致，说明本书研究结果稳健可信。

表6-15　　　　　替换企业长期经济绩效指标的稳健性检验

变量	长期经济绩效（$bmvr$）					
	（1）	（2）	（3）	（4）	（5）	（6）
cer	0.007 * (1.75)	0.002 * (1.75)	—	—	—	—
mer	—	—	0.200 * (1.65)	0.169 ** (2.13)	—	—
ver	—	—	—	—	0.143 (0.92)	0.008 (0.17)
$size$	—	0.101 *** (25.51)	—	0.106 *** (29.72)	—	0.105 *** (29.56)
tat	—	-0.007 (-0.84)	—	-0.015 (-1.36)	—	-0.014 (-1.30)
car	—	0.003 *** (3.01)	—	0.004 * (1.74)	—	0.004 * (1.71)
$dual$	—	-0.001 (-0.08)	—	0.002 (0.15)	—	0.003 (0.23)

续表

变量	长期经济绩效（bmvr）					
	(1)	(2)	(3)	(4)	(5)	(6)
indr	—	0.066 (0.76)	—	0.047 (0.60)	—	0.054 (0.68)
h	—	0.014 (0.34)	—	-0.018 (-0.46)	—	-0.026 (-0.68)
sop	—	0.002*** (2.75)	—	0.001** (2.32)	—	0.001** (2.43)
ocfr	—	-0.631*** (-8.57)	—	-0.596*** (-8.30)	—	-0.596*** (-8.31)
high	—	-0.046*** (-3.92)	—	-0.043*** (-3.99)	—	-0.043*** (-4.00)
pr	—	0.003*** (5.39)	—	0.003*** (10.43)	—	0.003*** (10.11)
_cons	0.598*** (75.41)	-1.643*** (-16.12)	0.476*** (21.19)	-1.830*** (-19.64)	0.690*** (21.72)	-1.831*** (-19.58)
Industry	控制	控制	控制	控制	控制	控制
Year	控制	控制	控制	控制	控制	控制
R^2	0.002	0.528	0.063	0.598	0.334	0.597
F	3.050	72.670	14.370	114.190	46.610	112.620
N	1714	1714	1714	1714	1714	1714

注：***、**、*分别表示回归系数在1%、5%和10%的水平下显著，括号内为t值，标准误为聚类稳健标准误。

资料来源：笔者根据Stata软件OLS回归结果整理获得。

二 固定效应模型

为防止模型设置偏差及公司个体特征差异对本书结论造成的影响，本部分采用固定效应模型对三种环境规制形式与企业短期经济绩效和长期经济绩效重新展开回归分析。

(一) 环境规制与企业短期经济绩效固定效应模型检验

三种环境规制形式与企业短期经济绩效在固定效应模型下的回归检验结果见表6-16。其中，命令型环境规制与企业短期经济绩效基础模型结果见表6-16中第(1)列，扩展模型结果见表6-16第(2)列，回归系数均为0.002，且均在5%的水平下为正。市场型环境规制与企业环境绩效的基础回归系数见表6-16第(3)列，在10%的水平下为0.022，加入控制变量后扩展模型系数在5%的水平下为0.067，见第(4)列。表6-16中第(5)、(6)列展示了公众参与型环境规制与企业绩效的基础回归和扩展回归结果，系数均为0.018，且均不显著。控制变量结果不予详述。综上结果说明，命令型环境规制与市场型环境规制对企业短期经济绩效均有显著的促进作用，且通过两种规制形式回归系数的比较可以看出，市场型环境规制作用更强，而公众参与型环境规制对企业短期经济绩效不产生显著影响，与上文中主效应回归结果一致，验证了本书研究结论的稳健性。

表6-16　　环境规制与企业短期经济绩效固定效应模型检验

变量	短期经济绩效 (roa)					
	(1)	(2)	(3)	(4)	(5)	(6)
cer	0.002** (2.02)	0.002** (2.07)	—	—	—	—
mer	—	—	0.022* (1.66)	0.067** (2.18)	—	—
ver	—	—	—	—	0.018 (1.62)	0.018 (1.50)
$size$	—	0.002 (1.27)	—	-0.001 (-0.34)	—	0.003 (1.46)
tat	—	0.019*** (3.38)	—	0.017*** (2.84)	—	0.020*** (3.39)
car	—	0.000 (0.62)	—	0.000 (0.70)	—	0.000 (0.60)

续表

变量	短期经济绩效（roa）					
	(1)	(2)	(3)	(4)	(5)	(6)
dual	—	0.010** (2.14)	—	0.013*** (2.68)	—	0.010** (2.14)
indr	—	-0.019 (-0.82)	—	-0.002 (-0.09)	—	-0.024 (-1.00)
h	—	-0.016 (-0.82)	—	-0.016 (-0.72)	—	-0.014 (-0.71)
sop	—	0.000 (0.04)	—	0.000 (0.65)	—	0.000 (-0.16)
ocfr	—	0.328*** (6.86)	—	0.337*** (6.95)	—	0.328*** (6.85)
high	—	0.007 (1.38)	—	0.018*** (3.38)	—	0.007 (1.41)
pr	—	0.000 (1.03)	—	0.000 (0.98)	—	0.000 (1.03)
_cons	0.070*** (5.73)	-0.008 (-0.17)	0.066*** (13.81)	0.037 (0.82)	0.067*** (15.26)	-0.013 (-0.29)
R^2	0.395	0.244	0.465	0.295	0.468	0.245
N	1714	1714	1714	1714	1714	1714

注：***、**、*分别表示回归系数在1%、5%和10%的水平下显著，括号内为t值，标准误为聚类稳健标准误。

资料来源：笔者根据Stata软件固定效应模型回归结果整理获得。

（二）环境规制与企业长期经济绩效固定效应模型检验

表6-17展示了环境规制形式异质性与企业长期经济绩效的固定效应模型回归检验结果。命令型环境规制与企业长期经济绩效基础固定效应模型下回归系数为0.083，如表6-17中第（1）列所示，在5%的水平下为正；加入相应控制变量后回归系数如第（2）列所示，在10%的水平下为

0.053,验证了命令型环境规制对企业长期经济绩效的正向促进作用结果。表6-17中第(3)列展示了固定效应基础模型中市场型环境规制与企业长期经济绩效的回归结果,在1%的水平下为3.644;第(4)列展示了加入控制变量后固定效应模型下市场型环境规制与企业长期经济绩效的回归系数为2.177,在10%的水平下显著,表明了市场型环境规制对企业长期经济绩效的正向影响。表6-17中第(5)、(6)列展示了公众参与型环境规制与企业长期经济绩效在固定效应模型下的回归结果,系数分别为0.868和0.842,但均不显著,验证了公众参与型环境规制对企业长期经济绩效并无影响的结果。综上,固定效应模型回归结果与环境规制形式异质性与企业长期经济绩效的主效应回归结果一致,说明本书前述的研究结论稳健可信。在此,控制变量结果予以省略。

表6-17　　环境规制与企业长期经济绩效固定效应模型检验

变量	长期经济绩效（lnmv）					
	(1)	(2)	(3)	(4)	(5)	(6)
cer	0.083** (2.25)	0.053* (1.83)	—	—	—	—
mer	—	—	3.644*** (2.88)	2.177* (1.94)	—	—
ver	—	—	—	—	0.868 (0.85)	0.842 (0.85)
size	—	0.909*** (12.84)	—	0.909*** (12.89)	—	1.093*** (4.14)
tat	—	-0.181 (-0.84)	—	-0.168 (-0.77)	—	0.937** (2.42)
car	—	0.135*** (7.52)	—	0.135*** (7.37)	—	0.131*** (6.21)
dual	—	0.051 (0.24)	—	0.061 (0.28)	—	-0.196 (-0.54)

续表

变量	长期经济绩效（lnmv）					
	(1)	(2)	(3)	(4)	(5)	(6)
indr	—	2.695* (1.79)	—	2.654* (1.75)	—	5.017** (2.09)
h	—	-0.378 (-0.44)	—	-0.440 (-0.51)	—	0.904 (0.52)
sop	—	-0.002 (-0.18)	—	-0.003 (-0.26)	—	-0.014 (-0.60)
ocfr	—	2.849** (2.16)	—	2.865** (2.16)	—	2.398 (1.47)
high	—	0.504** (2.49)	—	0.510** (2.53)	—	0.003 (0.32)
pr	—	0.073*** (16.29)	—	0.073*** (16.17)	—	0.072*** (7.11)
_cons	22.892*** (175.23)	0.809 (0.46)	22.746*** (143.62)	0.755 (0.43)	22.991*** (210.17)	-4.999 (-0.80)
rho	0.270	0.199	0.269	0.199	0.379	0.384
N	1714	1714	1714	1714	1714	1714

注：***、**、* 分别表示回归系数在1%、5%和10%的水平下显著，括号内为t值，标准误为聚类稳健标准误。

资料来源：笔者根据Stata软件固定效应模型回归结果整理获得。

第六节 本章小结

本书前述以企业微观视角研究了环境规制对企业绿色创新和环境规制对企业环境绩效的作用，但企业的终极目标是企业价值最大化，因此，本章研究环境规制作用对企业短期和长期经济绩效的作用效果，以及在绿色创新和环境绩效两条路径下环境规制对企业经济绩效提升的影响机理。此外，同样以外部媒体监管和内部寻租治理双重视角，研究媒体关注和企业寻租对环境规制异质性与企业经济绩效的调节效应。

本章通过采用中国 A 股污染上市公司 2010—2017 年数据为研究样本，通过实证分析得出以下研究结果。

第一，命令型环境规制同构下，企业被迫加大环境治理支出，以期通过科技创新或技术改进等效率的提升方式抵消成本增加，企业竞争力得以提升，从而使得企业价值不降反增，因此，命令型环境规制对企业短期经济绩效和经济绩效具有正向促进作用。市场型环境规制因成本的可预期性和许可性，企业以产品规模经济的实现降低成本支出影响，保证了企业价值的增值，使得市场型环境规制无论对企业短期经济绩效还是长期经济绩效均产生正向影响。而公众参与型环境规制因规范压力较小及制度不完备，对企业经济绩效不产生显著影响。

第二，在环境规制对企业经济绩效的作用机制检验中，绿色创新因前期投入较大，短期内产出流入有限，使得其在环境规制下短期经济绩效中介作用未通过检验；而长期的生产效率提升和根源治理的声誉传导机制，使得绿色创新在环境规制下对企业长期经济绩效提升产生正向的中介效应。企业环境绩效信息披露机制更为完善，其治理效果的改善更易被公众感知，且治理方式的多元化，成本相对更为低廉，从而环境规制下对企业短期和长期经济绩效的中介效应相对绿色创新更为显著。

第三，外部媒体协同治理视角下，媒体持续监督导致企业不得不短期内加大环境治理成本支出，从而媒体关注对环境规制作用下企业短期绩效产生负向调节作用；而环境治理投资的增加，借以媒体的宣传，向外界公众传递了环境责任积极履行的利好消息，对企业长期市场价值增加具有正向调节效应。内部企业寻租，以"形式上"环境污染排放达标的情况减少了内化的污染治理成本支出，从而对企业短期经济绩效具有正向调节作用；但寻租长期导致企业家精神的腐蚀，且无"不透风的墙"，公众对企业形象定位评价的降低，造成寻租在环境规制与企业长期经济绩效的负向调节效应。

此外，为降低指标选取、模型选择和企业个体特征等因素对本书结论产生的系统性误差，本书从替换企业经济绩效指标衡量方式和采用固定效应回归模型两种方式，重新对环境规制与企业经济绩效展开回归，其基本结论与上述结果未产生实质性变化，保证了本章结论的稳健性。

现有研究中，以微观企业视角研究环境规制对企业经济绩效的影响较少，仅有的研究以单一规制形式为主，因而本书从环境规制形式异质性视角出发，探究不同环境规制形式对企业短期和长期经济绩效的差异性影响，并检验其绿色创新和环境绩效体制的作用路径效果。此外，从环境治理方式差异性视角探究环境规制与企业经济绩效的调节效果，本书主要选取了外部媒体协同监管和企业内部寻租两种方式，以拓宽环境规制措施对企业价值的影响机制效果，从而为我国环境制度完善和企业环境治理方式选择提供思路和指导。

第七章 研究结论与展望

根据环境污染严重的社会现实,规制手段能有效解决负外部性冲突,本书前述各章分析检验了环境规制对企业绿色创新、环境绩效和经济绩效的作用,总结得出环境治理的五个主要结论。以此为基础,结合我国经济高质量发展的现实需要,为企业的环境治理、竞争力提升和政府的环境规制建设提出相应的政策建议,最后指出本书的研究不足和未来可能的研究方向。

第一节 研究结论

本书选取污染行业企业为研究对象,分析研究了不同环境规制形式对企业绿色创新、环境绩效和经济绩效表现的影响效果,并试图指明环境规制促进企业绿色创新和环境绩效表现,通过"创新补偿"效应、"先动优势"效应和"声誉"效应,最终提升企业的竞争力。此外,进一步分析了内部企业寻租和外部媒体关注在环境规制对企业环境治理和经济价值的调节作用。通过对上述问题的研究分析,本书得出以下几点主要研究结论。

一 环境规制形式的差异导致企业绿色创新存在异质性

企业绿色创新可以包含绿色管理创新、绿色流程创新、绿色产品创新和绿色技术创新等多种方式,但出于可量化形式考虑和对环境污染治理效果的影响,本书仅选取了污染行业上市公司绿色技术创新作为研究对象。最终实证研究结果显示,命令型环境规制和市场型环境规制对企业绿色创新均具有显著的促进作用，其中，市场型环境规制以更灵活的方式选择性，对企业绿色创新的作用相较命令型规制更强；而公众参与型环境规制因行政约束力较小和制度建设不完善，对绿色创新的作用不显著。此外，环境规制强度的适度性对绿色创新存在阈值效应，但也仅存在于命令型环境规制手段下，两者间呈现倒"U"形结构关系，适度的命令型规制能促使企业绿色创新达到最优值；市场型环境规制与公众参与型环境规制仅存在单向的线性关系。另外，给予高管不同的薪酬和股权激励，均对规制作用下的绿色创新产出起到显著的正向促进作用，但相对较低的股权激励和较高的薪酬激励更有利于企业的绿色创新。上述结果说明，环境规制是促进企业绿色创新产出的重要手段，尤其是市场型规制手段，为从根源上解决环境污染，应以市场型规制手段为主导，辅之以适度强度的命令型规制手段，逐步完善公众参与型规制工具建设。另外，企业内部强化绿色创新产出时，可以考虑通过低股权高薪酬的管理层激励制度补充外部规制作用的不足。

二 不同形式的环境规制手段均有效促进企业环境绩效表现的提升

环境污染治理的理想结果为环境绩效的改善，但不同形式的环境规制手段对企业环境治理决策和行为方式选择产生显著差异，最终可能导致环境绩效表现与环境规制目标偏离。同时，良好的环境绩效表现以企业更高昂的成本支出为代价，企业仅需要满足基本的污染排放标准即可满足规制要求，因此，企业为防止非必要的成本支出，将根据规制要求和前期环境绩效动态来调整当期环境治理方式。以此为背景，本书验证分析了环境规制形式异质性对环境绩效的差异性影响，以及两者间的动态作用关系。结论显示，命令型环境规制、市场型环境规制及公众参与型环境规制对企业环境绩效提升均有明显的促进作用，但前期良好的环境绩效表现均对当期环境绩效产生抑制作用，仅当期环境规制有利于企业环境责任的履行。此外，企业基础背景特征和资源禀赋差异造成了企业环境绩效表现的不同，非国有企业、创新基础能力较强及绿色观念意识更浓厚的企业环境绩效表现得更好。上述结论说明，环境规制的初衷得以实现，但企业仍缺乏环境绩效提升的自主能动性，根据前期的环境标准认可度调整当期环境行为；同时，缺乏政治庇护的非国有企业、科技创新基础能力较高的高新技术企业和环保意识更强的绿色创新型企业的绩效表现得更优。

三 不同形式的环境规制手段对企业长短期经济绩效具有显著的促进作用

企业以价值最大化为首要目标，而环境规制的作用是将企业的外部污染成本内化于企业，必将导致经济利益的流出；但强波特假说指出，环境规制有效促进企业竞争力提升。本书从环境规制的经济效果角度考量，检验不同形式环境规制手段对企业长短期经济绩效的影响，研究发现，命令型环境规制、市场型环境规制及公众参与型环境规制对企业长短期经济绩效均具有显著的促进作用，且对企业长期市场价值的提升作用更强；另外，市场型环境规制相较于命令型环境规制和公众参与型环境规制的企业经济绩效增长效应更大。通过环境规制对企业经济绩效的作用机理研究发现，环境规制通过促进企业绿色技术创新研发和环境绩效改善，一方面形成了创新补偿和先动优势，另一方面在外部利益相关者心中树立了良好的社会责任形象，形成了声誉效应，从而增加了企业经济价值。上述结果说明，在污染治理建设中，环境规制通过提升企业环境治理水平，向外传递良好的环境责任承担意识，通过获得消费者的认可，以获取经济收益。

四 外部媒体关注对环境规制对企业环境和经济表现间关系的调节作用

本书从外部信息传递和协同治理角度，进一步检验了媒体关注对环境规制与企业绿色创新、环境绩效和经济绩效间的调节效应。研究发现，媒体对企业关注度的提升，缩短了企业环境治理信息呈现在利益相关者面前的时间差，且有效降低了两者间的信息不对称程度。因此，环境规制作用下，媒体关注是对环境规制压力的强化，并兼顾了舆论引导性，导致企业出于外部声誉形象的维持和塑造，将付出更多的努力履行环境责任，从而有利于企业绿色创新产出增加和环境绩效的提升。但企业内部环境治理力度加大，需要更多资金支出作为保障，但短期内无法获取收益予以补偿，造成对短期经济绩效的抑制作用；长期中媒体对企业环境治理信息传导效应的消费者补偿性购买行为发挥作用，企业市场价值实现增长。综上，媒体关注在环境规制与企业绿色创新、环境绩效和长期经济价值中均发挥了显著的正向调节作用，而在企业短期财务绩效表现上呈现抑制作用。因此，媒体关注在企业环境污染治理中起到了协同治理的作用。

五 内部企业寻租对环境规制对企业环境和经济表现间关系的调节作用

政府借由宏观调控解决环境污染的负外部性，但同时赋予了特定组织机构相应的行政权力，而微观主体借以"机会主义"思想的诱导，导致企业环境寻租行为发生。本书从企业环境规制压力下的治理方式应对视角出发，验证分析企业寻租对环境规制与企业绿色创新、环境绩效和经济价值间的调节作用。研究结果显示，企业借由寻租的方式，短期内减少了特定组织机构施与企业的环境规制约束力，一方面短期内减少了污染治理支出，正向促进企业短期经济绩效增长；另一方面寻租下的政企资源置换，设租方将"协助"企业环境绩效的提升。但寻租在长期将侵蚀企业家精神和公平、创新的企业文化，消耗了企业绿色创新动力，企业竞争优势丧失，市场价值下降。综上，企业寻租在环境规制与企业绿色创新和市场价值间产生负向调节作用，在环境规制与企业环境绩效和短期经济绩效间起到正向调节作用。因此，说明企业寻租是环境治理中短视行为，不利于企业长期竞争优势的培育。

第二节 启示与建议

一 企业管理启示

（一）环境规制下企业应注重观念的转变，从被动减排到主动绿色创新

生态文明建设已经深入人们的日常生活，从上海的垃圾分类试点即可得到验证，一方面说明了政府加大了对生态环境治理力度，另一方面说明

了环境保护的理念已经根植于每一个公众心里。公众环保意识的增强，必将引导消费者消费理念的升级，绿色、环保及清洁能源产品将受到推崇，而企业若能向外界传递出积极主动的环境治理理念，必将获取更多的消费者和投资者的认可，增加企业的竞争力和经济价值。结合本书前述的研究结论，绿色创新和环境绩效表现在环境规制与企业经济绩效间发挥着中介作用，不同形式的环境规制工具均借助绿色创新产出的"创新补偿"和"先动优势"，并有效降低企业的资源成本，增加企业的经济价值产出；环境绩效的改善借由声誉效应，为企业储备资金和潜在的客户资源，正向促进价值产出。此外，媒体的关注将企业良好的环境治理理念及行为表现传递给公众，将声誉价值扩大，增加企业市场价值溢出性。由此可以看出，环境规制作用下，企业环境的主动治理行为的竞争优势相较被动治理更为显著。

(二) 企业应避免环境治理中的寻租行为

本书的研究结论显示，企业借由寻租行径在短期内为自身节约了环境治理成本支出和良好的环境绩效"表象"，却为企业埋下了长期的"患疾"，对环境规制作用下企业经济价值增长产生抑制作用。不但环境治理责任不履行对企业形象和价值造成负面影响，违规受贿行为的暴露，还将导致负面声誉效应的叠加，并加速企业价值的下跌，扩大了企业的价值损失。同时仍须付出原有的规制治理成本，加之寻租成本损失，叠加违法违规的惩戒支出，企业损失犹如"滚雪球"式增长。因此，企业面临环境规制压力下的"理性人"做法，即为遵循规制要求，避免投机取巧的寻租行为。

二 环境治理政策建议

(一) 保持适度的命令型环境规制，逐步完善市场型环境规制与公众参与型环境规制建设

由于命令型环境规制更强调环境治理的惩戒性，因此，适度的环境规制强度对企业绿色创新等均具有正向的促进作用；但当规制过于严苛，治理成本过高时，可能导致企业消极治理的态度，反而违背了命令型环境规

制的初衷。依据本书前述的研究结论，验证并扩展了狭义版本的波特假说，灵活的市场型环境规制相较于命令型环境规制更利于绿色创新，此外，对企业环境绩效和经济绩效的促进作用也更为显著。为此，为实现环境治理的最佳效果，应强化市场型环境规制建设，给予企业更多的自主选择权，充分发挥其主观能动性，变被动为主动的环境治理。随着环境保护理念深入平常百姓的日常生活，公众也希望在环境治理中贡献自己的一份力量，其因公众基础雄厚，规制的监督管理范围更广，方式更细微。我国公众参与型环境制度建设刚刚起步，对环境绩效表现的提升具有显著的促进作用，但对企业绿色创新和竞争优势的培育还并未发挥作用。因此，在未来的规制建设中应为公众建言献策通道提供合理保障，借以公众环境舆论监督压力，敦促企业环境建设的主动治理。

（二）强化媒体环境信息传导职能，实现多主体协同治理

本书前述的研究结论表明，媒体关注在不同的环境规制措施与企业绿色创新、环境绩效和企业市场价值间起到正向的调节作用。媒体对企业关注的提升，不仅可以敦促企业提升外在的环境表现以满足规制要求，还促使企业主动开展绿色创新，从根源切断环境污染源。而媒体关注对环境规制与企业经济绩效的正向调节效应，说明了媒体关注将环境效益和经济效益同时增长的"双赢"效果扩大化。因此，在未来的环境建设中，政府和公众应更多地关注媒体对环境信息的传导功能和声誉传输机制，充分发挥媒体的信息媒介作用，实现环境治理的多主体参与的协同治理模式。

第三节 研究不足与展望

综上所述，本书上述的研究结论基本实现了预期研究目标，同时对现有理论研究进行了一些补充验证，对现实环境治理实践具有一定的指导意义。但由于自身的研究能力和现实的数据条件限制，上述研究中还存在许多不足，需要后期逐步完善。据此，本书指出研究的不足和未来的研究展望。

一 研究不足

第一，样本行业选择的偏颇，导致研究结论的普适性受到影响。我国A股上市公司涉及的行业种类众多，本书认为环境污染的主要来源为污染行业企业，因此，从研究问题的典型相关性考虑，仅选取了污染行业上市公司样本作为本书的研究对象。但此种做法或将导致研究结论的普遍适用性不足，因为环境规制压力对污染行业企业和一般企业造成的压力大小可能明显不同，从而在治理模式选择和价值的传导机制上存在显著差异。因此，本书的研究结论仅限于污染行业企业，环境规制对其他行业企业的作用效果有待后续的拓展研究。

第二，鉴于数据的可获得性，本书仅研究了企业绿色技术创新。本书在绿色创新含义的界定上曾指出，绿色创新不仅仅是绿色技术创新，还包含绿色管理创新、绿色流程创新和绿色产品创新；但由于制度管理理念等涉及企业机密，二手数据很难对其加以量化统计，因此，本书仅将绿色创新限定为企业绿色技术创新，以专利产出的形式加以量化。但企业环境治理下的绿色创新行为可能是一个逐步深化的过程，仅以绿色技术的突破式创新衡量企业绿色创新行为，是对企业流程管理中环境治理能力的否定，导致研究结论存在偏差。

第三，同样基于数据的可获取性，本书的环境规制变量选取限定为区域的规制，更合理的方式为选取每个企业所承受的环境规制强度，现有披露每家上市公司所受环境规制的数据库仅有IPE，但其披露的仅有上市公司环境违法下的处罚信息，仅能代表命令型环境规制一种手段。因此，导致本书环境规制效果的针对性有部分偏差。

二 未来展望

通过对上述研究不足的总结，并结合现实环境治理研究的热点和焦点，本文提出以下三点对未来研究的展望。

第一，基于绿色创新价值链线索，希望在后续研究中在本书环境规制对企业绿色技术创新作用的基础上，补充扩展研究环境规制对企业绿色管理创新、绿色流程创新和绿色产品创新的作用效果，以鼓励企业积极的、多样化的环境治理主动治理行为，并根据具体作用关系，逐步调整完善我国的环境规制建设。

第二，针对中国现阶段生态建设和创新驱动的发展现实需求，以环境治理的根源方式——绿色创新为基础，拓宽视角，研究绿色金融发展、投资者绿色投资品位、管理层背景特征、员工环境治理意识等方面对环境规制下企业绿色创新行为的影响，加速中国环境治理进程。

第三，从环境规制形式异质性视角出发，量化到企业所享受的环境规制手段与强度，更具有针对性地研究规制手段对企业环境治理行为与经济效果的影响效果及其作用机理。

参考文献

一 中文专著

潘家华：《持续发展途径的经济学分析》，社会科学文献出版社1993年版。

张红凤、张细松：《环境规制理论研究》，北京大学出版社2012年版。

二 中文期刊

薄文广、徐玮、王军锋：《地方政府竞争与环境规制异质性：逐底竞争还是逐顶竞争？》，《中国软科学》2018年第11期。

蔡乌赶、周小亮：《中国环境规制对绿色全要素生产率的双重效应》，《经济学家》2017年第9期。

曹霞、张路蓬：《企业绿色技术创新扩散的演化博弈分析》，《中国人口·资源与环境》2015年第7期。

陈克兢：《媒体关注、政治关联与上市公司盈余管理》，《山西财经大学学报》2016年第11期。

陈力田、朱亚丽、郭磊：《多重制度压力下企业绿色创新响应行为动因研究》，《管理学报》2018年第5期。

陈璇、钱维：《新〈环保法〉对企业环境信息披露质量的影响分析》，《中国人口·资源与环境》2018年第12期。

陈悦等：《CiteSpace知识图谱的方法论功能》，《科学学研究》2015年第2期。

醋卫华、李培功：《媒体监督公司治理的实证研究》，《南开管理评论》2012年第1期。

邓新明：《中国民营企业政治关联、多元化战略与公司绩效》，《南开管理评论》2011年第4期。

董淑兰、刘浩：《企业社会责任、寻租环境与企业效率关系研究——基于寻租环境调节效应视角》，《华侨大学学报》（哲学社会科学版）2017年第4期。

冯丽艳等：《企业社会责任与盈余管理治理——基于盈余管理方式和动机的综合分析》，《重庆大学学报》（社会科学版）2016年第6期。

傅京燕、李丽莎：《环境规制、要素禀赋与产业国际竞争力的实证研究——基于中国制造业的面板数据》，《管理世界》2010年第10期。

葛建华：《环境规制、环境经营战略与企业绩效》，《新视野》2013年第3期。

弓媛媛：《环境规制对中国绿色经济效率的影响——基于30个省份的面板数据的分析》，《城市问题》2018年第8期。

龚新蜀、张洪振、潘明明：《市场竞争、环境监管与中国工业污染排放》，《中国人口·资源与环境》2017年第12期。

管亚梅、李盼、焦钰：《产权性质、雾霾污染程度与企业低碳绩效水平》，《江苏社会科学》2018年第1期。

郭进：《环境规制对绿色技术创新的影响——"波特效应"的中国证据》，《财贸经济》2019年第3期。

韩少真等：《网络媒体关注、外部环境与非效率投资——基于信息效应与监督效应的分析》，《中国经济问题》2018年第1期。

何兴邦：《环境规制与城镇居民收入不平等——基于异质型规制工具的视角》，《财经论丛》2019年第6期。

侯海燕、刘则渊、栾春娟：《基于知识图谱的国际科学计量学研究前沿计量分析》，《科研管理》2009年第1期。

侯剑华、胡志刚：《CiteSpace软件应用研究的回顾与展望》，《现代情报》2013年第4期。

胡元林、孙华荣：《环境规制对企业绩效的影响：研究现状与综述》，《生态经济》2016年第1期。

胡元林、张萌萌、朱雁春：《环境规制对企业绩效的影响——基于企业资源视角》，《生态经济》2018 年第 6 期。

黄德春、刘志彪：《环境规制与企业自主创新——基于波特假设的企业竞争优势构建》，《中国工业经济》2006 年第 3 期。

黄玖立、李坤望：《吃喝、腐败与企业订单》，《经济研究》2013 年第 6 期。

黄清煌、高明：《环境规制的节能减排效应研究——基于面板分位数的经验分析》，《科学学与科学技术管理》2017 年第 1 期。

吉利、王泰玮、魏静：《企业社会责任"类保险"作用情境及机制——基于新环保法发布的事件研究》，《会计与经济研究》2018 年第 2 期。

姜雨峰、田虹：《外部压力能促进企业履行环境责任吗？——基于中国转型经济背景的实证研究》，《上海财经大学学报》2014 年第 6 期。

蒋伏心、王竹君、白俊红：《环境规制对技术创新影响的双重效应——基于江苏制造业动态面板数据的实证研究》，《中国工业经济》2013 年第 7 期。

颉茂华、王瑾、刘冬梅：《环境规制、技术创新与企业经营绩效》，《南开管理评论》2014 年第 6 期。

孔祥利、毛毅：《中国环境规制与经济增长关系的区域差异分析——基于东、中、西部面板数据的实证研究》，《南京师大学报》（社会科学版）2010 年第 1 期。

李斌、彭星、欧阳铭珂：《环境规制、绿色全要素生产率与中国工业发展方式转变——基于 36 个工业行业数据的实证研究》，《中国工业经济》2013 年第 4 期。

李大元等：《舆论压力能促进企业绿色创新吗？》，《研究与发展管理》2018 年第 6 期。

李冬昕、宋乐：《媒体的治理效应、投资者保护与企业风险承担》，《审计与经济研究》2016 年第 3 期。

李玲、陶锋：《中国制造业最优环境规制强度的选择——基于绿色全要素生产率的视角》，《中国工业经济》2012 年第 5 期。

李树、翁卫国:《中国地方环境管制与全要素生产率增长——基于地方立法和行政规章实际效率的实证分析》,《财经研究》2014年第2期。

李四海、江新峰、张敦力:《组织权力配置对企业业绩和高管薪酬的影响》,《经济管理》2015年第7期。

李婉红、毕克新、孙冰:《环境规制强度对污染密集行业绿色技术创新的影响研究——基于2003—2010年面板数据的实证检验》,《研究与发展管理》2013年第6期。

李卫红、白杨:《环境规制能引发"创新补偿"效应吗?——基于"波特假说"的博弈分析》,《审计与经济研究》2018年第6期。

李晓翔、刘春林:《高流动性冗余资源还是低流动性冗余资源——一项关于组织冗余结构的经验研究》,《中国工业经济》2010年第7期。

李旭颖:《企业创新与环境规制互动影响分析》,《科学学与科学技术管理》2008年第6期。

李雪灵等:《制度环境与寻租活动:源于世界银行数据的实证研究》,《中国工业经济》2012年第11期。

梁上坤:《媒体关注、信息环境与公司费用粘性》,《中国工业经济》2017年第2期。

林润辉等:《政治关联、政府补助与环境信息披露——资源依赖理论视角》,《公共管理学报》2015年第2期。

刘慧龙等:《政治关联、薪酬激励与员工配置效率》,《经济研究》2010年第9期。

刘锦、王学军:《寻租、腐败与企业研发投入——来自30省12367家企业的证据》,《科学学研究》2014年第10期。

刘向强、李沁洋、孙健:《互联网媒体关注度与股票收益:认知效应还是过度关注》,《中央财经大学学报》2017年第7期。

刘悦、周默涵:《环境规制是否会妨碍企业竞争力:基于异质性企业的理论分析》,《世界经济》2018年第4期。

龙文滨、李四海、丁绒:《环境政策与中小企业环境表现:行政强制抑或经济激励》,《南开经济研究》2018年第3期。

娄昌龙、冉茂盛：《高管激励对波特假说在企业层面的有效性影响研究——基于国有企业与民营企业技术创新的比较》，《科技进步与对策》2015年第9期。

卢君生、张顺明、朱艳阳：《高新技术企业认证能缓解融资约束吗？》，《金融论坛》2018年第1期。

卢馨等：《高管团队背景特征与投资效率——基于高管激励的调节效应研究》，《审计与经济研究》2017年第2期。

陆旸：《环境规制影响了污染密集型商品的贸易比较优势吗？》，《经济研究》2009年第4期。

罗党论、应千伟：《政企关系、官员视察与企业绩效——来自中国制造业上市企业的经验证据》，《南开管理评论》2012年第5期。

马东山、韩亮亮：《经济政策不确定性与审计费用——基于代理成本的中介效应检验》，《当代财经》2018年第11期。

马勇等：《公众参与型环境规制的时空格局及驱动因子研究——以长江经济带为例》，《地理科学》2018年第11期。

聂爱云、何小钢：《企业绿色技术创新发凡：环境规制与政策组合》，《改革》2012年第4期。

潘越等：《社会资本、政治关系与公司投资决策》，《经济研究》2009年第11期。

彭文、程芳芳、路江林：《环境规制对省域绿色创新效率的门槛效应研究》，《南方经济》2017年第9期。

齐绍洲、林屾、崔静波：《环境权益交易市场能否诱发绿色创新？——基于中国上市公司绿色专利数据的证据》，《经济研究》2018年第12期。

邱士雷等：《非期望产出约束下环境规制对环境绩效的异质性效应研究》，《中国人口·资源与环境》2018年第12期。

曲亮、任国良：《高管政治关系对国有企业绩效的影响——兼论国有企业去行政化改革》，《经济管理》2012年第1期。

任胜钢、项秋莲、何朵军：《自愿型环境规制会促进企业绿色创新吗？——以ISO 14001标准为例》，《研究与发展管理》2018年第6期。

申慧慧、吴联生：《股权性质、环境不确定性与会计信息的治理效应》，《会计研究》2012 年第 8 期。

申宇、傅立立、赵静梅：《市委书记更替对企业寻租影响的实证研究》，《中国工业经济》2015 年第 9 期。

沈芳：《环境规制的工具选择：成本与收益的不确定性及诱发性技术革新的影响》，《当代财经》2004 年第 6 期。

沈洪涛、马正彪：《地区经济发展压力、企业环境表现与债务融资》，《金融研究》2014 年第 2 期。

沈洪涛、周艳坤：《环境执法监督与企业环境绩效：来自环保约谈的准自然实验证据》，《南开管理评论》2017 年第 6 期。

沈能：《环境规制对区域技术创新影响的门槛效应》，《中国人口·资源与环境》2012 年第 6 期。

苏昕、周升师：《双重环境规制、政府补助对企业创新产出的影响及调节》，《中国人口·资源与环境》2019 年第 3 期。

孙玉阳、宋有涛、杨春荻：《环境规制对经济增长质量的影响：促进还是抑制？——基于全要素生产率视角》，《当代经济管理》2019 年第 10 期。

唐国平、万仁新：《"工匠精神"提升了企业环境绩效吗》，《山西财经大学学报》2019 年第 5 期。

唐亮等：《非正式制度压力下的企业社会责任抉择研究——来自中国上市公司的经验证据》，《中国软科学》2018 年第 12 期。

唐鹏程、杨树旺：《环境保护与企业发展真的不可兼得吗?》，《管理评论》2018 年第 8 期。

陶文杰、金占明：《媒体关注下的 CSR 信息披露与企业财务绩效关系研究及启示——基于中国 A 股上市公司 CSR 报告的实证研究》，《中国管理科学》2013 年第 4 期。

涂远博、王满仓、卢山冰：《规制强度、腐败与创新抑制——基于贝叶斯博弈均衡的分析》，《当代经济科学》2018 年第 1 期。

万莉、罗怡芬：《企业社会责任的均衡模型》，《中国工业经济》2006 年第 9 期。

王爱兰：《企业的环境绩效与经济绩效》，《经济管理》2005年第8期。

王班班、齐绍洲：《市场型和命令型政策工具的节能减排技术创新效应——基于中国工业行业专利数据的实证》，《中国工业经济》2016年第6期。

王锋正、郭晓川：《环境规制强度对资源型产业绿色技术创新的影响——基于2003—2011年面板数据的实证检验》，《中国人口·资源与环境》2015年第1期。

王红梅：《中国环境规制政策工具的比较与选择——基于贝叶斯模型平均（BMA）方法的实证研究》，《中国人口·资源与环境》2016年第9期。

王宏禹、王丹彤：《动力与目的：中国在全球气候治理中身份转变的成因》，《东北亚论坛》2019年第4期。

王建明：《环境信息披露、行业差异和外部制度压力相关性研究——来自中国沪市上市公司环境信息披露的经验证据》，《会计研究》2008年第6期。

王建明、陈红喜、袁瑜：《企业绿色创新活动的中介效应实证》，《中国人口·资源与环境》2010年第6期。

王杰、刘斌：《环境规制与企业全要素生产率——基于中国工业企业数据的经验分析》，《中国工业经济》2014年第3期。

王娟茹、张渝：《环境规制、绿色技术创新意愿与绿色技术创新行为》，《科学学研究》2018年第2期。

王兰芳、王悦、侯青川：《法制环境、研发"粉饰"行为与绩效》，《南开管理评论》2019年第2期。

王书斌、徐盈之：《环境规制与雾霾脱钩效应——基于企业投资偏好的视角》，《中国工业经济》2015年第4期。

王小红、王海民：《环境规制下环境绩效信息披露的实证研究——以西北五省（区）上市公司为例》，《当代经济科学》2013年第3期。

王旭、杨有德：《企业绿色技术创新的动态演进：资源捕获还是价值创造》，《财经科学》2018年第12期。

王云等：《媒体关注、环境规制与企业环保投资》，《南开管理评论》2017

年第 6 期。

危平、曾高峰:《环境信息披露、分析师关注与股价同步性——基于强环境敏感型行业的分析》,《上海财经大学学报》2018 年第 2 期。

温忠麟、叶宝娟:《中介效应分析:方法和模型发展》,《心理科学进展》2014 年第 5 期。

吴德军:《公司治理、媒体关注与企业社会责任》,《中南财经政法大学学报》2016 年第 5 期。

吴静:《环境规制能否促进工业"创造性破坏"——新熊彼特主义的理论视角》,《财经科学》2018 年第 5 期。

吴芃、卢珊、杨楠:《财务舞弊视角下媒体关注的公司治理角色研究》,《中央财经大学学报》2019 年第 3 期。

肖汉雄:《不同公众参与模式对环境规制强度的影响——基于空间杜宾模型的实证研究》,《财经论丛》2019 年第 1 期。

肖红军、张哲:《企业社会责任寻租行为研究》,《经济管理》2016 年第 2 期。

谢乔昕:《环境规制、规制俘获与企业研发创新》,《科学学研究》2018 年第 10 期。

徐建中、贯君、林艳:《制度压力、高管环保意识与企业绿色创新实践——基于新制度主义理论和高阶理论视角》,《管理评论》2017 年第 9 期。

徐莉萍等:《企业高层环境基调、媒体关注与环境绩效》,《华东经济管理》2018 年第 12 期。

许慧:《低碳经济发展与政府环境规制研究》,《财经问题研究》2014 年第 1 期。

许秀梅:《技术资本与企业价值——基于人力资本与行业特征的双重调节》,《科学学与科学技术管理》2015 年第 8 期。

闫海洲、陈百助:《气候变化、环境规制与公司碳排放信息披露的价值》,《金融研究》2017 年第 6 期。

杨道广、陈汉文、刘启亮:《媒体压力与企业创新》,《经济研究》2017 年第 8 期。

杨东宁、周长辉:《企业环境绩效与经济绩效的动态关系模型》,《中国工业经济》2004 年第 4 期。

杨晓丽:《企业社会责任信息披露质量与企业价值关系研究综述》,《商》2014 年第 5 期。

易志高等:《策略性媒体披露与财富转移——来自公司高管减持期间的证据》,《经济研究》2017 年第 4 期。

尹美群、李文博:《网络媒体关注、审计质量与风险抑制——基于深圳主板 A 股上市公司的经验数据》,《审计与经济研究》2018 年第 4 期。

尹美群、盛磊、李文博:《高管激励、创新投入与公司绩效——基于内生性视角的分行业实证研究》,《南开管理评论》2018 年第 1 期。

应瑞瑶、周力:《外商直接投资、工业污染与环境规制——基于中国数据的计量经济学分析》,《财贸经济》2006 年第 1 期。

游达明、邓亚玲、夏赛莲:《基于竞争视角下央地政府环境规制行为策略研究》,《中国人口·资源与环境》2018 年第 11 期。

于金、李楠:《高管激励、环境规制与技术创新》,《财经论丛》2016 年第 8 期。

于克信、胡勇强、宋哲:《环境规制、政府支持与绿色技术创新——基于资源型企业的实证研究》,《云南财经大学学报》2019 年第 4 期。

于连超、张卫国、毕茜:《环境税对企业绿色转型的倒逼效应研究》,《中国人口·资源与环境》2019 年第 7 期。

于连超、张卫国、毕茜:《环境税会倒逼企业绿色创新吗?》,《审计与经济研究》2019 年第 2 期。

于连超、张卫国、毕茜:《盈余信息质量影响企业创新吗?》,《现代财经》(天津财经大学学报) 2018 年第 12 期。

余东华、孙婷:《环境规制、技能溢价与制造业国际竞争力》,《中国工业经济》2017 年第 5 期。

袁宝龙:《制度与技术双"解锁"是否驱动了中国制造业绿色发展?》,《中国人口·资源与环境》2018 年第 3 期。

袁建国、后青松、程晨：《企业政治资源的诅咒效应——基于政治关联与企业技术创新的考察》，《管理世界》2015年第1期。

原毅军、刘柳：《环境规制与经济增长：基于经济型规制分类的研究》，《经济评论》2013年第1期。

原毅军、谢荣辉：《环境规制的产业结构调整效应研究——基于中国省际面板数据的实证检验》，《中国工业经济》2014年第8期。

翟华云、刘亚伟：《环境司法专门化促进了企业环境治理吗？——来自专门环境法庭设置的准自然实验》，《中国人口·资源与环境》2019年第6期。

张博、韩复龄：《环境规制、隐性经济与环境污染》，《财经问题研究》2017年第6期。

张成：《内资和外资：谁更有利于环境保护——来自中国工业部门面板数据的经验分析》，《国际贸易问题》2011年第2期。

张海玲：《技术距离、环境规制与企业创新》，《中南财经政法大学学报》2019年第2期。

张红凤等：《环境保护与经济发展双赢的规制绩效实证分析》，《经济研究》2009年第3期。

张济建等：《媒体监督、环境规制与企业绿色投资》，《上海财经大学学报》2016年第5期。

张娟等：《环境规制对绿色技术创新的影响研究》，《中国人口·资源与环境》2019年第1期。

张同斌、张琦、范庆泉：《政府环境规制下的企业治理动机与公众参与外部性研究》，《中国人口·资源与环境》2017年第2期。

张橦：《新媒体视域下公众参与环境治理的效果研究——基于中国省级面板数据的实证分析》，《中国行政管理》2018年第9期。

张先锋、韩雪、吴椒军：《环境规制与碳排放："倒逼效应"还是"倒退效应"——基于2000—2010年中国省际面板数据分析》，《软科学》2014年第7期。

张秀敏、马默坤、陈婧：《外部压力对企业环境信息披露的监管效应》，

《软科学》2016年第2期。

张璇等:《信贷寻租、融资约束与企业创新》,《经济研究》2017年第5期。

张璇、王鑫、刘碧:《吃喝费用、融资约束与企业出口行为——世行中国企业调查数据的证据》,《金融研究》2017年第5期。

张志强:《环境管制、价格传递与中国制造业企业污染费负担——基于重点监控企业排污费的证据》,《产业经济研究》2018年第4期。

赵息、林德林:《股权激励创新效应研究——基于研发投入的双重角色分析》,《研究与发展管理》2019年第1期。

钟榴、郑建国:《绿色管理研究进展与展望》,《科技管理研究》2014年第5期。

周海华、王双龙:《正式与非正式的环境规制对企业绿色创新的影响机制研究》,《软科学》2016年第8期。

周源等:《绿色治理规制下的产业发展与环境绩效》,《中国人口·资源与环境》2018年第9期。

朱德胜:《不确定环境下股权激励对企业创新活动的影响》,《经济管理》2019年第2期。

朱平芳、张征宇、姜国麟:《FDI与环境规制:基于地方分权视角的实证研究》,《经济研究》2011年第6期。

庄子银:《创新、企业家活动配置与长期经济增长》,《经济研究》2007年第8期。

邹国伟、周振江:《环境规制、政府竞争与工业企业绩效——基于双重差分法的研究》,《中南财经政法大学学报》2018年第6期。

三 学位论文

董敏杰:《环境规制对中国产业国际竞争力的影响》,博士学位论文,中国社会科学院研究生院,2011年。

洪必纲:《公共物品供给中的租及寻租博弈研究》,博士学位论文,湖南大学,2010年。

蔺琳：《辱虐管理对企业环境绩效的影响机制研究》，博士学位论文，西南财经大学，2014年。

刘启君：《寻租理论研究》，博士学位论文，华中科技大学，2005年。

刘研华：《中国环境规制改革研究》，博士学位论文，辽宁大学，2007年。

石晓峰：《媒体关注对上市公司债务融资的影响研究》，博士学位论文，大连理工大学，2017年。

时乐乐：《环境规制对中国产业结构升级的影响研究》，博士学位论文，新疆大学，2017年。

孙金花：《中小企业环境绩效评价体系研究》，博士学位论文，哈尔滨工业大学，2008年。

王斌：《环境污染治理与规制博弈研究》，博士学位论文，首都经济贸易大学，2013年。

王闽：《政府科技补助对企业创新绩效的影响》，博士学位论文，中国矿业大学，2017年。

张兰：《公司治理、多元化战略与财务绩效的关系——基于我国创业板上市公司的研究》，博士学位论文，吉林大学，2013年。

张倩：《环境规制对企业技术创新的影响机理及实证研究》，博士学位论文，哈尔滨工业大学，2016年。

郑丽婷：《嵌入在社会关系网络下管理者声誉的影响机制研究》，博士学位论文，浙江大学，2017年。

朱建峰：《环境规制、绿色技术创新与经济绩效关系研究》，博士学位论文，东北大学，2014年。

四 外文文献

Ambec S., Cohen M. and S. Elgie, "The Porter Hypothesis at 20: Can Environmental Regulation Enhance Innovation and Competitiveness?", *Review of Environmental Economics and Policy*, Vol. 7, No. 1, 2013.

Ambec S. and P. Lanoie, "When and Why does it Pay to be Green?", *Science seires*, 2007.

参考文献

Amores-Salvadó J., Martin-de-Castro G. and E. Navas-López, "The Importance of the Complementarity between Environmental Management Systems and Environmental Innovation Capabilities: A Firm Level Approach to Environmental and Business Performance Benefits", *Technological Forecasting and Social Change*, Vol. 96, No. 7, 2015.

Andrea F., Giulio G. and Valentina M., "Green Patents, Regulatory Policies and Research Network Policies", *Research Policy*, Vol. 47, No. 6, 2018.

Antonioli D., Borghesi S. and M. Mazzanti, "Are Regional Systems Greening the Economy? The Role of Environemntal Innovations and Agglomeration Forces", FEEM Working Paper, No. 42, 2014.

Berman E. and L. Bui, "Environmental Regulation and Productivity: Evidence from Oil Refineries", *Review of Economics and Statistics*, Vol. 83, No. 3, 2001.

Boulatoff C., Boyer C. and S. J. Ciccone, "Voluntary Environmental Regulation and Firm Performance: The Chicago Climate Exchange", *Alternative Investment*, Vol. 15, No. 3, 2013.

Brunnermeier S. B. and M. A. Cohen, "Determinants of Environmental Innovation in US Manufacturing Industries", *Journal of Environmental Economics and Managgement*, Vol. 45, No. 2, 2003.

Buchanan, J. M., Robert D. T. and T. Gordon, *Toward a Theory of the Rent-Seeking Society*, College Station: Texas A&M University Press, 1980.

Buysse K. and A. Verbeke, "Proactive Environmental Strategies: A Stakeholder Management Perspective", *Strategic Management*, Vol. 24, No. 5, 2003.

Cainelli G., Mazzanti M. and R. Zoboli, "Environmental Performance, Manufacturing Sectors and Firm Growth: Structural Factors and Dynamic Relationships", *Environmental Economics and Policy Studies*, Vol. 15, No. 4, 2013.

Calel R. and A. Dechezlepretre, "Environmental Policy and Directed Technological Change: Evidence from the European Carbon Market", *Review of Economics and Statistics*, Vol. 98, No. 1, 2016.

Carraro C., De Cian E. and L. Nicita, "Environmental Policy and Technical Change: A Survey", *International Review of Environmental and Resource Economics*, Vol. 4, No. 2, 2010.

Chava S., "Environmental Externalities and the Cost of Capital", *Management Science*, Vol. 60, No. 9, 2013.

Chintrakarn P., "Environmental Regulation and U. S. States' Technical Inefficiency", *Economics Letters*, Vol. 100, No. 3, 2008.

Christmann P., "Effects of Best Practices of Environmental Management on Cost Advantage: The Role of Complementary Assets", *Academy of Management Journal*, Vol. 43, No. 4, 2000.

Claudia G. and P. Federico, "Investigating Policy and R&D Effects on Environmental Innovation: A Meta-analysis", *Ecological Economics*, Vol. 118, No. 10, 2015.

Costantini V., Crespi F. and G. Marin, et al., "Eco-Innovation, Sustainable Supply Chains and Environmental Performances in the European Industries", *Journal of Cleaner Production*, Vol. 15, No. 2, 2017.

Darnall N., Jolley J. and B. Ytterhus, "Understanding the Relationship between a Facility's Environmental and Financial Performance", *Corporate Behaviour and Environmental Policy*, Vol. 5, No. 6, 2007.

Dechezlepretre A. and M. Sato, "The Impacts of Environmental Regulations on Competitiveness", *Review of Environmental Economics and Policy*, Vol. 11, No. 2, 2017.

Demirel P. and E. Kesidou, "Stimulating Different Types of Eco-Innovation in the UK: Government Policies and Firm Motivations", *Ecological Economics*, Vol. 70, No. 8, 2017.

DiMggio, P. and W. Powell, "The Iron Cage Revisited: Institutional Isomorphism and Collective Rationality in Organizational Fields", *American Sociological Review*, Vol. 48, 1983.

Dinda S., "Environmental Kuznets Curve Hypothesis: A Survey", *Ecological*

Economics, Vol. 49, No. 4, 2004.

Dyck A., Volchkova N. and L. Zingales, "The Corporate Governance Tole of the Media: Evidence from Tussia", *Journal of Finance*, Vol. 63, No. 3, 2008.

Ekins P., *Eco-Innovation for Environmental Sustainability: Concepts, Progress and Policies*, IEEP, Vol. 7, 2010.

Ellerman D., "Note on the Seemingly Indefinite Extension of Power Plant Lives, a Panel Contribution", *Energy*, Vol. 19, No. 2, 1998.

Esty D. C. and M. E. Porter, "Industrial Ecology and Competitiveness", *Journal of Industrial Ecology*, Vol. 2, No. 1, 1998.

Forsyth T., "Cooperative Environmental Governance and Waste-Toenergy Technologies in Asia", *International Journal of Technology Management & Sustainable Development*, Vol. 5, No. 3, 2006.

Franco C. and G. Marin, "The Effect of Within-Sector, Uupstream and Downstream Environmental Taxes on Innovation and Productivity", *Environmental & Resource Economics*, Vol. 66, No. 2, 2017.

Freeman C., "Technology Policy and Economic Performance: Lessons from Japan", *Cambridge Journal of Economics*, Vol. 18, 1987.

Frondel M., Horbach J. and K. Rennings, "End-of-Pipe or Cleaner Production? An Empirical Comparison of Environmental Innovation Decisions across OECD Countries", *Business Strategy and the Environment*, Vol. 16, No. 8, 2007.

Frondel M., Ritter N. and C. Schmidt, et al., "Economic Impacts Fromthe Promotion of Renewable Energy Technologies: The German Experience", *Energy Policy*, Vol. 38, No. 8, 2010.

Fujii H., Iwata K. and S. Kaneko, et al., "Corporate Environmental and Economic Performances of Japanese Manufacturing Firms: Empirical Etudy for Sustainable Development", *Business Strategy and the Environment*, Vol. 22, No. 3, 2013.

Gilli M., Mancinelli S. and M. Mazzanti, "Innovation Complementarity and

Environmental Productivity Effects: Reality or Delusion? Evidence from the EU", *Ecological Economics*, Vol. 103, No. 7, 2014.

Gomes A. and W. Novaes, "Sharing of Control Versus Monitoring as Corporate Governance Mechanisms", Unpublished Working Paper, 2006.

González-Benito J. and O. González-Benito, "A Study of Determinant Factors of Stakeholder Environmental Pressure Perceived by Industrial Companies", *Business Strategy & the Environment*, Vol. 19, No. 3, 2010.

Goulder P. R. and D. I. Watkins, "Impact of MHC Class I Diversity on Dmmune Control of Immunodeficiency Vieus Replication", *Nature Reviews Immunology*, Vol. 8, No. 8, 2008.

Govindarajulu N. and B. F. Daily, "Motivating Employees for Environmental Improvement", *Industrial Management & Data Systems*, Vol. 104, No. 4, 2004.

Green K. W., Zelbst P. J. and J. Meacham, et al., "Green Supply Chain Management Practices: Impact on Performance", *Supply Chain Management*, Vol. 7, No. 3, 2012.

Greenstone M., "The Impacts of Environmental Regulations on Industrial Activity: Evidence from the 1970 and 1977 Clean Air Act Amendments and the Census of Manufactures", *Journal of Political Economy*, Vol. 62, 2002.

Grubler A., "Energy Transitions Research: Insights and Cautionary Tales", *Energy Policy*, Vol. 50, No. 11, 2012.

Hamamoto M., "Environmental Regulation and the Productivity of Japanese Manufacturing Industries", *Resource and Energy Economics*, Vol. 28, No. 4, 2006.

Hart S., "A Natural-Resource-Based View of the Firm", *Academy of Management Review*, Vol. 20, No. 4, 1995.

Hascic I. and N. Johnstone, "Innovation in Electric an Hybrid Vehicle Technologies: The Role of Prices, Standards and R&D", *Invention and Transfer of Environmental Technologies*, Vol. 9, 2011.

Hauknes J. and M. Knell, "Embodied Knowledge and Sectoral Linkages: An Input-Output Approach to the Interaction of High-And Low-Tech Industries", *Research Policy*, Vol. 38, 2009.

Hawn O. and A. Chatterji, "How Firm Performance Moderates the Effect of Changes in Status on Investor Perceptions", Additions and Deletions by the Dow Jones Sustainability Index, 2014.

Heugens, P. and M. W. Lander, "Structure! Agency!: A Meta-analysis of Institutional Theories of Organizations", *Academy of Management Journal*, Vol. 52, No. 1, 2009.

Hongbin C., Hanming F. and X. Lixin, "Eat, Drink, Firms, Government an Investigation of Corruption from the Entertainment and Travel Costs of Chinese Firms", *Journal of Law and Economics*, Vol. 54, No. 1, 2011.

Horbach J., "Determinants of Environmental Innovation New Evidence from German Panel Data Sources", *Research Policy*, Vol. 37, No. 2, 2008.

Huppes G., Kleijn R. and R. Huele, "Measuring Eco-Innovation: Framework and Typology of Indicators Based on Causal Chains Final Report of the ECO-DRIVE Project", CML, University of Leiden, 2008.

Ivan Haščič, Vries F. D. and N. Johnstone, et al., "Effects of Environmental Policy on the Type of Innovation: The Case of Automotive Emission-Control Technologies", *OECD Journal Economic Studies*, No. 1, 2009.

Jaffe A. B. and A. K. Palmer, "Environmental Regulation and Innovation: A Panel Data Study", *Review of Economics and Statistics*, Vol. 79, No. 4, 1997.

Jaffe A. B. and R. N. Stavins, "Dynamic Incentives of Environmental Regulation: The Effects of Alternative Policy Instruments on Technology Diffusion", *Journal of Environmental Economics and Management*, Vol. 29, No. 3, 1995.

James P., "The Sustainability Circle: A New Tool for Product Development and Design", *Journal of Sustainable Product Design*, Vol. 2, No. 2, 1997.

Jan F., "Mobilizing Innovation for Sustainability Transitions: A Comment on

Transformative Innovation Policy", *Research Policy*, Vol. 47, 2018.

Johnstone N. and J. Labonne, "Environmental Policy, Management and Research and Development in OECD", *Journal of Economic Studies*, Vol. 42, No. 1, 2006.

Kander A. and M. Lindmark, "Foreign Trade and Declining Pollution in Sweden: A Decomposition Analysis of Long-Term Structural and Technological Effects", *Energy Policy*, Vol. 34, No. 13, 2006.

Kemp R. and P. Pearson, "Final Report MEI Project about Measuring Eco-Innovation", *European Environment*, 2007.

Kerps D., "Corporate Culture and Economic Theory", in J. Alt and K. Shepsle (eds.), *Perspectives on Positive Political Economy*, Cambridge University Press, 1990.

Klemmer P., Lehr U. and K. Lobbe, "Environmental Innovation", Vol. 3 of Publications from a Joint Project on Innovation Impacts of Environmental Policy Instruments, Synthesis Report of a Project Commissioned by the German Ministry of Research and Technology (BMBF), Berlin: Analytica-Verlag, 1999.

Lankoski L., "Linkages between Environmental Policy and Competitiveness", OECD Environment Working Papers, 2010.

Lanoie P., Patry M. and R. Lajeunesse, "Environmental Regulation and Productivity: Testing the Porter Hypothesis", *Journal of Productivity Analysis*, Vol. 30, No. 4, 2008.

Levinson A., "Grandfather Regulations, New Source Bias, and State Air Toxics Regulations", *Ecological Economics*, Vol. 28, No. 2, 1999.

Managi S., Hibki A. and T. Tsurumi, "Does Trade Openness Improve Environmental Quality?", *Journal of Environmental Economics and Management*, Vol. 58, No. 3, 2009.

Managi S., Opaluch J. J. and D. Jin, et al., "Environmental Regulations and Technological Change in the Offshore Oil and Gas Industry", *Land Econom-*

ics, Vol. 81, No. 2, 2005.

Mansfield E., "The Economics of Technological Change", *American Scientist*, Vol. 214, 1966.

Maxwell J. W. and C. S. Decker, "Voluntary Environmental Investment and Responsive Regulation", *Environmental and Resource Economics*, Vol. 33, No. 4, 2006.

Mazzanti M., Antonioli D. and C. Ghisetti, et al., "Firm Surveys Relating Environmental Policies, Environmental Performance and Innovation: Design Challenges and Insights from Empirical Application", OECD Environment Working Papers, Vol. 103, 2016.

Mccombs M. A., "Look at Agenda-Setting: Past, Present and Future", *Journalism Studies*, Vol. 6, No. 4, 2005.

Mccombs M. E. and D. L. Shaw, "The Agenda-Setting Function of Mass Media", *Public Opinion Quarterly*, Vol. 36, No. 2, 1972.

Megan J., Bissing A. and S. Kelly, et al., "Relationships between Daily Affect and Pro-Environmental Behavior at Work: The Moderating Role of Pro-Environmental Attitude", *Journal of Organizational Behavior*, Vol. 34, No. 2, 2013.

Menanteau P., Finon D. and M. L. Lamy, "Prices Versus Quantities: Choosing Policies for Promoting the Development of Renewable Energy", *Energy Policy*, Vol. 31, No. 8, 2003.

Mittal R. K., Sinha N. and A. Singh, "An Analysis of Linkage between Economic Value Added and Corporate Social Responsibility", *Management Decision*, Vol. 46, No. 9, 2008.

Morales L. R., Bengochea M. A. and Z. I. Martínez, "Does Environmental Policy Stringency Foster Innovation and Productivity in Oecd Countries?", Cege Discussion Papers, Vol. 282, 2016.

Murillo J., Garcés C. and P. Rivera, "Why do Patterns of Environmental Response Differ? A Stakeholder Pressure Approach", *Strategic Management*

Journal, Vol. 29, No. 11, 2008.

Nelson R. R., *National Innovation Systems: A Comparative Study*, Oxford University Press, 1993.

Nemet G. F., "Demand-Pull, Technology-Push and Government-Led Incentives for Non-Incremental Technical Change", *Research Policy*, Vol. 38, No. 5, 2009.

Nick J., Shunsuke M. and C. R. Miguel, et al., "Environmental Policy Design, Innovation and Efficiency Gains in Electricity Generation", *Energy Economics*, Vol. 63, No. 3, 2017.

Nicole D., Inshik S. and S. Joseph, "Perceived Stakeholder Influences and Organizations' Use of Environmental Audits", *Accounting, Organizations and Society*, Vol. 32, No. 2, 2009.

Aghion P., Dechezlepretre A. and D. Hemous, et al., "Carbon Taxes, Path Dependency and Directed Technical Change: Evidence from the Auto Industry", CEPR Discussion Paper, No. DP 9267, 2012.

OECD, *The Measurement of Scientific and Technological Activities*, *Proposed Guidelines for Collecting and Interpreting Technological Innovation*, Data European Commission and Eurostat, 2005.

Ohnstone N., Hašcic I. and D. Popp, "Renewable Energy Policies and Technological Innovation: Evidence Based on Patent Counts", *Environmental and Resource Economics*, Vol. 45, No. 1, 2010.

Oliver C., "Strategic Reponses to Institutional Process", *Academy of Management Review*, Vol. 16, 1991.

Oliver C., "Sustainable Competitive Advantage: Combing Institutional and Resource-Based Views", *Strategic Management Journal*, Vol. 18, 1997.

Palmer K., Oates W. E. and P. R. Portney, "Tightening Environmental Standards: The Benefit-Cost or the No-Cost Paradigm?", *Journal of Economic Perspectives*, Vol. 9, No. 4, 1995.

Paul A., Herbig J. M. and E. James, "Golden: The Do's and Don'ts of Sales

Forecasting", *Industrial Marketing Management*, Vol. 22, No. 1, 1993.

Pearson P. J. G. and T. J. Foxon, "A Low Carbon Industrial Revolution? Insights and Challenges from Past Technological and Economic Transformations", *Energy Policy*, Vol. 50, No. 11, 2012.

Popp D., Newell R. and A. Jaffe, "Energy, the Snvironment and Technological Change", in Hall B. H., Rosenberg N. (eds.), *Handbook of the Economics of Innovation*, Amsterdam: Elsevier, 2010.

Popp D., "Pollution Control Innovations and the Clean Air Act of 1990", *Journal of Policy Analysis and Management*, Vol. 22, No. 4, 2003.

Porter M. E. and C. Linde, "Toward a New Conception of the Environment Competitiveness Relationship", *Journal of Economic Perspectives*, Vol. 9, 1995.

Porter M. E., "Towards a Dynamic Theory of Strategy", *Strategic Management Journal*, Vol. 12, No. S2, 1991.

Porter M. E. and C. Linde, "Toward a New Conception of the Environment Competitiveness Relationship", *Journal of Economic Perspectives*, Vol. 9, 1995.

Ramus C. A. and U. Steger, "The Roles of Supervisory Support Behaviors and Environmental Policy in Employee 'Ecoinitiatives' at Leading-Edge European Companies", *Academy of Management Journal*, Vol. 43, No. 4, 2000.

Robinson M., Klesner A. and S. Bertels, "Signaling Sustainability Leadership: Empirical Evidence of the Value of DJSI Membership", *Journal of Business Ethics*, Vol. 101, No. 3, 2011.

Rubashkina Y., Galeotti M. and E. Verdolini, "Environmental Regulation and Competitiveness: Empirical Evidence on the Porter Hypothesis from European Manufacturing Sectors", *Energy Policy*, Vol. 83, No. 8, 2015.

Rutherfoord R., Blackburn R. A. and L. J. Spence, "Environmental Management and the Small Firm", *International Journal of Entrepreneurial Behaviour & Research*, Vol. 6, No. 6, 2000.

Schmidt T. S., Schneider M. and K. S. Rogge, et al., "The Effects of Climate

Policy on the Rate and Direction of Innovation: A Survey of the EU ETS and the Electricity Sector", *Environmental Innovation and Societal Transitions*, Vol. 2, No. 1, 2012.

Scott W. R., "Institutions and Organizations", *Thousnd Oaks*, 1995.

Shapiro C., "Consumer Information, Product Quality, and Seller Reputation", *Bell Journal of Economics*, Vol. 13, No. 1, 1982.

Sharma S. and H. Vredenburg, "Proactive Corporate Environmental Strategy and the Development of Competitively Valuable Organizational Capabilities", *Strategic Management Journal*, Vol. 19, No. 8, 1998.

Shiu Y. M. and S. Yang, "Does Engagement in Corporate Social Responsibility Provide Strategic Insurance-Like Effects?", *Strategic Management Journal*, Vol. 38, No. 2, 2015.

Sovacool B. K., "How Long Will it Take? Conceptualizing the Temporal Dynamics of Energy Transitions", *Energy Research & Social Science*, Vol. 13, 2016.

Suddaby R., "Challenges for Institutional Theory", *Journal of Management Inquiry*, Vol. 19, No. 1, 2010.

Taylor M. R., "Innovation under Cap-and-Trade Programs", *Proceedings of the National Academy of Sciences*, Vol. 19, No. 13, 2012.

Thornton D., Kagan R. A. and N. Gunningham, "Compliance Costs, Regulation and Environmental Performance", *Regulation & Governance*, Vol. 2, No. 3, 2008.

Tollison R. D., "Rent Seeking: A Survey", *Kyklos*, Vol. 35, No. 4, 1982.

Tornatzky L. G., Fleischer M. and A. K. Chakrabarti, "Processes of Technological Innovation", *Journal of Technology Transfer*, Vol. 16, No. 1, 1991.

Trumpp C. and T. Guenther, "Too Little or Too Much? Exploring U-Shaped Relationships between Corporate Environmental Performance and Corporate Financial Performance", *Business Strategy and the Environment*, Vol. 26, No. 1, 2015.

Wagner M., Van Phu N. and T. Azomahou, "The Relationship between the Environmental and Economic Performance of Firms: An Empirical Analysis of the European Paper Industry", *Corporate Social Responsibility & Environmental Management*, Vol. 9, No. 3, 2002.

Wagner M., "On the Relationship between Environmental Management, Environmental Innovation and Patenting: Evidence from German Manufacturing Firms", *Research Policy*, Vol. 36, No. 10, 2007.

Wagner M. and S. Schaltegger, "How does Sustainability Performance Relate to Business Competitiveness?", *Greener Management International*, Vol. 44, 2003.

Wilma R. Q., Anton G. and D. Madhu, "Incentives for Environmental Self-Regulation and Implications for Environmental Performance", *Journal of Environmental Economics and Management*, Vol. 48, No. 1, 2004.

Winter S. C. and P. J. May, "Motivation for Compliance with Environmental Regulations", *Journal of Policy Analysis and Management*, Vol. 20, No. 4, 2001.

Yang Y. and A. M. Konard, "Understanding Diversity Management Practices: Implications of Institutional Theory and Resource-Based Theory", *Group & Organization Management*, Vol. 36, No. 1, 2011.